高 等 学 校 教 材

金属材料焊接工艺

雷玉成　陈希章　朱　强　主编

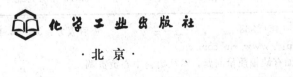

化学工业出版社

·北京·

《金属材料焊接工艺》是高等学校"材料成形及控制工程"专业的技术基础课教材之一。本书系统阐述了各种电弧焊、电阻焊、高能密度焊及其他常用焊接方法的基本原理、焊接工艺及其规范参数的选择和优化，并介绍了钢和各种有色金属及复合材料的焊接特性、焊接方法、焊接材料的选择。全书理论联系实际，注重思路和能力的培养，并适当反映了国内外的新成就和发展趋势，综合性及工程应用性强，适应工业化社会发展需要。

　　本书为高等工业学校材料成形与控制工程专业、材料加工工程专业的通用教材，亦可供从事焊接工程领域工作的技术人员参考。

图书在版编目（CIP）数据

　　金属材料焊接工艺/雷玉成，陈希章，朱强主编．
北京：化学工业出版社，2007.8（2019.8重印）
　　高等学校教材
　　ISBN 978-7-122-00960-9

　　Ⅰ.金…　Ⅱ.①雷…②陈…③朱…　Ⅲ.金属材料-
焊接工艺-高等学校-教材　Ⅳ.TG457.1

　　中国版本图书馆CIP数据核字（2007）第121166号

责任编辑：杨　菁　彭喜英	文字编辑：林　丹
责任校对：吴　静	装帧设计：潘　峰

出版发行：化学工业出版社（北京市东城区青年湖南街13号　邮政编码100011）
印　　刷：北京京华铭诚工贸有限公司
装　　订：三河市振勇印装有限公司
787mm×1092mm　1/16　印张14　字数361千字　2019年8月北京第1版第6次印刷

购书咨询：010-64518888　　　　　　售后服务：010-64518899
网　　址：http://www.cip.com.cn
凡购买本书，如有缺损质量问题，本社销售中心负责调换。

定　　价：38.00元

前　言

科学技术是第一生产力，现代机械制造技术的发展离不开焊接，焊接不仅可以解决各种钢材的连接，而且还可以解决铝、铜等有色金属及复合材料的连接，是材料加工技术中极其重要的关键技术之一，广泛应用于机械制造、船舶行业、海洋开发、汽车工业、机车车辆、石油化工、航空航天、原子能、电力、电子技术、建筑及家用电器等部门。据工业发达国家统计，全世界每年仅需要进行焊接加工之后使用的钢材就占钢材总产量的 50%。随着现代工业生产的需要和科学技术的蓬勃发展，焊接技术不断进步，几乎可以满足当前许多重要工业产品的制造要求，如航空航天及核能工业中的重要产品。新兴工业的发展仍然迫使焊接技术不断发展，以满足其需要，因此新的焊接方法不断出现。仅以新型焊接方法而言，到目前为止，已达数十种之多，而且焊接技术仍在不断发展之中。

本书在编写过程中，力求做到理论联系实际。书中主要归纳和突出了各种焊接方法的特点及其在实际生产中的应用，适当反映了国内外的新成就和新的发展趋势。在内容上，从传统的材料焊接方法到各种先进焊接技术均做了详细介绍，阐述了各种焊接方法的基本原理，焊接工艺规范及焊接材料的选择原则，焊接缺陷的产生和预防措施。希望能使学生从中熟悉和掌握常用材料焊接方法的特点和本质，同时也希望对从事焊接生产的工程技术人员在发展或采用新的焊接技术时有所帮助。

全书共分六章。第一章主要讨论焊接成形技术的特点、焊接方法的分类及其在现代工业中的应用；第二章介绍电弧焊的基本原理及各种常用的电弧焊焊接方法，内容包括焊接电弧和弧焊电源的基础知识，焊条电弧焊、钨极氩弧焊、熔化极氩弧焊、埋弧焊、CO_2 气体保护焊等各种常用的电弧焊焊接方法的特点及适用范围；第三章介绍电阻焊的基本原理及常用电阻焊方法，内容包括电阻焊的热源及其特点，点焊过程分析及点焊工艺，电阻对焊和闪光对焊的焊接特点及实际应用，常用金属的高频纵缝焊接工艺；第四章介绍三种先进的高能密度焊接方法，内容包括激光焊原理、特点、应用范围及常用金属材料的激光焊工艺，电子束焊接原理、焊接工艺及电子束焊接的应用和安全防护，等离子弧的形成原理及其焊接工艺和应用特点；第五章介绍扩散焊、摩擦焊、钎焊及超声波焊，内容包括四种焊接方法的基本原理、特点、焊接工艺规范及适用范围；第六章介绍各种金属材料的焊接性，内容包括合金结构钢、不锈钢、耐热钢、铝、铜、钛等有色金属、复合材料的焊接性及焊接方法以及对应的焊接材料和工艺的选择。

本书由江苏大学材料学院雷玉成教授统稿，并由雷玉成、陈希章、朱强、李贤等教师编写。

由于作者水平有限，书中不当之处在所难免，敬请读者批评指正，以便修订时完善。

编者

2007 年 3 月

前　言

目　录

第一章 绪 论

焊接技术是现代工业高质量、高效率制造技术中一种不可缺少的加工技术。焊接制造工艺具有多学科综合技术的特点，使得焊接技术能够更多更快地融入最新科学技术的成就而具有时代发展的特征。据统计，大多数发达国家利用焊接加工的钢材量已超过钢材产量的一半，大量的铝、铜、钛等有色金属及其合金的结构件也是用焊接方法制造的，因此，材料学科的发展大大推动了焊接技术的发展。近半个多世纪以来，焊接技术发生了很大的变化，通过提高生产率、缩短生产周期和降低成本等，焊接技术正向着智能化的机器人焊接方向发展，同时，为满足高新技术中新材料日益发展的需求，还要求焊接技术能够连接各种特殊的新型材料。正是受到材料学科和信息学科新技术的影响，焊接技术已具有数十种焊接新工艺，而且也使得焊接工艺操作正经历着从手工焊到自动焊，自动化、柔性化到智能化的过渡。目前，焊接技术已广泛应用于锅炉与压力容器、船舶、工程机械、航空航天、电力、石油化工、建筑、电子、海洋开发等各个工业部门。

一、焊接成形技术的特点

焊接（welding），是通过加热或加压，或两者并用，并且添加或不加填充材料，使工件达到永久性连接的一种方法。其实质就是通过适当的物理-化学过程，使两个分离固体表面的金属原子接近到晶格距离（0.3~0.5nm）形成金属键，从而使两分离的固体实现永久性的连接。与其他材料加工工艺，如铸造、锻压、铆接相比，焊接成形技术具有如下特点。

① 焊接可以将不同类型、不同形状尺寸的材料连接起来，可使金属结构中材料的分布更合理。此外，焊接结构中各零部件间通常可直接用焊接方法连接，不需要附加的连接件，焊接接头的强度一般也能达到与母材相同。因此，焊接结构产品的质量轻，生产成本低。

② 焊接接头是通过原子间的结合力实现连接的，刚度大，整体性好，在外力作用下不像机械连接（如铆接、销子连接等）那样产生较大的变形；而且，焊接结构具有良好的气密性、水密性，这是其他连接方法无法比拟的。

③ 焊接加工一般不需要大型、贵重的设备。因此，是一种投资少、见效快的方法。同时，焊接是一种"柔性"加工工艺，既适用于大批量生产，又适用于小批量生产。而产品结构变化时，设备可基本不变。

④ 焊接连接工艺特别适用于几何尺寸大而材料较分散的制品，例如船壳、桁架等。焊接还可以将大型、复杂的结构件分解为许多小型零部件分别加工，然后通过焊接连成整体结构，从而扩大了工作面，简化了金属结构的加工工艺，缩短了加工周期。

随着焊接工艺方法的发展及焊接结构形式的改进，现在不仅已经制成了各种机械化、自动化及专门用途的自动焊机，而且还创造了大量的焊接辅助装置、单机自动化的焊接机械装置，焊接生产流水线和生产自动线早已成为现实。在整个机械制造行业中，焊接机器人比其他类型机器人应用更广泛，焊接生产的机械化、自动化，不仅可以提高焊接结构的生产率，降低生产成本，提高产品质量，同时也使生产工人的健康进一步得到保障，环境污染也有所下降。然而，由于焊接结构产品的多样化及生产过程的复杂性，目前国内焊接生产过程的机械化、自动化的程度还不是很高，手工操作在某些产品中仍占有相当大的比例。

二、焊接方法及其在现代工业中的应用

根据母材在焊接过程中是否熔化，将焊接方法分为熔焊、压焊和钎焊三大类，然后再根据加热方式、工艺特点或其他特征进行下一层次的分类，见表1-1。

表 1-1　焊接方法分类

第一层次 （根据母材是否熔化）	第二层次	第三层次	第四层次	代号	是否易于实现自动化
熔焊：利用一定的热源，使构件的被连接位局部熔化成液体，然后再冷却结晶成一体的方法	电弧焊	熔化极电弧焊	焊条电弧焊	111	△
			埋弧焊	121	○
			熔化极气体保护焊（GMAW）	131	○
			CO_2 焊	135	○
			螺柱焊		△
			埋弧焊	121	
		非熔化极电弧焊	钨极氩弧焊（GTAW）	141	○
			等离子弧焊	15	○
			氢原子焊		△
	气焊	氧-氢火焰		311	△
		氧-乙炔火焰			△
		空气-乙炔火焰			△
		氧-丙烷火焰			△
		空气-丙烷火焰			△
	铝热焊				△
	电渣焊			72	○
	电子束焊	高真空电子束焊		76	○
		低真空电子束焊			○
		非真空电子束焊			○
	激光焊		CO_2 激光焊	751	○
			YAG 激光焊		○
	电阻点焊			21	○
	电阻缝焊			22	○
压焊：利用摩擦、扩散和加压等物理作用，克服两个连接表面的不平度，除去氧化膜及其他污染物，使两个连接表面上的原子相互接近到晶格距离，从而在固态条件下实现连接的方法	闪光对焊			24	○
	电阻对焊			25	○
	冷压焊				△
	超声波焊			41	○
	爆炸焊			441	△
	锻焊				△
	扩散焊			45	△
	摩擦焊			42	○

续表

第一层次 （根据母材是否熔化）	第二层次	第三层次	第四层次	代号	是否易于实现自动化
钎焊：采用熔点比母材低的材料作钎料，将焊件和钎料加热至高于钎料熔点但低于母材熔点的温度，利用毛细作用使液态钎料充满接头间隙，熔化钎料润湿母材表面，冷却后结晶形成冶金结合的方法	火焰钎焊			912	△
	感应钎焊				△
	炉中钎焊	空气炉钎焊			△
		气体保护炉钎焊			△
		真空炉钎焊			△
	盐浴钎焊				△
	超声波钎焊				△
	电阻钎焊				△
	摩擦钎焊				△
	金属溶钎焊				△
	放热反应钎焊				△
	红外线钎焊				△
	电子束钎焊				△

注：△—不易实现自动化；○—易于实现自动化。

焊接用的热源主要有电弧、火焰、电阻热、电子束、激光束、超声波、化学能等。电弧是应用最广泛的一种焊接热源，主要用于电弧焊、堆焊。电渣焊或电阻焊利用电阻热进行焊接。锻焊、摩擦焊、冷压焊及扩散焊等利用机械能进行焊接。气焊依靠可燃性气体（如乙炔、氢气、天然气、丙烷、丁烷等）与氧混合燃烧产生的热量进行焊接。热剂焊利用金属与其他金属氧化物间的化学反应所产生的热量作热源，利用反应生成的金属作为填充材料进行焊接，应用较多的是铝热剂焊。爆炸焊利用炸药爆炸释放的化学能及机械冲击能进行焊接。

随着科学技术的发展，新的焊接方法仍在不断出现。如英国焊接研究所发明的搅拌摩擦焊方法，不仅可以焊接铝、镁、锌、铜等有色金属及其合金，而且已成功焊接了 25mm 的钢板，是一种很有发展前景的新方法。又如俄罗斯汽车工业科学研究所发明的氙灯焊接新工艺，为金属、非金属材料的焊接提供了广泛的可能性，其生产成本远低于激光焊。

众所周知，机械制造工业是国民经济的基础工业，它决定着国家的生产能力和水平，而焊接技术则是机械制造工业的关键技术之一。工业发达国家的焊接结构用钢均在其钢产量的一半以上，我国每年亦有 6000 万吨以上的钢材用于制造各种用途不同的焊接结构，并对焊接质量和自动化水平有着越来越高的要求。

在能源工业，如石油、天然气、煤炭等都需要制造大量的化工容器、分流装置和各种管线，焊接加工占有重要地位。各类采油平台和炼油设备不仅焊接工作量大，而且技术要求也高。在水电站、火电站、核电站等发电装置的制造方面，焊接技术也是最重要、最关键的技术，在这里，现代焊接方法——MAG/MIG、TIG、CO_2 焊、电子束焊、激光焊等都获得了广泛的应用。

在汽车工业中，先进的焊接技术已被大量采用，如焊接机器人、激光切割及焊接。同时，CAD/CAM 和 CIMS 等技术也得到了很大的发展。在船舶工业，机械化、自动化、高效化的焊接技术已成为重要的发展方向。目前我国造船焊接高效化已达 80%，其中 CO_2 焊上升到40％，自动化及半自动化程度已提高到45％。在航空航天及国防工业中，由于运载工具要求尽可能高的推力重量比，必须采用各种轻型材料和结构，因而要采用一些特殊的现代焊接方法，如等离子弧焊、电子束焊、激光焊、钎焊、超塑性成形-扩散连接等。这些新技术及时地应用到国防尖端产品，为我国两弹一星、核潜艇、宇宙飞船等制造的成功起到了非常重要的作用。此外，在电子工业中广泛采用的表面组装技术，其核心内容之一就是微电子软钎焊连接。

第二章 电弧焊

电弧焊是利用电弧作为热源的熔焊方法,简称弧焊。这一类方法主要由焊条电弧焊、埋弧焊、气体保护电弧焊等方法组成。电弧焊是现代焊接方法中应用最为广泛,也是最为重要的一类焊接方法。根据一些工业发达国家最近的统计,电弧焊在各国焊接生产劳动总量中所占比例一般都在 60% 以上,其重要的原因就是,电弧能有效而简便地把电能转换成焊接过程所需要的热能和机械能。

第一节 焊接电弧

一、电弧的形成和组成区域

电弧是一种气体导电现象(图 2-1)。通常状态下气体由中性分子或原子组成,不能导电。为了使气体导电,必须使两电极间的中性气体中产生带电粒子,同时还要有促使带电粒子做定向运动的电压。电弧稳定燃烧时,参与导电的带电粒子主要是电子和正离子。这些带电粒子是通过电弧中气体介质的电离和电极的电子发射这两个物理过程而产生的。在电弧现象中,气体的电离主要有热电离、电场电离和光电离三种方式,而且在电弧温度下是以一次电离为主。电极的电子发射主要有热发射、电场发射、光发射和碰撞发射四种方式。由于电子和正离子所带的电量相同,所受到的电场力相同,但是电子的质量远远小于正离子的质量,其运动速度要远远大于正离子的运动

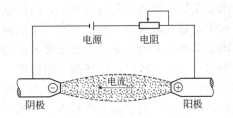

图 2-1 电弧导电示意图

速度,所以电弧电流中约 99.9% 是电子流,正离子流只约占 0.1%。值得注意的是,在每一瞬间,电弧中的正、负电荷数是相等的,电弧对外界呈现的是电中性。

1. 电弧的构造

电弧是由阴极区、弧柱区和阳极区三个部分构成的。

(1)阴极区和阴极斑点 阴极区是指阴极外紧靠阴极表面的导电区,其长度约为 $10^{-6} \sim 10^{-2}$ cm。阴极区的任务是向弧柱区提供所需要的电子流,以满足电弧导电要求。阴极区提供的电子流与阴极材料种类、电流大小、气体介质等因素有关。当以钨、碳等高熔点材料作阴极且电流较大时,弧柱所需要的电子流主要依靠阴极热发射来供应。此时,阴极除了直接发射总电流的 99.9% 的电子流外还接受 0.1% 的正离子流。这样的阴极区称为热发射型阴极区,其阴极压降很小。若阴极材料为钨、碳但电流较小时,或阴极材料采用熔点较低的 Al、Cu、Fe 时,由于仅靠热发射远不能满足弧柱所需的电子流,从而导致正离子在阴极的前面堆积。这样一来就在阴极前面形成局部较高的电场强度,即形成了所谓阴极压降区(电场强度可达 $10^6 \sim 10^7$ V/cm),这样高的电场强度的存在,可以使阴极增大电子发射量,从而向弧柱提供所需要的电子流。也就是说这种情况下热发射和电场发射同时存在,阴极区的正离子流要大于总电流的 0.1%,此外,除了存在明显的阴极压降外,在阴极表面存在导电区域很小、电流密度很高的阴极斑点;另外,在低电压小电流条件下,还会形成正离子比例更

大的所谓等离子型阴极导电机构。

阴极斑点是指阴极表面局部出现的发光强、电流密度很高（可达 $5×10^5～10^7\,A/cm^2$）的区域。它产生于用熔点、沸点都较低的 Al、Cu、Fe 等冷阴极材料作阴极时，用高熔点材料（钨、碳等）作阴极时如果采用小电流也可产生这种阴极斑点。阴极斑点的形成要求有一定条件，首先该点应具有可能发射电子的条件（主要是电场发射和热发射），其次是电弧通过该点时能量消耗较小。所以阴极斑点有自动跳向温度高、热发射能力强的物质上的性能。如果金属表面有低逸出功的氧化膜存在时，阴极斑点有自动寻找氧化膜的倾向，铝合金焊接时去除氧化膜的作用，就是利用了阴极斑点的这种特性。

（2）弧柱区 弧柱长度可看作为电弧的实际长度。这个区域内发生着气体粒子的各种电离、扩散、复合和亲和过程。由于弧柱温度较高，约为 $5000～30000K$（等离子弧时可达 $50000K$），故弧柱的电离以热电离为主，弧柱中因扩散和复合而消失的带电粒子将由弧柱自身的热电离来补偿。通过弧柱的总电流由电子流和正离子流组成，电子流占 99.9%，正离子流占 0.1%。但从整体上看弧柱空间保持电中性，即每瞬间每个单位体积中正、负带电粒子数量相等，保证了电子流和正离子流通过弧柱时不受空间电荷电场的排斥作用，阻力小，从而使电弧放电具有小电压、大电流的特点。

（3）阳极区和阳极斑点 紧靠阳极长度约为 $10^{-6}～10^{-2}\,cm$ 的气体导电区域称为阳极区。阳极区的任务是接受由弧柱上过来的 $0.999I$ 电子流（I 为电弧总电流）和向弧柱提供 $0.001I$ 的正离子流。阳极接受电子的过程是通过向阳极释放出相当于逸出功的能量实现的。由于阳极不能直接发射正离子，所以正离子只能由阳极区提供。一般认为弧柱中 $0.1\%I$ 正离子流是在阳极区与弧柱界面上生成的。其形成途径有两种：①阳极区电场作用下的电离。由于阳极不发射正离子，故电弧导电时，必将造成阳极前面电子的堆积，使阳极与弧柱之间形成一个负电性区，即所谓的阳极区。从弧柱来的电子通过阳极区时将被加速并在阳极区内与中性气体粒子产生碰撞电离。当电弧电流较小时，阳极区的导电常属于这种机理。②当电弧电流大时，阳极的温度很高，导致阳极材料蒸发，从而使得聚积在阳极前面的金属蒸气产生热电离，通过这种热电离生成正离子供弧柱需要。这种情况下阳极压降（U_A）很小，甚至可以降到零。

阳极斑点是指阳极表面局部出现的发光强、电流密度大（$10^2～10^3\,A/cm^2$）的区域。它产生于熔化极电弧焊或小电流的非熔化极电弧焊。阳极斑点的形成条件是：首先该点有金属蒸发，其次是电弧通过该点时弧柱消耗能量较低。由于与纯金属相比，大多数金属氧化物的熔点和沸点以及电离电压均较高，因此，阳极斑点有自动寻找纯金属表面而避开氧化膜的倾向。

2. 电弧电压分布

在两电极间产生电弧放电时，在电弧长度方向电场强度的分布是不均匀的。沿弧长方向测定的电压，其分布如图 2-2 所示。由图可以看出，在阴极和阳极附近很小的区域里电压变化比较大，中间部分电压变化较小，而且比较均匀。由此可以把整个电弧分成三个区域：靠近阴极附近电压变化较大的区域为阴极压降区，其电压降用 U_K 表示；靠近阳极附近电压变化较大的区域为阳极压降区，其电压降用 U_A 表示；中间的区域为弧柱区，其电压降用 U_C 表示。总的电弧电压 U_a 是这三部分电压降之和，即：

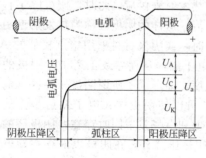

图 2-2 电弧各区域的电压分布

$$U_a = U_A + U_C + U_K$$

阴极压降区和阳极压降区在长度方向的尺寸均很小，而弧柱区的长度占电弧长度的绝大部分，可以认为电弧的长度等于弧柱区的长度。电弧温度的高低主要受电弧电流的大小、电弧周围气体介质的种类以及电弧的状态等因素的影响。

二、电弧气氛对电弧的影响

电弧稳定燃烧时把电能转化成为热能，其产热量的多少可以用它消耗电能的多少来表示。即电弧的产热可以表示为 IU_a，I 为电弧电流，U_a 为电弧电压。若考虑单位弧长的产热量，则可以表示为 IE_c，E_c 为弧柱的电场强度。电弧的热量散失主要是电弧与周围气体介质的热交换所散失的热量。热量散失的多少与两个因素有关：一个是电弧周围气体介质的热交换所散失的热量，一个是电弧与气体介质的接触面积。当电弧的气氛一定时，散热多少主要取决于电弧的导热截面。电弧作为一种柔性导体，其导电截面的大小可用最小电压原理来说明。最小电压原理的基本内容是：对一个与轴线对称的电弧，在电流一定、周围条件一定的时候，处于稳定燃烧状态，其弧柱直径或温度应使弧柱的电场强度具有最小值。这一原理说明，电弧稳定燃烧时，是依据保持能量消耗最小这一特性来确定电弧的导电截面的。

弧柱电场强度 E_c 的大小反映出电弧导电的难易。当电流和电弧气氛一定时，弧柱的导电截面只能在保证 E_c 为最小的前提下确定，否则，都会引起 E_c 值的增加。如果电弧的直径变大，电弧与周围气体介质接触面积增加，会使散热条件增加，为了达到能量平衡，则要求电弧的产热（IE_c）也增加，在电流 I 一定的条件下，只有使 E_c 增加；相反，如电弧的直径变小，则电弧的电流密度增加，使电弧的电阻率增加，为了保持电流不变，必须增加 E_c 值。所以电弧只能确定一个能够保证 E_c 为最小值的断面。

最小电压原理是一个很重要的理论。它反映了电弧周围气氛对电弧的影响，成功地解释了为什么当电流不变，而改变电弧气氛时电弧具有不同的形态。例如，当电弧周围气体介质导热性比较差时，电弧的散热减少，热损失降低，则电弧的弧柱发散，导电半径增加，电流密度小，弧柱的电场强度 E_c 值也较低。当电流保持不变的时候，改变电弧气氛使电弧周围气体导热性增加，或者对电弧进行强迫冷却使电弧的热损失增加时，根据最小电压原理，电弧一方面要收缩，以减小导电截面来减少散热；另一方面导电截面的减小使得电流密度增加，弧柱的电场强度 E_c 值增加以增加产热，并在新的条件下达到新的平衡。

三、焊接电弧的静特性

电弧的静特性是指在电极材料、气体介质和弧长一定的情况下，电弧稳定燃烧时，两极间稳态的电压与电流之间的变化关系，也称为电弧的伏安特性。

1. 电弧静特性曲线的形状

电弧静特性曲线的形状如图 2-3 所示，有三个不同的区域。在电流较小时，电弧的温度较低，电离度较小，电弧电压较高；随着电流的增加，电弧的温度升高，电离度迅速增加，电弧的等效电阻迅速降低，电导率增大，电弧电压反而降低。这就是电弧的负阻特性区，即图 2-3 中的 A 区。当电弧电流提高到中等电流范围内时，随着电流增加或温度升高，电导率的增长速度变缓，弧柱的导电截面随电流的增加而增大，在一定范围内保持电流密度不变或增加不多，电弧电压不随电流的增加而增加，表现为平特性区，即图 2-3 中的 B 区。在大电流范围内，电导率随温度增长而增长的速率大大减小，电弧的电离度基本上不再增加，电弧的导电截面也不能再进一步扩大，这样，随着电流的增加，电弧电压也要升高，表现为上升特性区，即图 2-3 中的 C 区。

2. 影响电弧静特性的因素

（1）电弧长度的影响　电弧电压 U_a 由阴极区压降 U_K、阳极区压降 U_A 和弧柱压降 U_C 所组成。弧长的变化主要影响到弧柱的压降 $U_C = L_C E_C$（L_C 为弧长），从而影响到电弧电压 U_a。一般弧长增加，电弧电压增加，电弧的静特性曲线要平行上移，如图 2-4 所示。

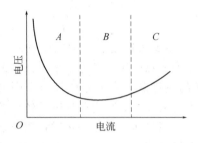

图 2-3　电弧的静特性曲线

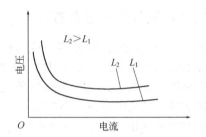

图 2-4　电弧长度对电弧静特性的影响
L_1，L_2—电弧长度

（2）电弧周围气体介质的影响　电弧周围的气体介质对电弧静特性的影响，主要是由气体的热物理性能所决定的。例如，气体的热导率大、多原子气体在高温下分解时吸收大量的解离能等都对电弧产生较强的冷却作用，使热损失增加，必然使电弧的产热增加，以保持能量平衡。当焊接电流 I 一定时，E_C 必然增加，从而引起电弧电压升高。图 2-5 为不同保护气体时电弧电压的差别。由图可知，$Ar + 50\% H_2$ 的混合气体比纯 Ar 的电弧电压高得多，这主要是因为 H_2 的热导率要比 Ar 大得多（图 2-6）且对电弧的冷却作用强。

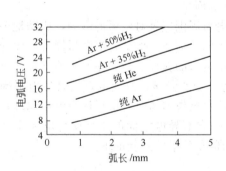

图 2-5　不锈钢 TIG 焊时弧压与弧长的
关系（$I = 100A$）

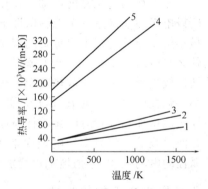

图 2-6　不同气体的热导率与温度的关系
1—Ar；2—N_2；3—CO_2；4—He；5—H_2

四、焊接电弧力

电弧在燃烧过程中不仅要产生大量的热能，而且还会产生一些机械力，这些机械力称为电弧力。它对熔滴过渡、焊缝成形以及焊接过程均产生很大的影响。

1. 电弧力的种类

（1）电磁收缩力　由电工学可知，在两个相距不远的平行导体中通过同方向电流时，将产生相互吸引力，这个力称为电磁力。同理，在一个导体中通过电流时，可以把这个电流看成由无数条方向相同的电流线组成，在这些电流线之间也会产生相互吸引的电磁力。对于固态导体，这个力仅与弹性应变力相平衡，不会产生太大影响；如果是在流体导体中（如气体、液体），则电磁力将会使导体变形产生收缩，如图 2-7 所示，此时的电磁力 F_1、F_2 称为电磁收缩力。如果这个导体是圆柱体，并且电流线分布均匀，则这个导体每个截面上的收缩力都是相等的，实际上，在焊接中由于两电极尺寸相差悬殊，通常焊条（焊丝）的直径很小而工件的尺寸很大，电弧在焊条（焊丝）上将受到电极尺寸的限制，而在工件上可以自由扩展，所以焊接电弧不是一个圆柱体，而是一个可以抽象为截面不断变化的圆锥体（图2-8）。在这个圆锥体中，任意一点 A 的坐标 (L, φ)。当电流均匀分布时 A 点受到的电磁收缩力为：

$$F_A = \frac{2I^2}{\pi L^2 (1-\cos\theta)^2} \ln \frac{\cos(\varphi/2)}{\cos(\theta/2)} \qquad (2-1)$$

式中　I——焊接电流；

　　　θ——1/2 锥顶角；

　　　φ——A 点与电极轴线的夹角；

　　　L——A 点距锥顶的距离。

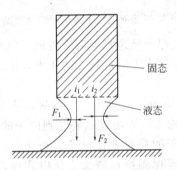

图 2-7　液态导体中电磁力引起的收缩效应

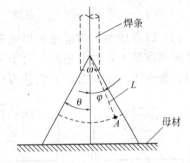

图 2-8　圆锥形电弧模型示意图

从式(2-1) 可知，A 点的电磁收缩力与电流的平方成正比，与距离的平方成反比，且与 θ 和 φ 角有关。因此，可根据该公式绘出在一定条件下电弧中电磁收缩力的等压力曲线（图2-9）。由图 2-9 可以看出，在圆锥形电弧中每个截面上的电磁收缩力是不一样的，截面小的电磁收缩力大，而截面大的电磁收缩力小。由于这种压力差的存在，就会产生一个由小截面（焊条或焊丝）指向大截面（工件）的推力，这个推力称为电弧静压力。由于这个静压力在电弧中心最大，而在电弧的边缘较小，因此使熔池的液态金属表面凹陷形成如图 2-12(a) 所示的熔深。

（2）等离子流力　等离子体是一种高度电离的电中性气体。在电弧导电中，由于电弧中心部分温度高，电流密度大，这里的气体处于高电离状态，形成了电弧等离子体。如前所述，由于电弧导电截面的变化，形成了由焊条指向工件的推力。当电弧电流比较大时，这个推力将推动电弧等离子体由焊条向工件运动。这样在电弧中将形成一股高速流动

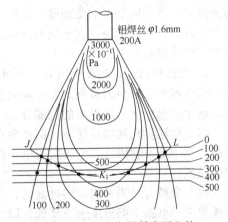

图 2-9　弧柱中和母材表面上的
电磁收缩力等压曲线

的气体，称为等离子流，如图 2-10 所示。为了保持流动的连续，外部的冷气流将从电极端部 C 区进行补充。这些冷气流进入电极后迅速被加热，电离后受推动力的作用从 A 区冲向 B 区。这部分等离子流的运动速度很高，可以达到每秒数百米（图2-11）。这部分高速运动的物质将对熔池产生较大的压力，称为等离子流力，又称为电弧动压力。等离子流力的分布与等离子流速度分布相对应，在电弧中心线上压力最大，而且分布区间较小。这种较强的等离子流力是形成如图 2-12(b) 所示的指状熔深的一个重要原因。

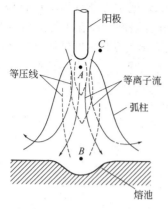

图 2-10 等离子流产生示意图

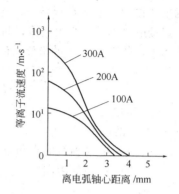

图 2-11 不同焊接面电流下等离子流速度的分布

（3）斑点压力 当电极上形成斑点时，电弧电流将大部分从斑点处流入流出，因此这里的电流密度最大，温度最高。由于斑点的这些特点，将在斑点上形成较大的压力，称为斑点压力。斑点压力主要由以下几种力构成。

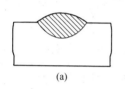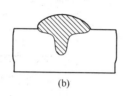

图 2-12 焊缝熔深示意图
（a）一般电弧形成的焊缝；（b）具有
较强等离子流形成的焊缝

① 带电粒子的撞击力 阴极斑点要受到正离子的撞击，阳极斑点要受到电子的撞击。由于正离子的质量要比电子大得多，同时阴极压降也要比阳极压降大，所以阴极斑点受到的撞击力要比阳极斑点大。

② 电磁收缩力 当电极上形成电极斑点时，斑点处的电流密度最大，电极内部的电流密度小。对于由径向的电磁收缩力所合成的轴向力，其方向是由电流密度大的地方指向电流密度小的地方，即由电极表面斑点处指向电极内部。一般阴极斑点的电流密度要比阳极斑点大，所以阴极斑点的电磁收缩力要大于阳极斑点的电磁收缩力。

③ 电极材料蒸发的反作用力 电极上形成斑点后，由于斑点处电流密度最大，温度最高，将引起电极材料的强烈蒸发。金属蒸气将以一定的速度射出，这就给斑点处一个反作用力，这个力也构成了斑点力的一部分。

综上所述，在通常情况下，阴极斑点的斑点力要比阳极斑点的斑点力大得多。斑点力在焊接过程中是不利因素，它将阻碍电极熔化金属的过渡。当斑点力太大时，可能造成较大的焊接飞溅。

（4）爆破力 当采用短路过渡时，电弧的燃烧和熄灭是周期性进行的。当熔滴短路时，电弧熄灭，电弧空间温度迅速降低。同时，因短路电流很大，在金属液柱中较大电磁收缩力的作用下使金属液柱产生缩颈，并逐渐变细形成液态金属小桥。电阻热使液态金属小桥的温度急剧升高，使液柱汽化爆断，此爆破力会造成较大的飞溅。液柱爆断后，电弧重新引燃，电弧空间的气体突然受到高温而急剧膨胀，对焊丝端头和熔池中的液态金属形成较大的冲击力，严重时也会造成飞溅。

（5）细熔滴的冲击力 在采用 Ar 或富 Ar 气体保护大电流焊接时，焊丝的熔化金属在等离子流力的作用下，以很小的体积及很高的加速度（可达重力加速度的 40～50 倍）沿电极轴线冲向熔池，对熔池金属形成很大的压力。这个力和等离子流力共同作用，便容易形成图 2-12（b）所示的指状熔深。

2. 电弧力的影响因素

影响电弧力的因素很多，但归纳起来主要有以下几种因素。

（1）气体介质　其影响主要反映在气体介质的热物理性质上。当气体介质是多原子气体或者热导率比较大时，对电弧的冷却能力增加，迫使电弧收缩，使电弧力增加。

（2）电流和电压　电弧中的电磁收缩力与电流的平方成正比，因此随电流增加，电弧力增加。电弧电压的增加，意味着弧长增加，电弧的飘摆性增加，引起电弧力减小。

（3）焊条（焊丝）的直径　焊条的直径越细，电流密度越大，电磁力越大，使电弧力越大。

第二节　电弧焊电源

弧焊电源是用来向电弧提供能量的一种装置，电弧将电源提供的能量转化为热能，以作为焊接工作的热源。弧焊电源对电弧的稳定燃烧和焊接过程有着重要的影响。因此了解并正确使用焊接电源，是实现良好的电弧焊接的前提条件。

一、电源的分类

弧焊电源可以分为四大类型。

（1）交流弧焊电源　包括弧焊变压器和矩形波弧焊电源。

（2）直流弧焊电源　包括弧焊整流器和直流弧焊发电机。

（3）脉冲弧焊电源。

（4）逆变式弧焊电源。

二、各种弧焊电源的特点和应用

（1）弧焊变压器　它把网路电压的交流电变成适宜于弧焊的低压交流电，由主变压器及所需的调节部分和指示装置等组成。它具有结构简单、易造易修、成本低、效率高等优点，但其电流波形为正弦波，电弧稳定性较差、功率因数低，一般应用于焊条电弧焊、埋弧焊和钨极氩弧焊等方法。

（2）矩形波交流弧焊电源　它采用半导体控制技术来获得矩形波交流电流，其电弧稳定性好，可调参数多，功率因数高。它除了用于交流钨极氩弧焊（TIG）外，还可用于埋弧焊，甚至可代替直流弧焊电源用于碱性焊条电弧焊。

（3）直流弧焊发电机　一般由特种直流发电机和获得所需外特性的调节装置等组成。它的缺点是空载损耗较大、效率低、噪声大、维修难；优点是过载能力强、输出脉动小，可用作各种弧焊方法的电源，也可由柴油机驱动用于没有电源的野外施工。

（4）弧焊整流器　它把交流电经降压整流后获得直流电，它由主变压器、半导体整流元件以及获得所需外特性的调节装置等组成。与直流弧焊发电机比较，它具有制造方便、价格低、空载损耗小、噪声小等优点，而且大多数可以远距离调节，能自动补偿电网电压波动对输出电压、电流的影响。它可用作各种弧焊方法的电源。

（5）弧焊逆变器　单相（或三相）交流电经整流后，由逆变器转变为几百至几万赫兹的中频交流电，经降压后输出交流或直流电。整个过程由电子电路控制，使电源具有符合需要的外特性和动特性。它具有高效节电、质量轻、体积小、功率因数高、焊接性能好等独特的优点，可应用于各种弧焊方法，是一种最有发展前途的普及型弧焊电源。

（6）脉冲弧焊电源　焊接电流以低频调制脉冲方式馈送，一般由普通的弧焊电源与脉冲发生电路组成，也有其他结构形式。它具有效率高、热输入量较小、可在较宽范围内控制热输入量等优点。这种弧焊电源用于对热输入量比较敏感的高合金材料、薄板和全位置焊接具有独特的优点。

三、对弧焊电源的基本要求

弧焊电源需要具备工艺适应性，即满足弧焊工艺对弧焊电源的要求：

a. 保证引弧容易；

b. 保证电弧的稳定性；

c. 保证焊接规范稳定；

d. 具有足够宽的焊接规范调节范围。

为了满足以上工艺要求，对弧焊电源的电气性能应该考虑以下三个方面：

a. 对弧焊电源外特性的要求；

b. 对弧焊电源调节性能的要求；

c. 对弧焊电源动特性的要求。

1. 对弧焊电源外特性的要求

（1）电源的外特性　在电源内部参数一定的条件下，改变负载时，弧焊电源输出电压 U_y 和输出电流稳定值 I_f 之间的关系曲线——$U_y = f(I_f)$ 称为电源的外特性。对于直流电源，U_y 和 I_f 为平均值，而对于交流电则是有效值。

我们知道，一般直流电源的外特性方程式为：

$$U_y = E - I_f r_0$$

式中　E——直流电源的电动势，V；

r_0——电源内部电阻，Ω。

当电阻 $r_0 > 0$ 时，随着输出电流 I_f 增加，输出电压 U_y 下降，即其外特性是一条下倾直线，如图 2-13 所示。而且，电阻越大，电源外特性下倾程度越大。

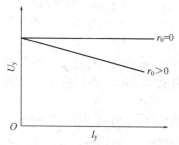

图 2-13　一般直流电源的外特性

当电阻 $r_0 = 0$ 时，则电源输出电压 $U_y = E$，这时输出电压不随电流变化，电源的外特性平行于横轴，称为平特性或者恒压特性。对于一般负载，要求供电的电源内阻越小越好，即外特性尽可能接近于平的。就是说，应能基本上保持电力电源输出的电压稳定不变。这样与电源并联的某个负载发生变化时，就不会影响其他负载的运行。

（2）弧焊电源外特性形状的种类

① 下降特性　这种外特性的特点是：当输出电流在运行范围内增加时，其输出电压随着急剧下降。在其工作部分每增加 100A 电流，其电压下降一般应大于 7V。根据斜率的不同又可分为垂直下降特性（恒流特性）、缓降特性和恒流带外拖特性。

a. 垂直下降（恒流）特性　垂直下降特性也叫恒流特性。其特点是：在工作部分当输出电压变化时输出电流基本不变，见表 2-1 图形（a）。

b. 缓降特性　其特点是：当输出电压变化时，输出电流变化较恒流特性的大。其中一种按接近于 1/4 椭圆的规律变化，见表 2-1 图形（b）；另一种缓降特性的形状接近于一斜线，见表 2-1 图形（c）。

c. 恒流带外拖特性　其特点是：在工作部分的恒流段，输出电流基本上不随输出电压变化。但在输出电压下降到一定值（外拖拐点）之后，外特性转折为缓降的外拖段，随着输

表2-1 弧焊电源外特性形状的分类及其应用范围

外特性	下降特性				平特性		双阶梯形特性
图形	(a)	(b)	(c)	(d)	(e)	(f)	(g)
特征	在运行范围内 $I_f \approx$ 常数，又称垂直下降特性或恒流特性	$U=f(I)$ 图形接近 1/4 椭圆，又称缓降特性，其焊接电流变化较恒流特性大	在运行范围内 $U=f(I)$ 图形接近一斜线，又称缓降特性	在运行范围内有恒流带外拖，外拖的斜率和拐点可调节	在运行范围内 $U \approx$ 常数，又称恒压特性，有时电压稍有下降	在运行范围内随电流增加电压稍有增高，有时称上升特性	由 L 形和 T 形外特性切换而成双阶梯形外特性
一般适用范围	钨极氩弧焊、非熔化极等离子弧焊	一般焊条手弧焊	一般焊条手弧焊，特别适合立焊、仰焊，粗丝 CO_2 焊、埋弧焊、变速送丝埋弧焊	一般焊条手弧焊	等速送丝的粗丝和细丝气体保护焊和细丝（直径<3mm）埋弧焊	等速送丝的细丝气体保护（包括 CO_2 气体保护下焊）	熔化极脉冲弧焊、微机控制的脉冲自动弧焊

出电压的下降，输出电流将有较大的增加。而且外拖拐点和外拖斜率往往可以调节。除表 2-1 的图形（d）之外，还有其他形式的外拖特性。

② 平特性　平特性可以分为两类：一种是在运行范围内，随着输出电流的增大，电弧电压接近于恒定不变（恒压特性）或者稍有下降，电压下降率应小于 7V/100A，见表 2-1 的图形（e）；另一种是在运行范围内，随着输出电流的增大电压稍有增高（有时称上升特性），电压上升率应小于 10V/100A，见表 2-1 的图形（f）。

③ 双阶梯形特性　这种特性的电源用于脉冲电弧焊。维弧阶段工作于 L 形特性上，而脉冲阶段工作于倒 L 形特性上。由这两种外特性切换而成双阶梯形特性或称框形特性，见表 2-1 图形（g）。

（3）对弧焊电源空载电压的要求　电源空载电压的确定应遵循以下原则。

① 保证引弧容易　引弧时，焊条（焊丝）和工件接触，因两者表面往往有杂质，所以需要较高的空载电压才能将高电阻的接触面击穿，形成导电通路。同时将电极间空隙气体转化为导体也需要较高的空载电压。所以，空载电压越高越好。

② 保证电弧的稳定燃烧　为确保交流电弧的稳定燃烧，要求 $U_0 \geqslant (1.8 \sim 2.25) U_f$。

③ 保证电弧功率稳定　为了保证电弧功率稳定，要求 $1.57 < U_0/U_f < 2.5$。

④ 要有良好的经济性　要保证电弧稳定性和引弧容易，应尽可能采用较高的空载电压。但空载电压越高，所需材料就越多，质量也就越大。同时还会增加能量的消耗，降低弧焊电源的效率。

⑤ 保证人身安全　为了保证人身安全必须有节制地提高空载电压。

综上所述，在设计弧焊电源确定空载电压时，应在满足弧焊工艺需要、确保引弧容易和电弧稳定的前提下，尽可能采用较低的空载电压，以利于人身安全和提高经济效益。对于通用的交流和直流弧焊电源的空载电压规定如下。

a. 交流弧焊电源　为了保证引弧容易和电弧的稳定燃烧，通常采用 $U_0 \geqslant (1.8 \sim 2.25) U_f$。

焊条电弧焊电源　$U_0 = 55 \sim 70V$；

埋弧自动焊电源　$U_0 = 70 \sim 90V$。

b. 直流弧焊电源　直流电弧比交流电弧易稳定，但为了引弧容易，一般也取接近交流弧焊电源的空载电压 $U_0 = 60 \sim 90V$。

根据有关规定，当弧焊电源输入电压为额定值和在整个调整范围内时，空载电压应符合：

弧焊变压器 $U_0 \leqslant 80V$；

弧焊整流器 $U_0 \leqslant 85$；

弧焊发电机 $U_0 \leqslant 100V$。

注意：上述空载电压范围是对下降特性弧焊电源而言的。在一般情况下，用于熔化极自动、半自动弧焊的平特性弧焊电源，应有较低的空载电压，并且根据额定焊接电流的大小作相应选择；对一些专用弧焊电源，例如带有引弧装置的熔化极气体保护焊电源，它的空载电压应定得低些。

2. 对弧焊电源调节性能的要求

（1）电源的调节性能　在焊接过程中，由于焊件的材质、厚度和坡口形式不同必须选取不同的焊接工艺参数，因此与电源有关的焊接参数——电弧电压和电弧电流必须具备调节的性能。

电弧电压和电流是由电弧静特性与电源外特性曲线相交点决定的。同时，对应于一定的弧长，只有一个稳定工作点。因此，为了获得一定范围所需的焊接电流和电压，弧焊电源的外特性必须具有可调节性能，以便与电弧静特性曲线在许多点相交，得到一系列的稳定工作点。因此弧焊电源能够满足不同工作电压、电流的要求而具有的可调性能称为调节性能。

在稳定工作的条件下，电弧电流、电压、空载电压和等效电阻之间的关系：

$$U_f = U_0 - I_f Z$$

式中　U_f——电弧电压，V；

　　　U_0——空载电压，V；

　　　I_f——电弧电流，A；

　　　Z——等效电阻，Ω。

显而易见，我们可以通过调节空载电压和等效电阻来调节焊接工艺参数（焊接电压和焊接电流），根据焊接方法的不同来选取不同的外特性调节方式。

① 焊条电弧焊　在焊条电弧焊中所用电流 I_f 的调节范围不大，即使电弧电压不变，也能保证得到所需要的焊缝成形，所以在焊接不同厚度的工件时，电弧电压一般保持不变，只调节焊接电流。一般要求交流弧焊电源空载电压 $U_0 = (1.8 \sim 2.25) U_f$。因为电弧电压不变，所以电源空载电压不必作相应的改变。焊条电弧焊常用的弧焊电源调节外特性方式如图2-14(a)。但是，在小电流焊接时，电子热发射能力弱，需要借助电场作用才容易引弧。因此为了使电弧稳定，在小电流焊接时，需要较高的空载电压；在大电流焊接时，空载电压可以适当降低以提高功率因数，节省电能。

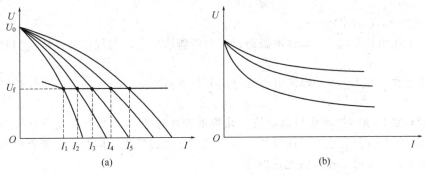

图 2-14　改变等效阻抗时的外特性

（a）下降外特性；（b）平外特性

② 埋弧焊　在埋弧焊中，一般当电弧电流增加时熔深随着增大，则要求增大电弧电压以使熔宽相应增加，从而保持合适焊缝的尺寸。当电弧电压增大时要求空载电压也增大以保持电弧的稳定。因此，宜采用如图 2-15 所示的调节外特性方式。

③ 等速送丝气体保护焊　电弧静特性为上升的熔化极气体保护焊可选用平外特性的弧焊电源和等速送丝的焊机，选用图 2-14(b) 所示的外特性调节方式可使得电弧电压在较大范围调节时空载电压不变，从而保证电弧稳定。

（2）可调参数

① 下降外特性弧焊电源的可调参数

a. 工作电流 I_f　它是在进行弧焊时的电弧电流或电源输出的电流。

b. 工作电压 U_w　它是在焊接时，弧焊电源输出的负载电压。这时负载不仅包括电弧，还包括焊接回路的电缆在内。随着工作电流的增大，电缆上的压降也增大。

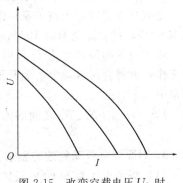

图 2-15　改变空载电压 U_0 时的下降外特性

为了保证一定的电弧电压，要求工作电压随工作电流增大。因而规定了工作电压与工作电流的关系为缓升直线，称为负载特性。在国家标准中规定的有关焊接方法的负载特性如下。

焊条电弧焊和埋弧焊的负载特性：

当 $I_f < 600A$，$U_w(V) = 20 + 0.04I_f$；

当 $I_f > 600A$，$U_w(V) = 44$。

TIG 焊的负载特性：

当 $I_f < 600A$，$U_w(V) = 10 + 0.04I_f$；

当 $I_f > 600A$，$U_w(V) = 34$。

c. 最大焊接电流 I_{fmax}　是弧焊电源通过调节所能输出的与负载特性相应的上限电流。

d. 最小焊接电流 I_{fmin}　是弧焊电源通过调节所能输出的与负载特性相应的最小电流。

e. 电流调节范围　是在规定负载特性条件下，通过调节所能获得的焊接电流范围。通常要求：

$I_{fmax}/I_e \geqslant 1.0$；

$I_{fmin}/I_e \leqslant 0.20$，$I_e$ 为额定焊接电流。

② 平外特性弧焊电源的可调参数

a. 工作电流 I_f　它是在进行弧焊时的电弧电流或电源输出的电流。

b. 工作电压 U_w　它是在焊接时，弧焊电源输出的负载电压。规定的负载特性为：

当 $I_f < 600A$，$U_w(V) = 14 + 0.05I_f$；

当 $I_f > 600A$，$U_w(V) = 44$。

c. 最大工作电压 U_{wmax}　焊接电源通过调节所能输出的，与规定负载特性相对应的最大电压。

d. 最小工作电压 U_{wmin}　焊接电源通过调节所能输出的，与规定负载特性相对应的最小电压。

③ 弧焊电源的负载持续率与额定值　弧焊电源能输出多大功率与温升有密切关系。因为温升过高，弧焊电源的绝缘可能烧坏，甚至烧毁元件或整机。因此，在弧焊电源标准中对于不同绝缘级别，规定了相应的允许温升。

弧焊电源的温升除取决于焊接电流的大小以外，还取决于负荷的状态，即长时间连续通电还是间歇通电。对于不同负载状态，给弧焊电源规定了不同的输出电流。用负载持续率 FS 表示，即：

$$FS = t/T \times 100\%$$

式中　T——弧焊电源的工作周期（负载运行持续时间和休止时间之和）；

　　　t——负载运行持续时间。

负载持续率额定级按国家标准新的规定有 35%、60% 和 100% 三种。焊条电弧焊电源一般取 60%，自动焊电源取 100% 或 60%。

弧焊电源的额定电流 I_e 是指在规定环境条件下，按额定负载持续率 FS_e 规定的负载状态工作，而符合标准规定的温升限度下所输出的电流值。与额定电流相对应的工作电压称为额定电压 U_{we}。

FS、I_f 与 FS_e、I_e 之间的关系如下：

$$I_f^2 FS = I_e^2 FS_e$$

3. 对弧焊电源动特性的要求

（1）焊条电弧焊和 CO_2 气体保护焊电源动特性和负载特点　所谓弧焊电源的动特性是指，电弧负载状态发生突然变化时，弧焊电源输出电压和电流的响应过程，可以用弧焊电源的输出电压和电流对时间的关系，即 $U_f = f(t)$、$I_f = f(t)$ 来表示。它说明弧焊电源对负载瞬变的适应能力。只有当弧焊电源的动特性合适，才能获得良好的引弧、燃弧和熔滴过渡状态，从而得到满意的焊缝质量。

对弧焊电源动特性的要求主要是针对采用短路过渡的熔化极电弧焊。因为在该焊接过程中电弧是动载，使弧焊电源常在空载、负载、短路三态之间转换，所以需要对弧焊电源的动特性有所要求。现在以焊条电弧焊和 CO_2 气体保护焊的熔滴过渡为例进行说明。

a. 焊条电弧焊采用短路引弧，焊接开始焊条与焊件接触短路。此时弧焊电源电压迅速降至短路电压 U_d。与此同时，电流迅速增至最大值 I_{sd}，然后逐渐下降到稳态短路电流 I_{wd}。提起焊条，电源电压迅速上升，电流迅速下降，形成了电弧放电，这是引弧过程；在电弧稳定燃烧时，焊条端部形成熔滴并增大，电源电压逐渐下降，电流逐渐上升，这是燃弧过程；当熔滴使焊条和熔池短路时，电弧瞬时熄灭，电源电压下降，电流又上升至短路电流 I_{fd}，此时熔滴在重力和电磁收缩力下进入熔池，这是短路过程。待熔滴脱落，又重新进入引弧阶段。如此周而复始，出现循环过程：空载—短路—负载的引弧过程和负载—短路—负载的熔滴过渡过程。

b. 在 CO_2 气体保护焊接过程中，电弧引燃后焊丝端部形成熔滴并逐渐增大，直至电弧空隙短路。此时电弧瞬时熄灭，电压急剧下降，短路电流突然增大。熔滴在电磁收缩力作用下形成缩颈，并向熔池过渡。熔滴脱落后电压急剧增大，超过稳定电弧电压，并重新引弧，以后重复整个循环。

通过对两种弧焊方法的分析可知，随着电弧负载的变化，电源输出电压和电流响应过程的曲线就是电源的动特性。我们需要了解电源动特性对焊接过程的影响，对电源动特性规定若干指标，从而保证引弧容易、熔滴过渡良好。

(2) 焊条电弧焊对电源动特性的要求

a. 对瞬时短路电流峰值 I_{sd} 的要求　所谓瞬时短路电流峰值，是当焊接回路突然短路时，输出电流的峰值。一般考虑由空载到短路和负载到短路两种情况。由空载到短路时的 I_{sd} 值影响开始焊接的引弧过程。I_{sd} 太小，不利于热发射和热电离，使引弧困难；若此值太大，造成飞溅大甚至烧穿工件。对它的要求指标以其与稳态短路电流的比值 I_{sd}/I_{wd} 来衡量；由负载到短路的 I_{fd} 影响熔滴过渡的情况。I_{fd} 太大，使熔滴飞溅严重，使焊缝成形变坏，甚至引起工件烧穿、电弧不稳；I_{fd} 太小，造成功率不够，熔滴过渡困难。对它的指标要求以其与稳定工作电流之比 I_{fd}/I_f 来衡量。

b. 对恢复电压最低值的要求　用直流弧焊发电机进行焊条电弧焊开始引弧时，在焊条与工件被拉开后，也就是由短路到空载的过程，由于焊接回路中电感的影响，电源电压不能迅速恢复至空载电压，而是先出现一个峰值，紧接着下降到电压的最低值 U_{min}，然后在逐渐升高到空载电压。这个电压最低值就是恢复电压最低值。

根据有关规定，把对弧焊发电机和弧焊整流器动特性的要求分别列于表 2-2 和表 2-3。

表 2-2　弧焊发电机动特性指标

整 定 值	电 流/A	额 定 电 流		25%额定电流	
	电 压/V	$U_w = (20 + 0.04I_f)$	20	$U_w = (20 + 0.04I_f)$	20
动特性要求	空载至短路,瞬时短路电流峰值对稳定短路电流之比 I_{sd}/I_{wd}	≤2.5	—	≤3	—
	短路至空载,恢复电压最低值 U_{min}	≥30	—	≥20	—
	负载至短路,瞬时短路电流峰值对负载电流之比值 I_{fd}/I_f	—	≤2.5	—	≤3

表 2-3　弧焊整流器动特性指标

项　目		额　定　值		指　标
		电流/A	电压/V	
空载至短路	$\dfrac{I_{sd}}{I_{wd}}$	额定值	$U_w=(20+0.04I_f)$	≤3
		20%额定值		≤5.5
负载至短路	$\dfrac{I_{fd}}{I_f}$	额定值		≤1.5
		20%额定值		≤2.5
				≤3

第三节　焊条电弧焊

一、概述

焊条电弧焊是手工操作焊条进行焊接的电弧焊方法，焊条电弧焊时，在焊条末端和工件之间燃烧的电弧所产生的高温使焊条药皮与焊芯及工件熔化，熔化的焊芯端部迅速形成细小的金属熔滴，通过弧柱过渡到局部熔化的工件表面，融合一起形成熔池。药皮熔化过程中产生的气体和熔渣，不仅使熔池和电弧周围的空气隔绝，而且和熔化了的焊芯、母材发生一系列冶金反应，保证所形成的焊缝的性能，随着电弧以一定的速度和弧长在工件上不断的前移，熔池液态金属不断的冷却结晶，形成焊缝。焊条电弧焊的过程如图 2-16 所示。

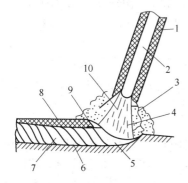

图 2-16　焊条电弧焊的过程
1—药皮；2—焊芯；3—保护气；
4—电弧；5—熔池；6—母材；
7—焊缝；8—渣壳；9—熔渣；
10—熔滴

焊条电弧焊有以下特点。

① 使用的设备结构简单，价格便宜，方便携带。焊接操作时不需要复杂的辅助设备，只需配备简单的辅助工具。因此，购置设备的投资少，而且维护方便，这是它广泛应用的原因之一。

② 不需要辅助气体防护。焊条不但能提供填充金属，而且在焊接过程中能产生保护气体，并且具有较强的抗风能力。

③ 操作灵活，适应性强。焊条电弧焊适用于焊接单件或小批量的产品，短的和不规则的、空间任意位置的产品以及其他不易实现机械化焊接的焊缝。凡是焊条能够达到的地方都能进行焊接。

④ 应用范围广，适用于大多数工业用的金属和合金的焊接。焊条电弧焊选用合适的焊条不仅可以焊接碳素钢、低合金钢，而且还可以焊接高合金钢和有色金属，不仅可以焊接同种金属，而且还可以焊接异种金属，还可以进行铸铁焊补和各种金属材料的堆焊。

但是，焊条电弧焊有以下几个缺点。

① 对焊工的操作要求高，焊工培训费用大。焊条电弧焊的焊接质量除了对设备、焊条、焊接工艺参数有要求外，主要靠焊工的操作技巧和经验，即焊条电弧焊的焊接质量在一定程度上取决于焊工操作的技术，因此必须经常进行焊工培训，所需要的培训费用很大。

② 劳动条件差。焊条电弧焊接主要靠焊工的手工操作和眼睛观察全过程，并且处于高温烘烤和有毒烟尘环境中，劳动条件差，因此要注意劳动保护。

③ 生产效率低。焊条电弧焊主要靠手工操作，并且焊接工艺参数选择范围小，另外，焊接时要经常更换焊条，并且要进行焊渣的清理。与机械化焊接相比生产效率低。

④ 不适于特殊金属及薄板的焊接。对于活泼金属（如 Ti、Nb、Zr）和难熔金属（如 Ta、Mo），由于这些金属对氧的污染非常敏感，焊条的保护作用不足以防止这些金属氧化，保护效果不好，焊接质量很难达到要求，所以不能采用焊条电弧焊。对低熔点金属如 Pb、Sn、Zn 及其合金等，由于电弧的温度对其来讲太高，所以也不能采用焊条电弧焊焊接。另外，焊条电弧焊的焊接工件厚度一般在 1.5mm 以上，1mm 以下的薄板不适于焊条电弧焊。

由于焊条电弧具备设备简单、操作方便、适应性强，能在空间任意位置焊接的特点，所以被广泛地应用于各个工业领域，是应用最广泛的焊接方法之一。

二、焊条电弧焊电弧的特性

1. 焊条电弧焊电弧的静特性

由于焊条电弧焊使用的焊接电流较小，特别是电流密度较小，所以焊条电弧焊电弧的静特性处于水平段，如图 2-17 所示。在焊条电弧焊电弧水平段区间，弧长基本保持不变时，若在一定范围内改变电流值，电弧电压几乎不发生变化，因而焊接电流在一定范围内变化时，电弧均稳定燃烧。

2. 电弧的温度分布

焊条电弧焊电弧在焊条末端和工件间燃烧，焊条和工件都是电极，电弧阴、阳两极的最高温度接近于材料的沸点，焊接钢材时，阴极约为 2400℃，阳极约为 2600℃，电弧的温度为 6000～7000℃。随着焊接电流的增大，弧柱的温度也增高。由于交流电弧两个电极的极

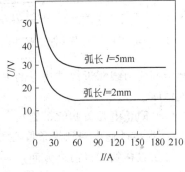

图 2-17　焊条电弧焊的静特性

性在不断地变化，故两个电极的平均温度是相等的，而直流电弧正极的温度比负极提高 200℃ 左右。

3. 电弧偏吹

焊接过程中，因气流干扰、磁场作用或焊条偏心等影响，使电弧中心偏离电极轴线的现象，称为电弧偏吹。

（1）产生电弧偏吹的原因

① 焊条偏心产生的偏吹。焊条的偏心度过大，造成焊条药皮较厚的一边比较薄的一边熔化时吸收的热量多，药皮较薄的一边很快熔化而使电弧外露，迫使电弧偏吹，见图 2-18 所示。

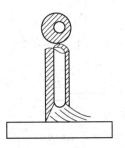

图 2-18　焊条偏心引起的偏吹

② 电弧周围气流产生的偏吹。电弧周围气体流动过强也会产生偏吹。造成电弧周围气体流动过强的因素很多，主要是大气中的气流和热对流的作用。如在露天大风中焊接操作时，电弧偏吹就很严重；在管线焊接时，由于空气在管子中的流速较大，使电弧偏吹；如果对接接头的间隙较大，在热对流的影响下也会产生偏吹。

③ 焊接电弧的磁偏吹。直流电弧焊时，因受到焊接回路所产生的电磁力的作用而产生的电弧偏吹，称为焊接电弧磁偏吹。产生磁偏吹的原因有 3 个。a. 接地线位置不适当引起磁偏吹，如图 2-19 所示。通过焊件的电流在空间产生磁场，当焊条与焊件垂直时，电

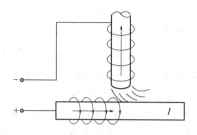

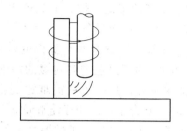

图 2-19　接地线位置不适当引起的磁偏吹　　　　图 2-20　不对称铁磁物质基础引起的磁偏吹

弧左侧的磁力线密度较大，而电弧右侧的磁力线稀疏，磁力线的不均匀分布致使密度大的一侧对电弧产生推力，使电弧偏离轴线。b. 不对称铁磁物质引起的磁偏吹，如图 2-20 所示。

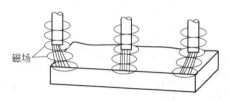

图 2-21　在焊件一端焊接时引起的磁偏吹

焊接时，在电弧一侧放置一块钢（导磁体）时，由于铁磁物质的导磁能力远远大于空气，铁磁物质侧的磁力线大部分都通过铁磁物质形成封闭曲线，致使电弧同铁磁物质之间的磁力线密度降低，所以在电磁力作用下电弧向铁磁物质一侧偏吹。c. 电弧运动至钢板的端部时引起磁偏吹，如图 2-21 所示。这是因为电弧到达钢板端头时导磁面积发生变化，

引起空间磁力线靠近焊件边缘的地方密度增加，所以在电磁力作用下，产生了指向焊件内侧的磁偏吹。

（2）防止电弧偏吹的措施

① 焊接过程中遇到焊条偏心引起的偏吹，应立即停弧。如果偏心度较小，可转动焊条将偏心位置移到焊接前进方向，调整焊条角度后再施焊；如果偏心度较大，就必须更换新的焊条。

② 焊接过程中若遇到气流引起的偏吹，要停止焊接，查明原因，采用遮挡等方法来解决。

③ 当发生磁偏吹时，可以将焊条向磁偏吹相反的方向倾斜，以改变电弧左右空间的大小，使磁力线密度趋于均匀，减小偏吹程度；改变接地线位置或在焊件两侧加接地线，可减少因导线接地位置引起的磁偏吹。因交流的电流和磁场的方向都是不断变化的，所以采用交流弧焊电源可防止磁偏吹。另外采用短弧焊，也可减小磁偏吹。

三、焊条电弧焊基础

1. 基本焊接电路

图 2-22 是焊条电弧焊的基本电路。它由交流或直流弧焊电源、焊钳、电缆、焊条、电弧、工件及地线等组成。

用直流电源焊接时，工件和焊条与电源输出端正、负极的接法，称极性。工件接直流电源正极，焊条接负极时，称正接或正极性；工件接负极，焊条接正极时，称反接或反极性。无论采用正接还是反接，主要从电弧稳定燃烧的条件来考虑。用交流弧焊电源焊接时，极性在不断变化，所以不用考虑极性接法。

2. 电源的选择

焊条电弧焊要求电源具有陡降的外特性、良好的动

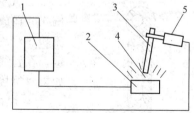

图 2-22　焊条电弧焊基本焊接电路
1—弧焊电源；2—工件；3—焊条；
4—电弧；5—焊钳

特性和合适的电流调节范围。选择焊条电弧焊电源应主要考虑以下因素：①所要求的焊接电流的种类；②所要求的电流范围；③弧焊电源的功率；④工作条件和节能要求等。

电流种类有交流、直流或交直两用，主要是根据所使用的焊条类型和所要焊接的焊缝形式进行选择。低氢钠型焊条必须选用直流弧焊电源，以保证电弧稳定燃烧。酸性焊条虽然交、直流均可使用，但一般选用结构简单且价格较低的交流弧焊电源。

3. 焊条的选择

（1）焊条的组成及其作用　涂有药皮的供弧焊用的熔化电极称为电焊条，简称焊条。焊条由焊芯和药皮（涂层）组成。通常焊条引弧端有倒角，药皮被除去一部分，露出焊芯端头，有的焊条引弧端涂有引弧剂，使引弧更容易。在靠近夹持端的药皮上印有焊条牌号。

焊条中被药皮包覆的金属芯称焊芯。焊条电弧焊时，焊芯与焊件之间产生电弧并熔化为焊缝的填充金属。焊芯既是电极，又是填充金属。用于焊芯的专用金属丝（称焊丝）分为碳素钢、低合金结构钢和不锈钢 3 类。焊芯的成分将直接影响着熔敷金属的成分和性能。

涂覆在焊芯表面的有效成分称为药皮，也称涂层。焊条药皮是矿石粉末、铁合金粉、有机物和化工制品等原料按一定比例配制后压涂在焊芯表面上的一层涂料。其作用是：①机械保护。焊条药皮熔化或分解后产生气体和熔渣，隔绝空气，防止熔滴和熔池金属与空气接触。熔渣凝固后的渣壳覆盖在焊缝表面，可防止高温的焊缝金属被氧化和氮化，并可减慢焊缝金属的冷却速度。②冶金处理。通过熔渣和铁合金进行脱氧、去硫、去磷、去氢和渗合金等焊接冶金反应，可去除有害元素，增添有用元素，使焊缝具备良好的力学性能。③改善焊接工艺性能。药皮可保证电弧容易引燃并稳定地连续燃烧；同时减少飞溅，改善熔滴过渡和焊缝成形等。④渗合金。焊条药皮中含有合金元素熔化后过渡到熔池中，可改善焊缝金属的性能。

（2）焊条的分类

① 按药皮主要成分分类　可将焊条分为不定型、氧化钛型、钛钙型、钛铁矿型、氧化铁型、纤维素型、低氢钾型、低氢钠型、石墨型和盐基型等 10 大类。

② 按熔渣性质分类　可将焊条分为酸性焊条和碱性焊条两大类。熔渣以酸性氧化物为主的焊条称为酸性焊条。熔渣以碱性氧化物和氟化钙为主的焊条称为碱性焊条。在碳钢焊条和低合金钢焊条中，低氢型焊条（包括低氢钠型、低氢钾型和铁粉低氢型）是碱性焊条；其他涂料类型的焊条均属酸性焊条。

碱性焊条与强度级别相同的酸性焊条相比，其熔敷金属的延性和韧性高、扩散氢含量低、抗裂性能强。因此，当产品设计或焊接工艺规程规定用碱性焊条时，不能用酸性焊条代替。但碱性焊条的焊接工艺性能（包括稳弧性、脱渣性、飞溅等）较差，对锈、水、油污的敏感性大，容易产生气孔，有毒气体和烟尘多，毒性也大。酸性焊条和碱性焊条的特性对比见表 2-4。

③ 按焊条用途分类　可分为结构钢焊条、钼和铬钼耐热钢焊条、不锈钢焊条、堆焊焊条、低温钢焊条、铸铁焊条、镍和镍合金焊条、铜和铜合金焊条、铝和铝合金焊条和特殊用途焊条等 10 大类。

④ 按焊条性能分类　按性能分类的焊条，都是根据其特殊使用性能而制造的专用焊条，有超低氢焊条、低尘低毒焊条、立向下焊条、底层焊条、铁粉高效焊条、抗潮焊条、水下焊条、重力焊条等。

表 2-4 酸性焊条和碱性焊条的特性比较

酸 性 焊 条	碱 性 焊 条
① 对水、铁锈的敏感性不大,使用前经 100～150℃烘焙 1h	① 对水、铁锈的敏感性较大,使用前经 300～350℃烘焙 1～2h
② 电弧稳定性好,可用交流或直流施焊	② 须用直流反接施焊;药皮加稳弧剂后,可交、直流两用施焊
③ 焊接电流较大	③ 与同规格酸性焊条相比,焊接电流约小 10%左右
④ 可长弧操作	④ 须短弧操作,否则易引起气孔
⑤ 合金元素过渡效果差	⑤ 合金元素过渡效果好
⑥ 熔深较浅,焊缝成形较好 .	⑥ 熔深稍深,焊缝成形一般
⑦ 熔渣呈玻璃状,脱渣较方便	⑦ 熔渣呈结晶状,脱渣不及酸性焊条
⑧ 焊缝的常、低温冲击韧性一般	⑧ 焊缝的常、低温冲击韧性较高
⑨ 焊缝的抗裂性较差	⑨ 焊缝的抗裂性好
⑩ 焊缝的含氢量较高,影响塑性	⑩ 焊缝的含氢量低
⑪ 焊接时烟尘较少	⑪ 焊接时烟尘稍多

（3）焊条的选用原则　焊条的种类繁多，每种焊条均有一定的特性和用途。选用焊条是焊接准备工作中一个很重要的环节。在实际工作中，除了要认真了解各种焊条的成分、性能及用途外，还应根据被焊焊件的状况、施工条件及焊接工艺等综合考虑。选用焊条一般考虑以下原则。

① 焊接材料的力学性能和化学成分

a. 对于普通结构钢，通常要求焊缝金属与母材等强度，应选用抗拉强度等于或稍高于母材的焊条。

b. 对于合金结构钢，通常要求焊缝金属的主要合金成分与母材金属相同或相近。

c. 在被焊结构刚性大、接头应力高、焊缝容易产生裂纹的情况下，可以考虑选用比母材强度低一级的焊条。

d. 当母材中 C 及 S、P 等元素含量偏高时，焊缝容易产生裂纹，应选用抗裂性能好的低氢型焊条。

② 焊件的使用性能和工作条件

a. 对承受动载荷和冲击载荷的焊件，除满足强度要求外，还要保证焊缝具有较高的韧性和塑性，应选用塑性和韧性指标较高的低氢型焊条。

b. 接触腐蚀介质的焊件，应根据介质的性质及腐蚀特征，选用相应的不锈钢焊条或其他耐腐蚀焊条。

c. 在高温或低温条件下工作的焊件，应选用相应的耐热钢或低温钢焊条。

③ 焊件的结构特点和受力状态

a. 对结构形状复杂、刚性大及厚度大的焊件，由于焊接过程中产生很大的应力，容易使焊缝产生裂纹，应选用抗裂纹性能好的低氢型焊条。

b. 对焊接部位难以清理干净的焊件，应选用氧化性强，对铁锈、氧化皮、油污不敏感的酸性焊条。

c. 对受条件限制不能翻转的焊件，有些焊缝处于非平焊位置，应选用全位置焊接的焊条。

④ 施工条件及设备

a. 在没有直流电源，而焊接结构又要求必须使用低氢型焊条的场合，应选用交、直流两用低氢型焊条。

b. 在狭小或通风条件差的场所，应选用酸性焊条或低尘焊条。

⑤ 改善操作工艺性能　在满足产品性能要求的条件下，尽量选用电弧稳定，飞溅少，

焊缝成形均匀整齐，容易脱渣的工艺性能好的酸性焊条。焊条工艺性能要满足施焊操作需要。如在非水平位置施焊时，应选用适于各种位置焊接的焊条。如在向下立焊、管道焊接、底层焊接、盖面焊、重力焊时，可选用相应的专用焊条。

⑥ 合理的经济效益　在满足使用性能和操作工艺的条件下，尽量选用成本低、效率高的焊条。对于焊接工作量大的结构，应尽量采用高效率焊条，如铁粉焊条、高效率不锈钢焊条及重力焊条等，以提高焊接生产率。

4. 接头形式

焊条电弧焊常用的基本的接头形式有对接、搭接、角接和 T 形接，如图 2-23 所示。选择接头形式时，主要根据产品的结构，并综合考虑受力条件、加工成本等因素。对接与搭接相比，具有受力简单均匀、节省金属等优点，故应用最多。但对接接头对下料尺寸和组装要求比较严格。

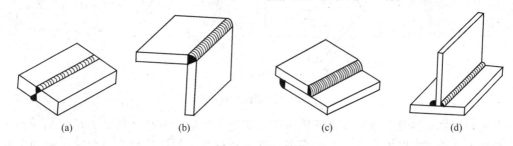

图 2-23　接头的基本形式

（a）对接接头；（b）角接接头；（c）搭接接头；（d）T 形接头

5. 坡口形式

根据设计或工艺需要，将焊件的待焊部位加工成一定几何形状，经装配后构成的沟槽称为坡口。利用机械（剪切、刨削或车削）、火焰或电弧（碳弧气刨）等加工坡口的过程称为开坡口。开坡口使电弧能深入坡口底层，保证底层焊透，便于清渣，获得较好的焊缝成形，还能调节焊缝金属中母材和填充金属的比例。

弧焊的坡口形式应根据焊件结构形式、厚度和技术要求选用，常用的坡口形式有 I 形、V 形、X 形、Y 形、双 Y 形、U 形坡口带钝边等。一般对接接头板厚 1～6mm 时，用 I 形坡口采用单面焊或双面焊即可保证焊透；板厚≥3mm 时，为了保证焊缝有效厚度或焊透，改善焊缝成形，可加工成 Y 形、X 形、U 形等各种形状的坡口。

在板厚相同时，双面坡口比单面坡口、U 形坡口比 V 形坡口消耗焊条少，焊接变形小，随着板厚增大，这些优点更加突出。但 U 形坡口加工较困难，坡口加工费用较高，一般用于较重要的结构。

当不同厚度的钢板对接时，应按有关标准和技术文件的要求对厚钢板坡口侧进行削薄处理。

坡口形式及其尺寸一般随板厚而变化，同时还与焊接方法、焊接位置、热输入量。坡口加工方法以及工件材质等有关。

6. 焊接位置

熔焊时，焊件接缝所处的空间位置称为焊接位置。按焊缝空间位置的不同可分为：平焊、立焊、横焊和仰焊等位置，如图 2-24 所示。

水平固定管的对接焊缝，包括了平焊、立焊和仰焊等焊接位置。类似这样的焊接位置施焊时，称为全位置焊接。

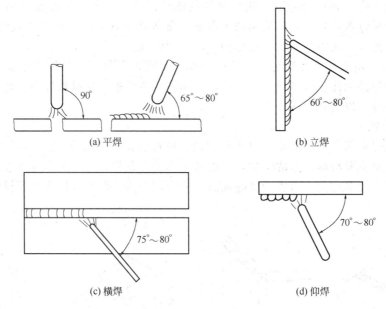

(a) 平焊　　　　　　　　　　　　(b) 立焊

(c) 横焊　　　　　　　　　　　　(d) 仰焊

图 2-24　常用的焊接位置

在平焊位置施焊时，熔滴可借助重力落入熔池。熔池中气体、熔渣容易浮出表面。因此，平焊可以用较大电流焊接，生产率高，焊缝成形好，焊接质量容易保证，劳动条件较好。因此，一般应尽量在平焊位置施焊。当然，在其他位置施焊，也能保证焊接质量，但对焊工操作技术要求较高，劳动条件较差。

四、焊接工艺参数

焊接工艺参数是指焊接时，为保证焊接质量而选定的诸物理量（例如焊接电流、电弧电压、焊接速度、热输入等）的总称。焊条电弧焊的焊接工艺参数主要包括焊条直径、焊接电流、电弧电压、焊接速度和预热温度等。

1. 焊条直径

焊条直径是根据焊件厚度、焊接位置、接头形式、焊接层数等进行选择的。

厚度较大的焊件，搭接和 T 形接头的焊缝应选用直径较大的焊条。对于小坡口焊件，为了保证底层的熔透，宜采用较细直径的焊条，如打底焊时一般选用 $\phi 2.5$ mm 或 $\phi 3.2$ mm 焊条。不同的位置，选用的焊条直径也不同，通常平焊时选用较粗的 $\phi(4.0\sim6.0)$ mm 的焊条，立焊和仰焊时选用 $\phi(3.2\sim4.0)$ mm 的焊条；横焊时选用 $\phi(3.2\sim5.0)$ mm 的焊条。对于特殊钢材，需要小工艺参数焊接时可选用小直径焊条。

根据工件厚度选择时，可参考表 2-5。对于重要结构应根据规定的焊接电流范围（根据热输入确定）参照表 2-6 焊接电流与焊条直径的关系来决定焊条直径。

表 2-5　焊条直径与焊件厚度的关系

焊件厚度/mm	2	3	4～5	6～12	>13
焊条直径/mm	2	3.2	3.2～4	4～5	4～6

2. 焊接电流

焊接电流是焊条电弧焊的主要工艺参数，焊工在操作过程中需要调节的只有焊接电流，而焊接速度和电弧电压都是由焊工控制的。焊接电流的选择直接影响着焊接质量和劳动生产率。

焊接电流越大，熔深越大，焊条熔化越快，焊接效率也越高，但是焊接电流太大时，飞溅和烟雾大，焊条尾部易发红，部分涂层要失效或崩落，而且容易产生咬边、焊瘤、烧穿等缺陷，增大焊件变形，还会使接头热影响区晶粒粗大，焊接接头的韧性降低；焊接电流太小，则引弧困难，焊条容易粘连在工件上，电弧不稳定，易产生未焊透、未熔合、气孔和夹渣等缺陷，且生产率低。

因此，选择焊接电流时，应根据焊条类型、焊条直径、焊件厚度、接头形式、焊缝位置及焊接层数来综合考虑。首先应保证焊接质量，其次应尽量采用较大的电流，以提高生产效率。板厚较大的 T 形接头和搭接接头，在施焊环境温度低时，由于导热较快，所以焊接电流要大一些。但主要考虑焊条直径、焊接位置和焊道层次等因素。

（1）考虑焊条直径　焊条直径越粗，熔化焊条所需的热量越大，必须增大焊接电流。每种焊条都有一个最合适电流范围，表 2-6 是常用的各种直径焊条合适电流参考值。

表 2-6　各种直径焊条使用电流参考值

焊条直径/mm	1.6	2.0	2.5	3.2	4.0	5.0	5.8
焊接电流/A	25～40	40～60	50～80	100～130	160～210	200～270	260～300

当使用碳钢焊条焊接时，还可以根据选定的焊条直径，用下面的经验公式计算焊接电流：

$$I = dK$$

式中　I——焊接电流，A；

d——焊条直径，mm；

K——经验系数，A/cm，见表 2-7。

表 2-7　焊接电流经验系数与焊条直径的关系

焊条直径 d/mm	1.6	2～2.5	3.2	4～6
经验系数 K/(A/cm)	20～25	25～30	30～40	40～50

（2）考虑焊接位置　在平焊位置焊接时，可选择偏大些的焊接电流，非平焊位置焊接时，为了易于控制焊缝成形，焊接电流比平焊位置小 $10\% \sim 20\%$。

（3）考虑焊接层次　通常焊接打底焊道时，为保证背面焊道的质量，使用的焊接电流较小；焊接填充焊道时，为提高效率，保证熔合好，使用较大的电流；焊接盖面焊道时，为防止咬边和保证焊道成形美观，使用的电流稍小些。

焊接电流一般可根据焊条直径进行初步选择，焊接电流初步选定后，要经过试焊，检查焊缝成形和缺陷，才可确定。对于有力学性能要求的如锅炉、压力容器等重要结构，要经过焊接工艺评定合格以后，才能最后确定焊接电流等工艺参数。

3. 电弧电压

当焊接电流调好以后，焊机的外特性曲线就确定了。实际上电弧电压主要是由电弧长度来决定的。电弧长，电弧电压高，反之则低。焊接过程中，电弧不宜过长，否则会出现电弧燃烧不稳定、飞溅大、熔深浅及产生咬边、气孔等缺陷；若电弧太短，容易粘焊条。一般情况下，电弧长度等于焊条直径的 0.5～1 倍为好，相应的电弧电压为 16～25V。碱性焊条的电弧长度不超过焊条的直径，为焊条直径的一半较好，尽可能地选择短弧焊；酸性焊条的电弧长度等于焊条直径。

4. 焊接速度

焊条电弧焊的焊接速度是指焊接过程中焊条沿焊接方向移动的速度，即单位时间内完成的焊缝长度。焊接过快会造成焊缝变窄，严重凸凹不平，容易产生咬边及焊缝波形变尖；焊接速度过慢会使焊缝变宽，余高增加，功效降低。焊接速度还直接决定着热输入量的大小，一般根据钢材的淬硬倾向来选择。

5. 焊缝层数

厚板的焊接，一般要开坡口并采用多层焊或多层多道焊。多层焊和多层多道焊接头的显微组织较细，热影响区较窄。前一条焊道对后一条焊道起预热作用，而后一条焊道对前一条焊道起热处理作用。因此，接头的延性和韧性都比较好。特别是对于易淬火钢，后焊道对前焊道的回火作用，可改善接头的组织和性能。

对于低合金高强钢等钢种，焊缝层数对接头性能有明显影响。焊缝层数少，每层焊缝厚度太大时，由于晶粒粗化，将导致焊接接头的延性和韧性下降。

6. 热输入

熔焊时，由焊接能源输入给单位长度焊缝上的热量称为热输入。其计算公式如下：

$$Q = \frac{\eta I U}{v}$$

式中　Q——单位长度焊缝的热输入，J/cm；

　　　I——焊接电流，A；

　　　U——电弧电压，V；

　　　v——焊接速度，cm/s；

　　　η——热效率系数，焊条电弧焊为 $0.7 \sim 0.8$。

热输入对低碳钢焊接接头性能的影响不大，因此，对于低碳钢焊条电弧焊一般不规定热输入。对于低合金钢和不锈钢等钢种，热输入太大时，接头性能可能降低；热输入太小时，有的钢种焊接时可能产生裂纹。因此，焊接工艺规定热输入。焊接电流和热输入规定之后，焊条电弧焊的电弧电压和焊接速度就间接地大致确定了。

一般要通过试验来确定既可不产生焊接裂纹、又能保证接头性能合格的热输入范围。允许的热输入范围越大，越便于焊接操作。

7. 预热温度

预热是焊接开始前对被焊工件的全部或局部进行适当加热的工艺措施。预热可以减小接头焊后冷却速度，避免产生淬硬组织，减小焊接应力及变形。它是防止产生裂纹的有效措施。对于刚性不大的低碳钢和强度级别较低的低合金钢的一般结构，一般不必预热。但对刚性大的或焊接性差的容易产生裂纹的结构，焊前需要预热。

预热温度根据母材的化学成分、焊件的性能、厚度、焊接接头的拘束程度和施焊环境温度以及有关产品的技术标准等条件综合考虑，重要的结构要经过裂纹试验确定不产生裂纹的最低预热温度。预热温度选得越高，防止裂纹产生的效果越好；但超过必需的预热温度，会使熔合区附近的金属晶粒粗化，降低焊接接头的质量，劳动条件也将会更加恶化。整体预热通常用各种炉子加热。局部预热一般采用气体火焰加热或红外线加热。预热温度常用表面温度计测量。

8. 后热与焊后热处理

焊后立即对焊件的全部（或局部）进行加热或保温，使其缓冷的工艺措施称为后热。后热的目的是避免形成硬脆组织，以及使扩散氢逸出焊缝表面，从而防止产生裂纹。

焊后为改善焊接接头的显微组织和性能或消除焊接残余应力而进行的热处理称为焊后热

处理。焊后热处理的主要作用是消除焊件的焊接残余应力，降低焊接区的硬度，促使扩散氢逸出，稳定组织及改善力学性能、高温性能等。因此，选择热处理温度时要根据钢材的性能、显微组织、接头的工作温度、结构形式、热处理目的来综合考虑，并通过显微金相和硬度试验来确定。

对于易产生脆断和延迟裂纹的重要结构，尺寸稳定性要求高的结构以及有应力腐蚀的结构，应考虑进行消除应力退火；对于锅炉、压力容器，则有专门的规程规定，厚度超过一定限度后要进行消除应力退火。消除应力退火的温度按有关规程或资料根据结构材质确定，必要时要经过试验确定。

重要的焊接结构，如锅炉、压力容器等，所制定的焊接工艺需要进行焊接工艺评定，按所设计的焊接工艺而焊接的试板的焊接质量和接头性能达到技术要求后，才予正式确定。焊接施工时，必须严格按规定的焊接工艺进行，不得随意更改。

五、焊条电弧焊常见的缺陷及防止措施

焊条电弧焊常见的焊接缺陷有焊缝形状缺陷、气孔、夹渣和裂纹等。焊接缺陷会导致应力集中，承载能力降低，使用寿命缩短，甚至造成脆断。一般技术规程规定：不允许有裂纹、未焊透、未熔合和表面夹渣等；咬边、内部夹渣和气孔等缺陷不能超过一定的允许值；对于超标缺陷必须进行彻底去除和焊补。

1. 焊缝形状缺陷及防止措施

焊缝的形状缺陷有：焊缝尺寸不符合要求、咬边、底层未焊透、未熔合、烧穿、焊瘤、弧坑、电弧擦伤、飞溅等。产生的原因和防止方法如下。

（1）焊缝尺寸不符合要求　焊缝尺寸不符合要求主要指焊缝余高及余高差、焊缝宽度及宽度差、错边量、焊后变形量等不符合标准规定的尺寸，焊缝高低不平，宽窄不齐，变形较大等，见图 2-25。焊缝宽度不一致，除了造成焊缝成形不美观外，还影响焊缝与母材的结合强度；焊缝余高过大，造成应力集中，而焊缝低于母材，则得不到足够的接头强度；错边和变形过大，则会使传力扭曲及产生应力集中，造成强度下降。

产生的原因是坡口角度不当或钝边及装配间隙不均匀；焊接工艺参数选择不合理；焊工的操作技能较低等。预防措施是：选择适当的坡口角度和装配间隙；提高装配质量；选择合适的焊接工艺参数；提高焊工的操作水平等。

（2）咬边　由于焊接工艺参数选择不正确或操作工艺不正确，在沿着焊趾的母材部位烧熔形成的沟槽或凹陷称为咬边，见图 2-26。咬边不仅减弱了焊接接头的强度，而且因应力集中容易引发裂纹。

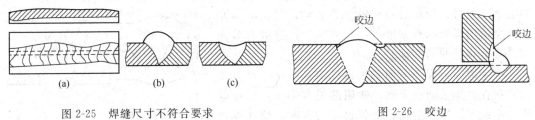

图 2-25　焊缝尺寸不符合要求　　　　　　　　　图 2-26　咬边
（a）焊缝不直，宽窄不均；（b）余高太大；（c）焊肉不足

产生的原因主要是电流过大，电弧过长，焊条角度不正确，运条方法不当等。防止措施是：焊条电弧焊焊接时要选择合适的焊接电流和焊接速度，电弧不能拉得太长，焊条角度要适当，运条方法要正确。

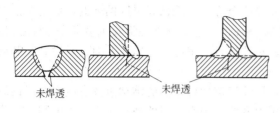

图 2-27 未焊透

（3）未焊透　未焊透是指焊接时焊接接头底层未完全熔透的现象，见图 2-27。未焊透处会造成应力集中，并容易引起裂纹，重要的焊接接头不允许有未焊透。

焊条电弧焊未焊透的原因是坡口角度或间隙过小、钝边过大，焊接工艺参数选用不当或装配不良，焊工操作技术不良。预防措施是：正确选用和加工坡口尺寸，合理装配，保证间隙，选择合适的焊接电流和焊接速度，提高焊工的操作技术水平。

（4）未熔合　未熔合是指熔焊时，焊道与母材之间或焊道与焊道之间，未完全熔化结合的部分，见图 2-28。未熔合直接降低了接头的力学性能，严重的未熔合会使焊接结构根本无法承载。

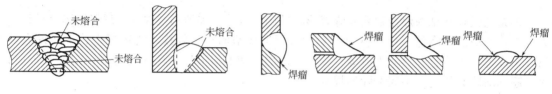

图 2-28　未熔合　　　　　　　　　　　　图 2-29　焊瘤

产生原因主要是焊接热输入太低，电弧指向偏斜，坡口侧壁有锈垢及污物，层间清渣不彻底等。防止措施是：正确选择焊接工艺参数；认真操作，加强层间清理等。

（5）焊瘤　焊瘤是指焊接过程中熔化金属流淌到焊缝之外未熔化的母材上所形成的金属瘤，见图 2-29。焊瘤不仅影响了焊缝的成形，而且在焊瘤的部位往往还存在夹渣和未焊透。

焊瘤是由于熔池温度过高，液体金属凝固较慢，在自重的作用下形成的。防止措施是：焊条电弧焊时根据不同的焊接位置要选择合适的焊接工艺参数，严格地控制熔池的大小。

（6）弧坑　焊缝收尾处产生的下陷部分叫做弧坑。弧坑不仅使该处焊缝的强度严重削弱，而且由于杂质的集中，会产生弧坑裂纹。

产生原因主要是熄弧停留时间过短，薄板焊接时电流过大。阻止措施是：焊条电弧焊接时焊条应在熔池处稍作停留或作环形运条，待熔池金属填满后再引向一侧熄弧。

2. 气孔、夹杂和夹渣及防止措施

（1）气孔　焊接时，熔池中的气体在凝固时未能逸出而残留下来所形成的空穴称为气孔，见图 2-30。气孔是一种常见的焊接缺陷，分为焊接内部气孔和外部气孔。气孔有圆形、椭圆形、虫形、针状形和密集型等多种，气孔的存在不但会影响焊缝的致密度，而且将减少焊缝的有效面积，降低焊缝的力学性能。

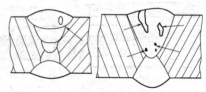

图 2-30　气孔

产生原因：焊件表面和坡口处有油、锈、水分等污物存在；焊条药皮受潮，使用前没有烘干；焊接电流太小或焊接速度过快；电弧过长或偏吹，熔池保护效果不好，空气侵入熔池；焊接电流过大，焊条发红、药皮提前脱落，失去保护作用；运条方法不当，如收弧动作太快，易产生缩孔，接头引弧动作不正确，易产生密集气孔等。

防止措施：焊前将坡口两侧 20～30mm 范围内的油污、锈、水分清除干净；严格地按焊条说明书规定的温度和时间烘培；正确地选择焊接工艺参数，正确操作；尽量采用短弧焊接，野外施工要有防风设施；不允许使用失效的焊条，如焊芯锈蚀，药皮开裂、剥落，偏心度过大等。

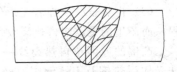

图 2-31 焊缝中的夹渣

（2）夹杂和夹渣 夹杂是残留在焊缝金属中由冶金反映产生的非金属夹杂和氧化物。夹渣是残留在焊缝中的熔渣，见图 2-31。夹渣可分为点状夹渣和条状夹渣两种。夹渣削弱了焊缝的有效断面，从而降低了焊缝的力学性能，夹渣还会引起应力集中，容易使焊接结构在承载时遭受破坏。

产生原因：焊接过程中的层间清渣不净；焊接电流太小；焊接速度太快；焊接过程中操作不当；焊接材料与母材化学成分匹配不当；坡口设计加工不合适等。

防止措施：选择脱渣性能好的焊条；认真地清除层间熔渣；合理地选择焊接参数；调整焊条角度和运条方法。

3. 裂纹产生的原因及防止措施

裂纹按其产生的温度和时间的不同分为冷裂纹、热裂纹和再热裂纹；按其产生的部位不同分为纵裂纹、横裂纹、焊根裂纹、弧坑裂纹、熔合线裂纹及热影响区裂纹等，见图 2-32。裂纹是焊接结构中最危险的一种缺陷，甚至可能引起严重的生产事故。

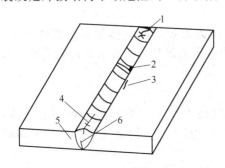

图 2-32 各种部位裂纹

1—弧坑裂纹；2—横裂纹；3—热影响区裂纹；4—纵裂纹；5—熔合线裂纹；6—焊根裂纹

（1）热裂纹 焊接过程中，焊缝和热影响区金属冷却到固相线附近的高温区间所产生的焊接裂纹称为热裂纹。它是一种不允许存在的危险焊接缺陷。根据热裂纹产生的机理、温度区间和形态，热裂纹可分成结晶裂纹、高温液化裂纹和高温低塑性裂纹。

产生热裂纹的主要原因是：熔池金属中的低熔点共晶物和杂质在结晶过程中，形成严重的晶内和晶间偏析，同时在焊接应力作用下，沿着晶界被拉开，形成热裂纹。热裂纹一般多发生在奥氏体不锈钢、镍合金和铝合金中。低碳钢焊接时一般不易产生热裂纹，但随着钢的含碳量增高，热裂纹倾向也增大。

防止措施：严格地控制钢材及焊接材料的 S、P 等有害杂质的含量，降低热裂纹的敏感性；调节焊缝金属的化学成分，改善焊缝组织，细化晶粒，提高塑性，减少或分散偏析程度；采用碱性焊条，降低焊缝中杂质的含量，改善偏析程度；选择合适的焊接工艺参数，适当地提高焊缝成形系数，采用多层多道排焊法；断弧时采用与母材相同的引弧板，或逐渐灭弧，并填满弧坑，避免在弧坑处产生热裂纹。

（2）冷裂纹 焊接接头冷却到较低温度下（对于钢来说在 M_s 温度以下）产生的裂纹称为冷裂纹。冷裂纹可在焊后立即出现，也有可能经过一段时间（几小时、几天，甚至更长时间）才出现，这种裂纹又称为延迟裂纹。它是冷裂纹中比较普遍的一种状态，具有更大的危险性。

产生冷裂纹的原因是：马氏体转变而形成的淬硬组织，拘束度大而形成的焊接残余应力和残留在焊缝中的氢是产生冷裂纹的三大要素。

防止措施：选用碱性低氢焊条，使用前严格按照使用说明书的规定进行烘培，焊前清除焊件上的油污、水分，减少焊缝中氢的含量；选择合理的焊接工艺参数和热输入，减少焊缝的淬硬倾向；焊后立即进行消氢处理，使氢从焊接接头中逸出；对于淬硬倾向高的钢材，焊前预热、焊后及时进行热处理，改善接头的组织和性能；采用降低焊接应力的各种工艺措施。

（3）再热裂纹　焊后，焊件在一定温度范围内再次加热（消除应力热处理或其他加热过程）而产生的裂纹叫再热裂纹。

产生的原因：再热裂纹一般发生在含 V、Cr、Mo、B 等合金元素的低合金高强度钢、珠光体耐热钢及不锈钢中，经受一次焊接热循环后，再加热到敏感区域（550～650℃范围内）时产生。这是由于第一次加热过程中过饱和的固溶碳化物（主要是 V、Cr、Mo 碳化物）再次析出，造成晶内强化，使滑移应变集中于原先的奥氏体晶界，当晶界的塑性能力不足以承受松弛应力过程中的应变时，就会产生再热裂纹。裂纹大多起源于焊接热影响区的粗晶区。再热裂纹大多产生于厚件和应力集中处，多层焊时有时也会产生再热裂纹。

防止措施：在满足设计要求的前提下，选择低强度的焊条，使焊缝强度低于母材，应力在焊缝中松弛，避免热影响区产生裂纹；尽量减少焊接残余应力和应力集中；控制焊接热输入，合理地选择热处理温度，尽可能地避开敏感区范围的温度。

第四节　钨极氩弧焊

一、概述

氩弧焊（argon shielded arc welding）是使用氩气作为保护气的气体保护电弧焊方法。在氩弧焊应用中，根据所采用的电极类型，分为非熔化极氩弧焊和熔化极氩弧焊两大类。非熔化极氩弧焊又称为钨极氩弧焊。

1. 氩气保护的特点

氩气是一种无色无味的惰性气体，它的密度比空气约大 25%。氩气是一种稀有气体，作为焊接保护气一般要求氩气的纯度要达到 99.9%～99.999%。采用氩气作为保护气体时有如下特点。

（1）几乎可以焊所有金属　氩气是惰性气体。它既不与金属起化学反应，又不溶于金属，因此在焊接过程中没有合金元素的氧化烧损，所以特别适合于焊接 Al、Mg、Ti 等活泼金属，以及 Mo、Zr、Nb 等难熔金属。

（2）引弧困难　氩气和其他气体相比其电离能较大，不易电离，增加了引弧困难。但是，电弧一旦引燃后燃烧十分稳定。这是因为氩是单原子气体，在高温下不解离吸热，而且它的热导率小，散热能力差，对电弧的冷却作用小。电弧在氩气中燃烧时，弧柱发散，电场强度低，在所有的电弧焊方法中氩弧焊的电弧稳定性是最好的。

（3）存在较强的阴极清理作用　在焊接 Al、Mg 及其合金时，由于这些材料比较活泼，易形成一层高熔点的氧化膜（如 Al_2O_3 的熔点为 2050℃，而 Al 的熔点只有 658℃）覆盖在熔池的表面和坡口边缘。若不把这些氧化膜去除，必然会造成熔合不良、夹渣等焊接缺陷。采用氩气作为保护气，当工件为负极时，因为金属氧化膜的电子逸出功小，容易发射电子形成阴极斑点。在阴极斑点处：一方面要受到质量很大的氩正离子的高速撞击；另一方面斑点处的电流密度大，温度高。在这两方面的作用下，氧化膜将被破坏和清除，这就是阴极清理作用，又被称为阴极雾化或阴极破碎作用。这种阴极清理作用的强弱与正离子的质量有关。当采用氦气作为保护气体时，由于氦离子比氩离子的质量小得多，因此氦弧焊的阴极清理作用要比氩弧焊弱得多。

（4）严格的焊前清理　氩弧焊时不能通过冶金反应来去除进入到焊接区的 H、O 等元素的有害作用，因此，氩弧焊的抗气孔能力较差。这就要求在焊前对填充焊丝、工件的坡口及坡口两侧 20mm 范围内的油、锈等进行严格清理。清理方法除机械清理外，有时还要采用化学清理。

2. 氩弧焊的应用

氩弧焊几乎可以焊接所有的金属材料，被广泛用于飞机制造、原子能、化工、纺织等工业中。由于氩气的价格较高，同其他的电弧焊方法相比氩弧焊的焊接成本高。氩弧焊主要用来焊接 Al、Mg、Ti 及其合金等活泼金属，不锈钢、耐热钢、铜合金等高合金钢和有色金属以及 Mo、Zr、Nb 等难熔活性金属。此外，随着经济和技术的发展，对于某些低碳钢、低合金钢材料，如重要的锅炉、压力容器等对焊缝质量要求较高的封底焊缝，或对外观质量要求较高的产品也都采用了氩弧焊的方法。

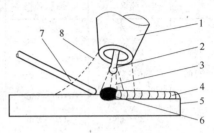

图 2-33　钨极氩弧焊示意图

1—喷嘴；2—钨极；3—电弧；
4—焊缝；5—工件；6—熔池；
7—填充焊丝；8—氩气

钨极氩弧焊（gas tungsten arc welding）通常又叫做"TIG"焊。它以燃烧于非熔化电极与焊件间的电弧作为热源，电极和电弧区及熔化金属都用一层氩气保护，使之与空气隔离，如图 2-33 所示。在焊接过程中可以填丝也可以不填丝，填丝时应从钨极前方沿熔池边缘送进。焊接过程中可用手工进行，也可以自动化，前一种应用更为广泛。

二、电极材料的选择

1. 钨极的选择

钨极氩弧焊工艺中，用什么钨极材料作电极是一个很重要的问题，它对电弧的稳定燃烧和焊接质量都有很大的影响。选择电极材料一般要求如下。

（1）耐高温　在焊接过程中本身不熔化，以提高钨极的使用寿命。

（2）有较强的电子发射能力　钨极氩弧焊的引弧与稳弧性能直接受到电极的发射电子能力的影响。其发射电子的能力取决于材料的电子逸出功（W_ω），通常亦以 $W_\omega/e = U_\omega$（V）逸出电压来衡量逸出功的大小。逸出电压越高，发射电子的能力越差。纯钨的逸出电压较高（4.54V），所以用纯钨作电极材料不够理想。实践指出，若在纯钨中加入少量电子发射能力很强的稀土元素或氧化物，则可明显的降低材料的逸出电压。目前国内普遍使用的钍钨极就是在钨中加入质量分数为 $1\% \sim 2\%$ 的氧化钍（ThO_2）制成的。由于加入氧化钍，其逸出功大大降低（2.63V），电子发射能力显著增强，使电极的载流能力增强，减少了电极的烧损，容易引弧和稳弧。但是，钍是一种放射性元素，即使只含少量钍，若不注意防护也会有害于人的健康。现在大量使用的是铈钨极（牌号是 WCe-20），它是在钨中加入质量分数为 2.0% 的 CeO。经实验，铈钨极性能基本上能满足氩弧焊要求，而且在某些方面还优于钍钨极，表现如下：

① 在相同的焊接参数下，弧束较细长，光亮带较窄，使温度更集中；

② 最大的许用电流可增加 $5\% \sim 8\%$；

③ 电极的烧损率下降，使用寿命延长；

④ 采用直流电源时，阴极压降降低 10%，比钍钨极更容易引弧，电弧的稳定性好。

2. 电流容量

钨极的载流能力虽与电极材料有很大关系，但也受其他许多因素的影响，如电流的种类和极性、电极的伸出长度等。对于一定直径的钨极都存在一个允许使用的极限电流。当使用电流超过极限电流时，会引起电极的严重烧损。钨极直径与使用电流的关系见表 2-8。

表 2-8　钨极许用电流范围

电极直径 /mm	直流/A				交流/A	
	正接（电极-）		反接（电极＋）			
	纯钨	钍钨、铈钨	纯钨	钍钨、铈钨	纯钨	钍钨、铈钨
0.5	2～20	2～20	—	—	2～15	2～15
1.0	10～75	10～75			15～55	15～70
1.6	40～130	60～150	10～20	10～20	45～90	60～125
2.0	75～180	100～200	15～25	15～25	65～125	85～160
2.5	130～230	170～250	17～30	17～30	80～140	120～210
3.2	160～310	225～330	20～35	20～35	150～190	150～250
4.0	275～450	350～480	35～50	35～50	180～260	240～350
5.0	400～625	500～675	50～70	50～70	240～350	330～460
6.3	550～675	650～950	65～100	65～100	300～450	430～575
8.0	—				—	650～830

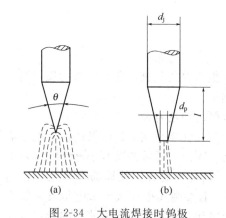

图 2-34　大电流焊接时钨极
末端形状对弧态的影响
（a）末端呈尖锥角；（b）末端呈平顶的锥形

钨极端部形状对电弧的稳定性也有较大的影响，如端面凹凸不平，则产生的电弧飘摆不定且不集中，影响电弧的稳定性。因此钨极端部必须磨光。不同直径的电极其端部形状也不同。一般钨极直径较小时，使用的电流也较小，为了保证电弧容易引燃和稳定，其端部应磨成 $\theta<20°$ 的尖锥角。当直径较大时，情况就要发生变化。若仍采用尖锥角，就会导致电极发生严重烧损，所以，当直径较大时，钨极端部一般磨成平底锥形，如图 2-34（b）所示。

三、电流种类和极性的选择

钨极氩弧焊可以使用交流、直流和脉冲电源，以适应不同材料焊接的要求。表 2-9 为焊接材料与电源类别和极性选择的关系。由表 2-9 可以看出，除铝、镁及其合金外，其他金属材料一般都选用直流正接为好，交流次之。在 TIG 焊中虽很少应用直流反接，但我们对它还是要进行一定的研究，因为它有一种去除氧化膜的作用，即阴极清理作用。实践证明，直流反接时，在电弧的作用下可以清除掉被焊金属的表面氧化膜，这样就可以得到光亮美观的表面，焊缝成形也良好。据资料介绍，电弧总热量的三分之二产生在阳极，三分之一热量产生在阴极。所以一般金属焊接，若采用直流反接，则会导致钨极烧损严重，使钨极的载流能力大大降低，因此不推荐使用。反之若采用直流正接不但可以减少钨极的烧损，而且可以增加熔池深度，提高焊接质量。但它不具备直流反接的阴极清理作用。由前面所述可知，在焊接铝、镁合金时采用直流正接和直流反接都同样存在弊端，因此我们在这里引进了交流电源。这样，可利用交流电流的负半波去除氧化膜，利用正半波冷却钨极增加熔深，既达到了去除氧化膜的目的，又在一定程度上提高了电极的载流能力。所以在焊接铝、镁合金时一般都选用交流电源。

表 2-9 材料与电源类别和极性的选择

材料	直流		交流	材料	直流		交流
	正极性	反极性			正极性	反极性	
铝（δ＜2.4mm）	×	○	△	合金钢堆焊	○	×	△
铝（δ＞2.4mm）	×	×	△	高碳钢、低碳钢、低合金钢	△	×	○
铝青铜、铍青铜	×	○	△	镁（3mm 以下）	×	○	△
铸铝	×	×	△	镁（3mm 以上）	×	×	△
黄铜、铜基合金	△	×	○	镁铸件	×	○	△
铸铁	△	×	○	高合金、镍与镍基合金、不锈钢	△	×	○
无氧铜	△	×	×	钛	△	×	○
异种金属	△	×	○	银	△	×	○

注：×—不好；△—中等；○—好。

四、钨极氩弧焊工艺

1. 焊前清理

钨极氩弧焊与其他的电弧焊方法相比，抗气孔能力最弱，因此必须进行严格的焊前清理。清理方法为：①物理清洗，主要包括用汽油、丙酮等有机溶剂清洗工件与焊丝的表面，以去除油污、灰尘。另外，用机械加工或用不锈钢丝刷、铜丝刷等将工件坡口两侧的氧化膜去掉；也可以用砂布或砂轮打磨。对于铝及铝合金这些软质材料，也可以用刮刀刮去氧化膜。②化学清洗，是指依靠化学反应去除工件或焊丝表面的氧化膜。与用机械法清洗氧化膜相比，化学方法清洗效果更好、生产率更高。

2. 规范参数的选择

手工钨极氩弧焊的主要规范参数包括电流种类、电流极性和电流的大小。自动钨极氩弧焊规范参数还包括电弧电压、焊速及送丝速度等。在选择规范参数时要尽可能地考虑多方面的因素，因为规范参数对焊缝成形及焊接质量有着很重要的影响。

① 气体流量 对于一定孔径的喷嘴，气体流量要适当，如果流量过大，则容易出现紊流，使周围的空气卷入，降低了对熔池的保护作用。另外，气体流量过大，带走电弧区的热量增多，对电弧的稳定燃烧不利。若气体流量过低，气流挺度差，排除周围空气的能力减弱，保护效果同样不好。其实，对于任意一个孔径的喷嘴，都有一个最佳流量范围，在此范围内，保护效果最好。根据试验得出：孔径在 12～20mm 的喷嘴，其合适的流量为 12～15L/min（氩气）。为使保护气体有一定的挺性，在实际焊接中，气体流量可以选择得再大一些。

② 焊接电流 焊接电流是决定焊缝熔深的最主要的参数。焊接电流的大小，主要取决于工件的材质、板厚、接头形式及焊接位置等。一般情况下，随着焊接电流的增加熔深是增加的。

③ 电弧电压 随着电弧电压的增加弧长增加，电弧的加热范围增大，使得熔宽增加而熔深略有降低。通常在钨极氩弧焊时，都采用短弧焊，取弧长小于 1:5 倍的电极直径效果较好。

④ 焊接速度 焊接速度的选择主要根据工件的厚度并和焊接电流、预热温度等配合以保证获得所需的熔深和熔宽。在高速自动焊时，还要考虑焊接速度对气体保护效果的影响，如图 2-35 所示。焊接速度过大，保护气流严重偏后，可能使钨极端部、弧柱、熔池暴露在

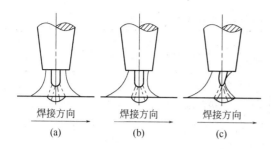

图 2-35　焊接速度对氩气保护效果的影响
(a) 焊枪不动；(b) 正常速度；(c) 速度过大

空气中。因此必须采取相应措施如加大保护气体流量或将焊炬前倾一定角度，以保持良好的保护作用。

⑤ 电极直径和喷嘴直径　电极直径的选择应根据焊接电流来确定，所使用的焊接电流不能超过某一电极直径的许用电流值。对于喷嘴直径，一般手工钨极氩弧焊喷嘴孔径为 5～20mm，保护气的流量为 5～25L/min。具体的选择要根据电流种类、电流大小来确定。表 2-10 列出了常用的喷嘴孔径与保护气体量的选用范围。

表 2-10　钨极氩弧焊时喷嘴孔径和保护气流量的选用范围

焊接电流/A	直流正极性焊接		交 流 焊 接	
	喷嘴孔径/mm	保护气流量/(L/min)	喷嘴孔径/mm	保护气流量/(L/min)
10～100	4～9.5	4～5	8～9.5	6～8
101～150	4～9.5	4～7	9.5～11	7～10
151～200	6～13	6～8	11～13	7～10
201～300	8～13	8～9	13～16	8～15
301～500	13～16	9～12	16～19	8～15

五、脉冲钨极氩弧焊

脉冲钨极氩弧焊是在普通钨极氩弧焊基础上发展起来的一种新工艺。它扩大了钨极氩弧焊的应用范围，对于不锈钢、耐热合金和铝合金的焊接具有质量好、效率高、焊接电弧稳定等一系列优点。在输入相同线能量的情况下，它比钨极氩弧焊熔深大，同时由于电弧的脉冲化，容易进行全位置焊接，为实现焊接自动化、程序控制创造了条件。

脉冲钨极氩弧焊是利用经过调制而周期性变化的焊接电流进行焊接的一种电弧焊方法。其焊接电流由脉冲电流 I_p 和基值电流 I_b 两部分组成，如图 2-36(a) 所示。当脉冲电流作用时母材熔化形成熔池；当基值电流作用时只是维持电弧的燃烧，已形成的熔池开始凝固。焊缝由许多重叠的焊点组成，如图 2-36(b) 所示。脉冲电流的波形有许多种，除图 2-36(a) 所示的矩形波脉冲外，根据不同的需要还有正弦波、三角波以及前沿或后沿带尖脉冲的矩形

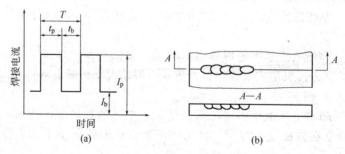

图 2-36　钨极脉冲氩弧焊采用的焊接电流波形与焊缝示意图
(a) 脉冲电流波形（矩形波）；(b) 焊缝外观与熔深示意图
T—脉冲周期；t_p—脉冲持续时间；t_b—基值
电流持续时间；I_p—脉冲电流；I_b—基值电流

波等。在电源类型上，不仅有直流脉冲电源，还有交流脉冲电源。按照脉冲频率，直流脉冲钨极氩弧焊分为低频（0.1～15Hz）、中频（10～500Hz）、高频（10～20kHz），其中以低频脉冲氩弧焊应用最为广泛。

1. 低频脉冲氩弧焊

低频脉冲氩弧焊是解决单面焊双面成形的优良工艺，它周期性地加热和冷却熔池，能确保熔透而不烧穿。在焊接时，若采用低频脉冲氩弧焊具有如下优点。

① 电弧穿透能力强，使焊缝成形稳定。

② 可调参数多，可以精确控制对工件的热输入量。

③ 特别适合焊接导热性能差别大的异种金属，因为热量输入迅速，导热快的金属来不及散热就与导热慢的金属一起形成了熔池。

④ 焊接过程中由于脉冲电流对熔池有较强的搅拌作用，而且熔池金属冷却速度快，高温停留时间短，可减小热敏感性材料焊接时产生裂缝的倾向。

⑤ 在脉冲焊时，由于电极在基值电流作用时可以得到冷却，提高了电极的载流能力。因此，在保持同样熔深时可以减小电极的直径，有利于提高电弧的能量密度和挺度，减小热影响区和工件的变形。

2. 脉冲钨极氩弧焊参数的选择

（1）脉冲电流和脉冲持续时间 脉冲电流 I_p 和脉冲持续时间 t_p 是决定焊缝成形的主要参数。一般随着 I_p 和 t_p 的增加，焊缝的熔深和熔宽都增加。这其中 I_p 的影响要比 t_p 大。在应用中，脉冲电流的选择与工件的材质有关。当工件的导热性较好时，应选择较大的脉冲电流。但是，I_p 值不能选择过大；否则，由于对焊点的加热和冷却速度太快易产生咬边缺陷。脉冲电流确定后，根据板厚确定合适的脉冲持续时间。

（2）基值电流和脉冲间歇时间 基值电流 I_b 一般选择的数值较小，其作用只是维持电弧燃烧。但是，调整 I_b 值可以改变对工件的热输入，用来调节对工件的预热和熔池的冷却速度。一般选取 I_b 为 I_p 值的 10%～20%。基值电流 I_b 和脉冲间歇时间 t_b 对焊缝成形影响不大，但是 t_b 值过大会影响电弧的稳定性，一般取 t_b 为 t_p 的 1～3 倍为宜。

（3）脉冲幅比和脉冲宽比 脉冲幅比 $R_a = I_p/I_b$ 和脉冲宽比 $R_w = t_p/t_b$ 是反映脉冲焊特征强弱的一个重要参数。当 R_a 较大、R_w 值较小时，脉冲特征较强。合理地选择这两个参数有利于保证焊缝成形。对于导热性好或热裂倾向大的材质，应选择较大的 R_a 和较小的 R_w，以提高加热速度，减少高温停留时间，防止开裂。R_w 值应在合理的范围内，过小时，电弧燃烧不稳定；过大时，接近于连续电流，脉冲的特征不明显。

（4）焊接速度和脉冲频率 脉冲频率 f 与焊接速度 v 要合理配合，保证有合适的焊点间距，得到连续气密的焊道。在脉冲钨极氩弧焊时，经常采用频率小于 10Hz 的低频脉冲。

脉冲钨极氩弧焊的焊接参数比较多。在确定具体的焊接参数时，应首先根据工件的材料、结构、板厚及焊缝的位置等再参考有关资料进行初步确定，然后通过试焊来观察焊缝成形是否符合要求，是否存在未焊透或咬边等缺陷，根据实焊情况调整参数，直至获得合格的焊缝。

第五节 熔化极氩弧焊

一、概述

熔化极氩弧焊又称熔化极惰性气体保护焊（metal inert-gas welding），简称 MIG 焊。它是使用熔化电极的惰性气体（氩气）保护焊，如图 2-37 所示。

1. 熔化极氩弧焊原理

与电极不熔化的钨极氩弧焊不同，熔化极氩弧焊采用可熔化的焊丝作电极，以连续送进的焊丝与被焊工件之间燃烧的电弧作为热源来熔化焊丝和母材金属。在焊接过程中，保护气体——氩气通过焊枪喷嘴连续输送到焊接区，使电弧、熔化焊丝、熔池及其附近的母材金属免受周围空气的有害作用。焊丝不断熔化并以熔滴的形式过渡到熔池中，与熔化的母材金属融合、冷凝后形成焊缝金属。熔化极氩弧焊的工作原理如图 2-37 所示。

2. 熔化极氩弧焊的特点

① 与钨极氩弧焊一样，几乎可以焊接所有的金属，尤其适合于焊接铝及铝合金、铜及铜合金以及不锈钢等材料。焊接过程中几乎没有氧化烧损，只有少量的蒸发损失，冶金过程比较简单。

② 焊丝本身作电极，可增大焊接电流，因而母材熔深大，焊丝熔敷速度快，使生产率提高。特别是焊接厚板铝、铜等金属时生产率比钨极氩弧焊高，且焊接变形也小。

③ 采用喷射过渡焊接时，可用较大的电流和较宽的电流调节范围，所以可以焊接各种厚度的板材。

④ 采用直流反极性焊接铝及铝合金时，具有良好的阴极雾化作用，有效地去除氧化膜，提高了接头的焊接质量。

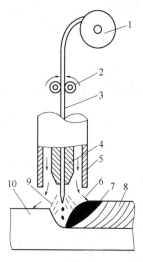

图 2-37　熔化极氩弧焊示意图

1—焊丝盘；2—送丝滚轮；3—焊丝；4—导电嘴；5—保护气体喷嘴；6—保护气体；7—熔池；8—焊缝金属；9—电弧；10—母材

⑤ 由于氩为惰性气体，不与任何物质发生化学反应，所以用氩气作保护气体焊接时，对焊丝及母材表面的油污、铁锈等较为敏感，容易产生气孔。因此焊前必须仔细清理焊丝和工件。

3. 熔化极氩弧焊的应用

熔化极氩弧焊几乎可以焊接任何金属，其中主要用于焊接铝、镁、铜、镍、钛及其合金、不锈钢、碳钢、低合金钢等，广泛应用于航空航天、原子能、电力、化工等部门。在生产中，常采用喷射过渡焊接法进行中等厚度和大厚度板材的对接和角接焊，用短路过渡进行薄板高速焊和全位置焊接。在焊接铝及铝合金时，通常采用射流与短路相混合的亚射流过渡焊接。采用射滴过渡焊接时，电弧长度增加，对焊缝成形不利，熔池呈"指状"熔深，焊缝表面容易起皱和形成黑粉，且气孔倾向增大。而采用亚射流过渡焊接，弧长较短，电弧呈蝶形（如图 2-40 所示）。此时，阴极雾化区大，熔池保护效果好，焊缝熔深形状及表面成形良好，焊接缺陷少。此外，在亚射流过渡区域内，焊丝熔化系数随着弧长增加而减小，随着弧长减小而增大，具有电弧固有的弧长自调节性质。

二、熔化极氩弧焊的熔滴过渡

在焊接过程中，熔滴通过电弧空间向熔池转移的过程称为熔滴过渡。在熔化极氩弧焊时，依据被焊材料的不同经常采用的熔滴过渡形式为射流过渡和亚射流过渡两种。

1. 熔化极氩弧焊的射流过渡

射流过渡的形成是有一个过程的，在熔化极氩弧焊时，一开始，由于焊接电流很小，电弧只在焊丝的端部熔滴的底部燃烧，此时熔滴的过渡形式为体积较大的粗滴过渡［图 2-38（a）］。随着电流的增加，由于氩气保护时弧柱的电场强度 E_c 值较低，弧根容易向上扩展，斑点力阻碍熔滴过渡的作用减弱。同时随着电流的增加，熔滴温度升高，表面张力减小，使得熔滴的体积减小。当电流继续增加达到某一电流值时，弧根就会完全笼罩住熔滴，并且熔滴被拉长形成缩颈。由于在缩颈处电流密度会大大增加，这将会导致液态金属的蒸发，缩颈周围就会充满金属蒸气，这样就具备了产生电极斑点的条件。此时，弧根就会突然从熔滴的根部扩展到缩颈的根部，如图2-38(b)、(c)所示，这一现象称为跳弧。出现跳弧后，随着一个较大的熔滴过渡后，焊丝端部的液态金属在较强的等离子流力的作用下被压缩成尖锥状。端部的液态金属熔滴以很小的体积，很高的加速度沿电极轴向冲向熔池。这些细小的熔滴在宏观上看像一条细流［图2-38(d)］，因此称这种过渡形式为射流过渡。

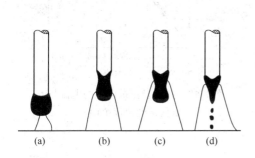

图2-38　射流过渡形成机理示意图

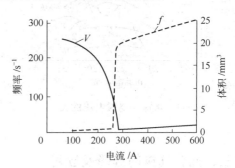

图2-39　熔滴过渡频率 f（体积 V）与电流 I 的关系
钢焊丝直径1.6mm，气体 $Ar+1\%O_2$，
弧长6mm，直接反接

　　跳弧现象是射流过渡特有的现象。引起跳弧的电流值称为临界电流（I_{cr}）。当电流小于临界电流时，熔滴是滴状过渡，随着电流的增加，熔滴的体积略有减小；当达到临界电流时熔滴的体积迅速下降，过渡频率突然增加；当电流超过临界电流继续增加时，则熔滴的过渡频率及熔滴的体积均变化不大，如图2-39所示。

2. 熔化极氩弧焊的亚射流过渡

　　亚射流过渡是处在射流过渡和短路过渡之间的一个明显的中间过渡区。在这个区域，电弧电压介于射流过渡和短路过渡之间，如图2-40所示。在这种过渡形式中，由于弧长很短，当焊丝端部的熔滴长大出现缩颈，但还未脱离焊丝时就与熔池金属发生了短路。此时，由于熔滴受到电磁收缩力及液态金属表面张力的作用，很快脱离焊丝进入到熔池中去。短路时间很短，短路电流也很小，电流略带轻微的爆鸣声，飞溅很小，熔池金属所受到的冲击力也较弱。所以，这种过渡形式的焊缝呈碗状熔深，如图2-41所示。这种亚射流过渡的电弧弧长变化范围很窄，如 $\phi1.6$mm 的铝焊丝弧长的变化范围为2～8mm。在一定的焊接电流下，亚射流过渡的最佳送丝速度范围很窄，如图2-42所示。送丝速度太高，会使焊丝粘在工件上；送丝速度过小，容易出现焊丝回烧现象。因此，若采用普通的等速送丝，难以在焊接时采用亚射流过渡形式，焊机中必须有特殊控制系统，即送丝速度与焊接电流同步控制系统。该系统能保证电弧在图2-42中亚射流过渡区（阴极部分）的中心线上燃烧，且可以调节此中心线的斜率。

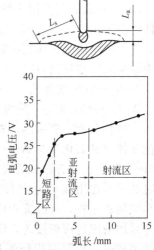

图2-40　熔化极氩弧焊弧长
和熔滴过渡的关系
L_a—可见弧长；L_s—实际弧长
铝合金焊丝直径1.6mm，
电流250A

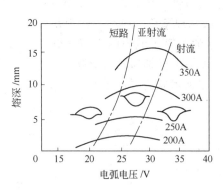

图 2-41　熔深与电弧电压的关系

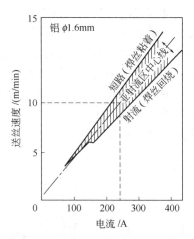

图 2-42　在亚射流过渡下的电流与
最佳送丝速度范围

三、混合气体的选择及应用

在熔化极氩弧焊应用的初期，多采用单一的纯氩做保护气，但随着试验研究的发展，发现在焊接不同的金属材料时，在氩气中加入少量的其他气体成分，可以提高电弧与熔滴过渡的稳定性，增加电弧的热功率，改善焊缝熔深和焊缝成形。因此，目前在熔化极氩弧焊中积极推广使用混合气体是一种发展趋向。常用的混合气体主要有以下几种。

1. Ar＋O₂ 混合气

在氩气中加入少量氧气，由于 O 是表面活性元素，能降低液体金属的表面张力，使产生射流过渡的临界电流减小，细化熔滴尺寸，改善熔滴过渡特性。另外，因混合气具有一定的氧化性，能稳定和控制电弧阴极斑点的位置，可避免由于阴极斑点游动而使电弧产生飘动、熔滴过渡不稳、气体保护作用被破坏以及焊缝成形不规则等问题。

Ar＋O₂ 混合气常用于焊接碳钢和合金钢。一般焊接不锈钢和高强钢，Ar 中 O_2 添加量较低，约为 1％～5％（体积分数），这时能降低弧柱空间的游离氢和熔池中液体金属表面张力，使焊缝生成气孔和裂纹倾向减少，改善焊缝成形。至于焊接低碳钢和低合金钢，则混合气中含氧量可增加到<20％（体积分数），但应选用脱氧元素含量高的焊丝。

2. Ar＋CO₂ 混合气

Ar＋CO₂ 混合气广泛应用于焊接低碳钢和低合金结构钢，通常 CO_2 加入量在 5％～30％（体积分数）范围内，有时也可高达 50％（一般仅在短路过渡焊接时）。由于 CO_2 是氧化性气体，其氧化性与 Ar＋10％O₂（体积分数）混合气相当，因此 Ar＋（5～20）％CO₂（体积分数）仅具有轻微的氧化性，它可获得与 Ar＋O₂ 混合气相似的焊接工艺效果，虽然这时的成本比用纯 CO_2 气体高，但焊接过程可明显减少金属飞溅，焊缝金属冲击韧性好，且和纯氩相比较，可改善焊缝熔深及其外形。

采用射流过渡焊接时，应注意 Ar 中加入的 CO_2 气体含量不要过多，因为 CO_2 气体的热导率较高，会限制阳极弧根的扩展而提高射流过渡的临界电流。当 CO_2 气体含量超过 25％（体积分数）时，将随着 CO_2 气体含量的增加而使工艺特性上越来越接近于纯 CO_2 气体焊接的情况，熔滴过渡特性恶化，金属飞溅也相应增多。

用 Ar＋CO₂ 混合气焊接奥氏体不锈钢时，CO_2 气体的比例不宜超过 5％（体积分数），因为 CO_2 气体会对母材产生渗碳作用，从而降低焊接接头的抗腐蚀性。

3. Ar+N₂ 混合气

对铜及其合金，氮相当于惰性气体。在 Ar 中加入 N_2 作保护气，由于 N_2 是双原子气体，其热导率比 Ar 高，弧柱的电场强度亦较高，故会增大电弧的热功率。同时，氮分解后形成的原子氮在接触到较冷的焊件表面时，会复合并放出热量，增加对焊件的热输入，使焊缝熔深增加，且可降低焊前的预热温度。因此，$Ar+N_2$ 混合气主要用于焊接具有高热导率的铜及其合金，一般加入量为 15%（体积分数）左右。但是应当注意，N_2 加入到 Ar 中会提高产生射流过渡的临界电流，使熔滴变大和过渡特性变差。

在焊接奥氏体不锈钢时，Ar 中加入 1%~4% N_2（体积分数）能提高电弧挺度，且可改善焊缝成形。

4. Ar+He 混合气

He 也是一种惰性气体，其电离电位和热导率均比 Ar 高。在 Ar 中加入 He 后，在相同电弧长度的情况下，电弧电压升高，电弧温度也提高，能增大对焊件的热输入，使熔池金属的流动性、熔深形状和熔池中气体析出条件等得到改善，并能提高焊接速度，这对大厚度的铝及其合金焊接更显得重要。板越厚则加入的 He 量越多，通常约大于 50% He（体积分数）。

焊接铜及其合金、镍及其合金、钛、锆等金属材料，在国外也常采用 $Ar+He$ 混合气，其优点是可改善熔深形状及焊缝金属的润湿性。特别是对于焊接铜及其合金，还可降低焊前的预热温度或不预热。

5. Ar+H₂ 混合气

利用 $Ar+H_2$ 混合气的还原性，可用来焊接镍及其合金。可以抑制和消除镍焊缝中的 CO 气孔，但 H_2 含量必须低于 6%，否则会导致产生 H_2 气孔。

此外，在 Ar 中加入 H_2 可提高电弧温度，增加母材热量输入。

6. Ar+CO₂+O₂ 混合气

试验证明，80% Ar+15% CO_2+5% O_2 混合气体对于焊接低碳钢、低合金钢是最佳的。无论焊缝成形、接头质量以及金属熔滴过渡和电弧稳定性方面都非常满意。焊缝的断面形状如图 2-43 所示，熔深呈三角形，较之用其他气体获得的焊缝都要理想。

表 2-11 列出了焊接用保护气体及其适用范围。

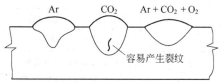

图 2-43　在三种不同气体中焊缝剖面形状

表 2-11　焊接用保护气体及其适用范围

被焊材料	保护气体	混合比	化学性质	焊接方法	附　注
铝及铝合金	Ar		惰性	熔化极及钨极	钨极用交流，熔化极用直流反接，有阴极破碎作用，焊缝表面光洁
	Ar+He	熔化极：20%~90% He　钨极：多种混合比直至 75% He+25% Ar	惰性	熔化极及钨极	电弧温度高。适于焊接厚铝板，可增加熔深，减少气孔。熔化极时，随着 He 的比例增大，有一定飞溅
钛、锆及其合金	Ar		惰性	熔化极及钨极	
	Ar+He	Ar/He 75/25	惰性	熔化极及钨极	可增加热量输入。适用于射流电弧、脉冲电弧及短路电弧

被焊材料	保护气体	混合比	化学性质	焊接方法	附 注
铜及铜合金	Ar		惰性	熔化极及钨极	熔化极时产生稳定的射流电弧;但板厚大于5～6mm则需要预热
	Ar+He	Ar/He 50/50 或 30/70	惰性	熔化极及钨极	输入热量比纯Ar大,可以减少预热温度
	N_2			熔化极	增大了输入热量,可降低或取消预热温度,但有飞溅及烟雾
	Ar+N_2	Ar/N_2 80/20		熔化极	输入热量比纯Ar大,但有一定的飞溅
不锈钢及高强度钢	Ar		惰性	钨极	焊接薄板
	Ar+O_2	加 O_2 1%～2%	氧化性	熔化极	用于射流电弧及脉冲电弧
	Ar+O_2+CO_2	加 O_2 2%,加 CO_2 5%	氧化性	熔化极	用于射流电弧、脉冲电弧及短路电弧
碳钢及低合金钢	Ar+O_2	加 O_2 1%～5% 或 20%	氧化性	熔化极	用于射流电弧,对焊缝要求较高的场合
	Ar+CO_2	Ar/CO_2 70～80/30～20	氧化性	熔化极	有良好的熔深,可用于短路、射流及脉冲电弧
	Ar+O_2+CO_2	Ar/O_2/CO_2 80/15/5	氧化性	熔化极	有较佳的熔深,可用于射流、脉冲及短路电弧
	CO_2		氧化性	熔化极	适于短路电弧,有一定飞溅
	CO_2+O_2	加 O_2 20%～25%	氧化性	熔化极	用于射流及短路电弧
镍基合金	Ar		惰性	熔化极及钨极	对于射流、脉冲及短路电弧均适用,是焊接镍基合金的主要气体
	Ar+He	加 He 15%～20%	惰性	熔化极及钨极	增加热量输入
	Ar+H_2	H_2<6%	还原性	钨极	加 H_2 有利于抑制CO气体

注:表中的气体混合比为参考数据,在焊接中可视具体工艺要求进行调整。

四、熔化极氩弧焊工艺参数

影响焊缝成形和工艺性能的参数主要有:焊接电流、电弧电压、焊接速度、焊丝伸出长度、焊丝直径、焊丝倾角、焊接位置、极性等。此外,保护气体的选择和流量大小也会影响熔滴过渡类型、焊缝几何形状和焊接质量。

1. 焊接电流和电压

通常先根据工件的厚度选择焊丝直径,然后再确定焊接电流和熔滴过渡类型。焊丝直径一定时,焊接电流的选择与熔滴过渡的类型有关。电流较小时,熔滴为滴状过渡,若电弧电压较低,则为短路过渡;当电流达到临界电流时,熔滴为喷射过渡。同时,要获得稳定的喷射过渡,焊接电流还必须小于使焊缝起皱的临界电流(大电流焊接铝合金时)或产生旋转射流过渡的临界电流(大电流焊接钢材时)。当焊接电流确定后,电弧电压应与焊接电流相匹配,以避免气孔、飞溅和咬边等缺陷。

应当指出,焊接铝及其合金时,为了防止因弧长过长而产生气孔等缺陷,要求电弧电压选得低一些，使熔滴呈喷射兼短路过渡的特征。

2. 焊接速度

焊接电流和电弧电压一定时，焊接速度的大小决定电弧的热输入量和焊缝成形。焊速减小时，单位长度上填充金属的熔敷量增加，熔池体积增大；焊速增大时，单位长度上电弧传给母材的热量降低，母材熔化速度减慢，熔深与熔宽减小。焊接速度过高可能产生咬边等缺陷。因此必须合理选择焊接速度。

3. 其他工艺参数

焊丝伸出长度一般为 $13\sim25\text{mm}$，视焊丝直径等条件而定。焊丝行走角一般在 $5°\sim15°$ 范围内，以便很好地控制熔池。在横焊位置焊接角焊缝时，焊丝工作角一般为 $45°$。至于保护气体流量，过大过小都会造成紊流，而熔化极氩弧焊对熔池的保护要求较高，所以喷嘴孔径及气体流量均比钨极氩弧焊相应增大。通常喷嘴孔径为 20mm 左右，气体流量为 $30\sim60\text{L/min}$。

五、脉冲熔化极氩弧焊

1. 脉冲熔化极氩弧焊的特点

脉冲熔化极氩弧焊与脉冲钨极氩弧焊相类似，也是利用周期变化的电流进行焊接的。由于在基值电流的作用下只有少量的焊丝熔化，没有熔滴过渡，因此，为了保证熔滴过渡稳定，通常选用的脉冲电流要大于射流过渡的临界电流值，实现脉冲射流过渡。其目的是在较小的电流下控制焊丝的熔滴过渡、熔化及对母材的热输入量，以满足高质量焊接的需要。这种焊接方法的应用范围很广，既适合于薄板的焊接，又适合于对厚板的焊接；既适合于单面焊双面成形，又适合于窄间隙位置的焊接。由于脉冲熔化极氩弧焊的峰值电流及熔滴过渡是间歇而又可控的，因而与连续电流氩弧焊相比，在工艺上有一些特点。

（1）具有较宽的电流调节范围　由于普通的射流过渡和短路过渡焊接受到了熔滴过渡形式的限制，因此，它们所能采用的焊接电流的范围是有限的。而采用脉冲电流后，可在平均电流小于临界电流的条件下获得射流过渡。同一种直径的焊丝，随着脉冲参数的不同，能在几百安至几十安的平均电流范围内稳定地进行焊接，填补了短路过渡与射流过渡之间的一个相当宽的参数间隔，拓宽了熔化极氩弧焊的应用范围。尤其值得说明的是可以用粗焊丝来焊接薄板。一方面，粗丝送丝比细丝容易，这在焊接铝及铝合金时体现得尤其明显。另一方面，粗丝比细丝挺直，比较容易保持对中，不像细丝那样容易摆动。另外，粗焊丝的成本也比细焊丝低。

（2）有利于全位置焊接　采用脉冲电流后，可用较小的平均电流进行焊接，因而熔池体积小。加上熔滴过渡和熔池金属的加热都是间歇性的，所以不易发生流淌。此外，由于熔滴的过渡力与电流的平方成正比，在脉冲峰值电流的作用下，熔滴的轴向性相当好，不论是处在什么位置，熔滴都是沿电弧的轴线过渡到熔池中。所以在进行全位置焊接时，在控制焊缝成形方面脉冲氩弧焊要比普通氩弧焊更加有利。

（3）可以精确地调节与控制电弧能量　在焊接高强度钢以及某些铝合金时，由于这些材料热敏感性较大，因而对电弧能量有一定的限制。若采用普通焊接方法，只能采用小电流，其结果是熔深较小，在厚板多层焊时容易产生熔合不良等缺陷。而采用脉冲电弧后，既可使母材得到较大的熔深，又可将总的平均焊接电流控制在较低的水平。这是因为脉冲熔化极氩弧焊与脉冲钨极氩弧焊相似，也具有可调参数多、可以精确控制与调节电弧能量的特点，特别适合于焊接薄板或需要单面焊双面成形或热敏感性较强的金属材料。而且采用脉冲熔化极氩弧焊的焊缝金属和热影响区金属过热都比较小，从而使焊接接头具有良好的韧性，减小了产生裂纹的倾向。

此外，脉冲电弧还具有加强熔池搅拌的作用，可以改善熔池冶金性能以及有助于消除气孔等。

2. 脉冲熔化极氩弧焊的焊接参数的选择

脉冲熔化极氩弧焊的焊接参数与脉冲钨极氩弧焊相类似，主要包括脉冲电流、基值电流、脉冲持续时间、脉冲间隔时间及脉冲频率等。在这些参数中，脉冲电流和脉冲持续时间决定熔深和熔滴过渡形式。在脉冲熔化极氩弧焊中，可以采用一个脉冲过渡一滴的方式，也可以采用一个脉冲过渡多滴或多个脉冲过渡一滴的方式，这要根据不同的条件来选择。

（1）脉冲电流 I_m 脉冲电流是决定脉冲能量的重要参数，它影响着熔滴过渡形式和母材的熔深。随着脉冲电流增大，熔滴过渡力急剧增大，熔滴尺寸成倍减小。当脉冲电流高于普通氩弧焊射流过渡的临界电流值时，熔滴呈射流过渡形式。但脉冲电流不能太高，否则将会发生旋转射流现象，产生大量飞溅。

脉冲电流除影响熔滴过渡形式外，还影响焊缝的熔深。在平均电流和送丝速度不变的情况下，脉冲电流越大，则焊缝熔深越大；反之亦然。因此，可根据工艺需要，通过调节脉冲电流来调节熔深大小。

此外，确定脉冲电流时，还要考虑脉冲电流与基值电流之间的关系。当送丝速度一定时，增大脉冲电流，则必须减小基值电流；反之，减小脉冲电流，则必须增大基值电流。其原因是：等速送丝脉冲氩弧焊时，焊丝熔化速度是由脉冲电流与基值电流叠加而成的总的焊接电流所决定的。因此要满足焊丝熔化速度等于送丝速度，总的焊接电流应保持不变。

（2）脉冲频率 f_m 脉冲频率也是决定脉冲能量的重要参数，其大小主要根据总的焊接电流来确定。总的焊接电流较大，则应选择较高的脉冲频率；反之，总的焊接电流较小，脉冲频率也应低一些。

当送丝速度一定时，脉冲频率与熔滴尺寸成反比。脉冲频率增加，熔滴细化；脉冲频率降低，则熔滴粗大。当然脉冲频率太高或太低都是不适宜的。脉冲频率过高，熔滴可能从可控的射流过渡转变为普通的射流过渡；而脉冲频率过低，则脉冲间歇时间较长，焊缝增高加大，容易造成焊缝两侧熔合不良等缺陷。

脉冲频率也影响着熔深。频率高时熔深大，因此焊接厚板时应选择较高的脉冲频率，焊接薄板时则应选择较低的频率。

（3）脉冲持续时间 t_m 脉冲持续时间也称脉冲宽度，它是决定脉冲能量的又一个重要参数。如前所述，为获得射流过渡，脉冲电流必须高于临界电流值。但脉冲电流高于临界值的程度则与脉冲宽度有关。试验表明，脉冲宽度增加，则脉冲电流高于临界值的数值可相应降低；反之亦然。但脉冲宽度也不能过大或过小，亦应适当。

脉冲宽度也影响熔深。随着脉冲宽度增大，母材熔深随之增加。

（4）基值电流 I_j 基值电流的主要作用是在脉冲间歇时间维持电弧空间的电离状态，保证脉冲电弧复燃稳定。同时预热焊丝和母材，使焊丝端部有一定的熔化量，为脉冲期间熔滴过渡作准备。此外，基值电流亦可用来调节电弧功率，以控制母材热输入量。在满足上述要求的前提下，基值电流应尽可能地选取小一些。

在实际应用中，选择脉冲参数的过程一般是：先根据母材的性质和厚度来选择合适的焊丝直径及脉冲频率，低频适用于薄板和细焊丝，高频适用于厚板和粗焊丝；其后根据焊丝直径选择脉冲电流和基值电流；最后是反复调节各参数，直至熔滴成为可控射流过渡，电弧燃烧稳定，焊缝成形优良为止。

第六节 埋 弧 焊

一、概述

1. 埋弧焊原理

埋弧焊时，焊丝由送丝机构通过导电嘴连续送入焊接区。在电弧热作用下，焊丝、焊剂及焊件被熔化并形成气泡，电弧在气泡中燃烧，这是埋弧焊的一大特点。气泡下部为熔池，上部为熔渣膜。这层液态膜及覆盖在上面的未熔化焊剂，共同对焊接区起隔离空气、绝热和屏蔽光辐射的作用。

埋弧焊的生产率高、焊缝质量好、无弧光辐射和飞溅、不受环境风力影响，在室内外都可焊接各种钢结构。在被焊材料方面，埋弧焊最适合于焊接低碳钢、低合金钢及不锈钢等金属，焊接镍基合金和铜合金也较理想。铸铁因不能承受高热输入量引起的热应力，一般不能用埋弧焊。铝合金及镁合金，由于目前尚无适用的焊剂，也不能采用埋弧焊。钛合金目前只有前苏联用无氧焊剂焊接成功，其他国家还没有该方面的报道。

按电弧相对于工件的移动方式，埋弧焊分手工埋弧焊和自动埋弧焊两类。前者由焊工操作焊枪，使电弧相对工件移动并保持一定的电弧长度。焊枪上装有焊剂漏斗，焊丝和焊剂同时向焊接区输送，现在已很少应用，目前通常使用的都是自动埋弧焊。焊丝送进和电弧移动都由专门的机头自动完成，焊接时，焊剂由漏斗铺撒在电弧的前方。焊接后未被熔化的焊剂可用焊剂回收装置自动回收，或由人工清理回收。

图 2-44 是埋弧焊焊缝形成过程示意图。焊接电弧在焊丝与工件之间燃烧。电弧热将焊丝端部及电弧附近的母材和焊剂熔化。熔化的金属形成熔池，熔融的焊剂成为熔渣。熔池受熔渣和焊剂蒸气的保护，不与空气接触。电弧向前移动时，电弧力将熔池中的液体金属推向熔池后方。在随后的冷却过程中，这部分液体金属凝固成焊缝。熔渣则凝固成渣壳覆盖在焊缝表面。熔渣除了对熔池和焊缝金属起机械保护作用外，焊接过程中还与熔池金属发生冶金

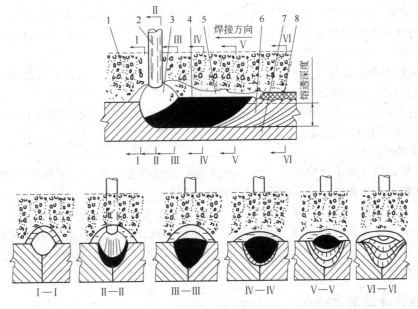

图 2-44　埋弧焊焊缝形成过程

1—焊剂；2—焊丝；3—电弧；4—熔池；5—熔渣；6—焊缝；7—焊件；8—渣壳

反应，从而影响焊缝金属的化学成分。

埋弧焊时，被焊工件与焊丝分别接在焊接电源的两极。焊丝通过与导电嘴的滑动接触与电源连接。焊接回路包括焊接电源、连接电缆、导电嘴、焊丝、电弧、熔池、工件等环节。焊丝端部在电弧热作用下不断熔化，以保持焊接过程的稳定进行。焊丝的送丝速度应与焊丝的熔化速度相平衡，焊丝一般由电动机驱动的送丝滚轮送进。随应用的不同，焊丝数目可以有单丝、双丝或多丝。有的应用中采用药芯焊丝代替实芯焊丝，或是用钢带代替焊丝。

2. 埋弧焊的特点

与焊条电弧焊相比埋弧焊有如下优点。

（1）生产效率高　埋弧焊时，一方面焊丝导电长度短，可以采用大电流和电流密度，使电弧的熔深能力和焊丝熔敷效率大大提高，一般不开坡口单面一次焊熔深可达 20mm；另一方面，由于焊剂和熔渣的隔热作用，电弧的热辐射散失极小，同时也几乎没有飞溅，虽然用于熔化焊剂的热量损耗有所增大，但总的热效率仍显著增加，因此，大大提高了焊接速度及生产率。例如 8～10mm 厚钢板对接时，焊条电弧焊速度不超过 6～8m/h，而埋弧焊速度可达 30～50m/h，提高了 5～6 倍。

（2）焊缝质量高　埋弧焊时，熔渣能有效隔绝外界空气，保护效果好。分析低碳钢焊缝金属的含氮量可知，埋弧焊焊缝含氮量仅为 0.002％，而焊条电弧焊焊缝含氮量达 0.02％～0.03％。因此，尽管埋弧焊焊缝具有明显的铸造组织，但仍有较高的韧性；埋弧焊时，熔池体积大，液态金属停留时间长，加强了液态金属与熔渣之间的相互作用，使冶金反应充分，气孔、熔渣易于逸出；埋弧焊时，焊接参数（电流、电压和焊速）可通过自动调节而保持稳定，这样就保证了单位时间内熔化的金属和焊剂的数量较为固定，使焊缝金属的化学成分均匀、稳定，从而获得良好的力学性能。

（3）劳动条件好　埋弧焊为自动焊方法，减轻了手工操作的劳动强度，且没有弧光辐射，这是埋弧焊的独特优点。

但是，埋弧焊也有其自身的缺点，主要有以下几方面。

① 埋弧焊主要适用于水平焊位（俯位）的焊接。这是因为其他焊位时焊剂难于保持。国外有人研究采用磁性焊剂或特殊的机构装置，以实现全位置焊接，但应用均不普遍。

② 只适合长而规则焊缝的焊接。这是由于埋弧焊设备复杂，机动灵活性差，焊接短焊缝时显示不出生产效率高的优点。

③ 埋弧焊焊剂的成分主要是 MnO、SiO_2 等金属及非金属氧化物，所以难以用来焊接铝、钛等氧化性强的金属及其合金。

④ 不适于焊接 1mm 以下厚度的薄板。其原因是埋弧焊电弧的电场强度较大，当电流小于 100A 时，电弧燃烧不稳定。

3. 埋弧焊的应用

埋弧焊是目前工业生产中最常用的一种自动电弧焊方法，主要用于焊接各种钢板结构。可焊接的钢种包括碳素结构钢、低合金结构钢、不锈钢、耐热钢及其复合钢材等，广泛应用于造船、锅炉、桥梁、化工容器、起重机械及冶金机械等制造业中。

埋弧焊的主要发展方向是进一步提高效率和扩大被焊材料的范围，例如采用多丝（双丝、三丝）埋弧焊、带极和多带极埋弧焊以及窄间隙焊接工艺等高效埋弧焊。此外，用埋弧焊可堆焊耐磨耐蚀合金；焊接铜合金、镍基合金等材料也能获得较好的效果。

二、埋弧焊的冶金特点

埋弧焊的冶金过程，包括液态金属、液态熔渣与各种气相之间的相互作用以及液态熔渣与凝固金属之间的作用。埋弧焊与焊条电弧焊的冶金过程基本相似，但又有自己的特点。

1. 空气不易侵入焊接区

埋弧焊是利用焊剂在电弧热作用下形成的熔融液态薄膜（也有称此薄膜为气泡），紧紧地将焊接区包住，隔开外界空气。从分析低碳钢焊缝的含氮量可知，埋弧焊焊缝中含氮量为 0.002%；手工电焊条焊缝中含氮量为 0.02%～0.03%。因此，埋弧焊时焊缝虽有明显的铸造组织，但仍具有较高的韧性，这首先与焊缝金属中含氮量低有关。

2. 冶金反应充分

埋弧焊时，金属处于液态的时间要比焊条电弧焊的时间长几倍，这样就加强了液态金属与熔渣之间的相互作用，因此冶金反应充分，气孔、夹渣易析出。

3. 焊缝金属的化学成分与焊丝和焊剂的配合有重要关系

埋弧焊时焊丝与焊剂都直接参与焊接过程中的冶金反应，因此它们的化学成分和物理性能对焊缝金属的化学成分、组织和性能有重要影响。正确选择焊丝与焊剂的配合，是埋弧焊技术的一项重要内容。

（1）焊丝　埋弧焊所用的焊丝有实芯焊丝和药芯焊丝两类，药芯焊丝只在某些特殊工艺场合应用，生产中普遍采用的是实芯焊丝。焊丝的品种随所焊金属种类的增加而增加。目前已有碳素结构钢、合金结构钢、高合金钢和有色金属焊丝以及堆焊用的特殊合金钢焊丝。埋弧焊一般使用直径 3～6mm 的焊丝，以充分发挥埋弧焊的大电流和高熔敷率的优点。对于一定的电流，可以使用不同直径的焊丝。同一电流值使用较小直径的焊丝时，可获得较大的焊缝熔深和减小熔宽的效果。当工件装配不良时，宜选用较粗的焊丝。

焊丝表面应当干净光滑，焊接时能顺利地送进，以免给焊接过程带来干扰。除不锈钢焊丝和有色金属焊丝外，各种低碳钢和低合金钢焊丝的表面最好镀铜，镀铜层既可起防锈作用，也改善焊丝与导电嘴的电接触状况。

为了使焊接过程能稳定地进行并减少焊接辅助时间，焊丝应当用盘丝机整齐地盘绕在焊丝盘上。每盘钢焊丝应由一根焊丝绕成，焊丝盘的内径和重量应符合相应的规定。

（2）焊剂　埋弧焊使用的焊剂是颗粒状可熔化的矿物质，是含有锰、硅、钛、铝、钙、锆、镁以及其他混合物的氧化物，其作用相当于焊条的涂料。焊剂对焊缝金属来说，一般呈化学中性，在焊接时不得产生大量的气体。针对于钢材焊接使用的焊剂，其基本要求包括以下两个方面。

① 具有良好的冶金性能。即与所选用的焊丝相配合，通过适当的焊接工艺来保证焊缝金属获得所需的化学成分和力学性能以及抗热裂和冷裂的能力。

② 具有良好的工艺性能。即要求焊剂有良好的稳弧、造渣、成形、脱渣等性能，并且在焊接过程中生成的有毒气体少。

焊剂十分容易受潮，所以焊剂必须储存于干燥的地方。如果焊剂受潮，可在 350～400℃加热 1h 进行烘干。潮湿的焊剂会使焊缝金属产生气孔和裂纹。油、锈等污物同样会引起气孔，必须加以避免。当焊剂循环使用时，必须注意防止锈、氧化皮以及其他杂质混入。

三、埋弧自动焊工艺

1. 平对接焊

（1）双面焊

① 悬空焊法　不用衬托的悬空焊接方法，不需要任何辅助设备和装置。为防止液态金属从间隙中流失或引起烧穿，要求焊件在装配时不留间隙或间隙很小，一般不超过 1mm。正面焊时，焊接电流应选择使熔深小于板厚的一半，翻转后再进行反面焊接。为保证焊透，

反面焊缝的熔深应达到焊件厚度的60%～70%。

② 焊剂垫法　焊剂垫结构如图2-45所示。此法要求下面的焊剂与焊件贴合，并且压力均匀，因为过松时会引起漏渣和液态金属下淌，严重时会引起烧穿。焊前装配时，根据焊件的厚度预留一定的装配间隙进行第一面焊接。参数确定的依据是第一面焊缝的熔深必须保证超过焊件厚度的60%～70%。焊完正面后，翻转进行反面焊接，反面焊缝使用的工艺参数可与正面相同或适当减小，但必须保证完全熔透。对重要产品，在焊第二面前对焊缝根部进行挑根清理。对厚度较大的工件，可用开坡口焊接。坡口形式由焊件厚度决定，通常厚度在20mm以下时，开V形坡口，大于20mm时，开X形坡口。

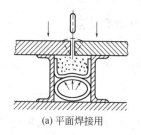

(a) 平面焊接用　　　　　　(b) 曲面焊接用

图2-45　焊剂垫结构

③ 工艺垫板法　用临时工艺衬垫进行双面焊的第一面焊时，一般都要求接头处留有一定宽度的间隙，以保证细粒焊剂能进入并填满。临时工艺衬垫的作用是托住填入间隙的焊剂。工艺衬垫大都为钢带，也可用采用石棉绳或石棉板，如图2-46所示。焊完第一面后，翻转焊件，除去工艺衬垫、间隙内的焊剂和焊缝根部的渣壳，然后进行第二面焊接。

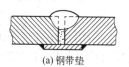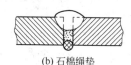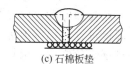

(a) 钢带垫　　　　　　(b) 石棉绳垫　　　　　　(c) 石棉板垫

图2-46　工艺垫板

对无法使用衬垫的对接焊，也可先行使用焊条电弧焊封底，再使用自动焊。一般厚板焊条封底焊的坡口形式为V形，保证封底厚度大于8mm。

（2）单面焊双面成形　这种焊法的特点是使用较大的焊接电流将焊件一次熔透，焊件反面放置强制成形衬垫，使熔池金属在衬垫上凝固成形。采用这种焊接工艺可提高生产率，改善劳动条件。

① 龙门压力架——焊剂铜垫法　龙门压力架的横梁上有多个汽缸，通入压缩空气后，汽缸带动压紧装置将焊件压紧在焊剂铜垫上进行焊接。焊缝背面的成形装置采用焊剂铜垫，铜垫上开有一成形槽以保证背面成形。焊件之间需留一定的装配间隙，并使间隙中心线对准成形槽中心线。细粒焊剂从装配间隙均匀填入铜垫的成形槽中。焊剂铜垫焊接如图2-47所示。

② 电磁平台——焊剂垫法　用电磁铁将下面有焊剂垫的待焊钢板吸紧在平台上进行焊接，此法适用于厚8mm以下钢板的对接焊。

③ 水冷滑块式——铜垫法　水冷铜滑块装在焊件背面，位于电弧下方，随同电弧一起移动，强制焊缝反面成形。铜滑块的长度以保证熔池底部凝固而不流失为宜。此法适合于焊接6～20mm厚钢板的平对接接头。焊件的装配和焊接是在专用的支柱胎上进行的，铜滑块由焊接小车上的拉紧弹簧通过焊接的装配间隙强制紧贴在接缝背面。装配间隙大小视焊件厚

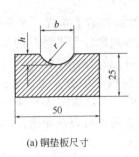

(a) 铜垫板尺寸

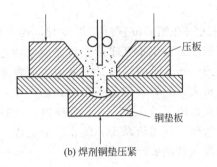

(b) 焊剂铜垫压紧

图 2-47 焊剂铜垫焊接

度而定，一般在 3～6mm 之间。焊缝两端必须设置焊接引弧板和引出板，以保证焊接到尽头。

水冷铜滑块双丝焊时，焊丝为纵向前后排列，主焊丝（粗丝）在前，辅焊丝（细丝）在后。调节两根丝之间的距离，可以改变焊缝的形状、性能和组织，这主要是后面电弧的热作用所致。考虑到焊缝的性能和组织，此距离以大些为佳，但不能超过主焊丝熔渣开始凝固的距离，因为凝固的渣壳是不导电的，一般在 60～150mm 之间，随板厚而增大。

④ 固化焊剂垫法 固化焊剂种类很多，大都做成条块状，用磁铁或特殊胶带将其固定在焊件背面。固化焊剂垫除可用于平面焊接外，还可用于曲面焊接。

单面焊双面成形可免除工件翻转，生产率显著提高，但因电弧功率和线能量很大，接头低温韧性较差，板厚超过 16mm 时大都采用多层多道焊。

简体纵缝及环缝的焊接工艺参数与平板对接焊基本相同。无论焊接外环缝或内环缝，焊丝都应逆工件旋转方向偏移一段距离，使熔池接近于水平位置，以获得较好的成形。熔池越长，焊丝偏置距离应越大，如图 2-48 和图 2-49 所示。

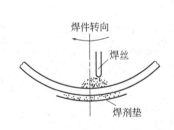

图 2-48 焊环焊缝时焊丝偏置位置

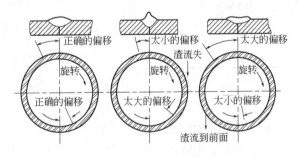

图 2-49 焊环焊缝时焊丝位置对焊道形状的影响

2. 角接焊

角接焊缝主要出现在 T 形接和搭接接头中，角接焊可采用船形焊和平角焊两种形式。

① 船形焊时由于焊丝为垂直状态，熔池处于水平位置，因而容易保证焊缝质量，如图 2-50（a）所示。调整 α 角，可调节底板与腹板熔合面积的配比。当 $\delta_1 = \delta_2$ 时，可取 $\alpha = \beta_1 = \beta_2 = 45°$，当时 $\delta_1 < \delta_2$，取 $\alpha < 45°$，使熔合区偏于厚板一侧。为防止液态金属流失或烧穿，焊件装配间隙应小于 1.5mm。间隙过大，坡口下部要放置焊剂垫

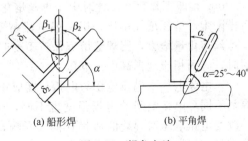

(a) 船形焊　　(b) 平角焊

图 2-50 焊角方法

或石棉垫等。

②　当焊件无法在船形位置进行焊接时，可采用焊丝倾斜的平角焊。平角焊对间隙敏感性小，即使间隙过大，也不至于产生流渣或熔池金属流溢现象。但平角焊的单道焊脚最大不超过8mm，大于8mm时的焊脚必须采用多道焊才能获得。另外，焊缝成形与焊丝相对于焊件的位置关系很大。当焊丝位置不当时，易产生咬肉或腹板未熔合。为保证焊缝成形良好，焊丝与腹板的夹角应保持在$15°\sim45°$范围内，一般为$20°\sim30°$，如图2-50(b)所示。电弧电压不宜太高，这样可使熔渣减少，防止熔渣流溢。采用细焊丝可以减小熔池体积，防止熔池金属流溢，并能保持电弧燃烧稳定。

四、焊接工艺参数及焊接技术

如前所述，埋弧焊除在平焊位置焊接外，采取特殊措施，也可在其他焊接位置焊接，但工业应用中以平焊位置最为普遍。

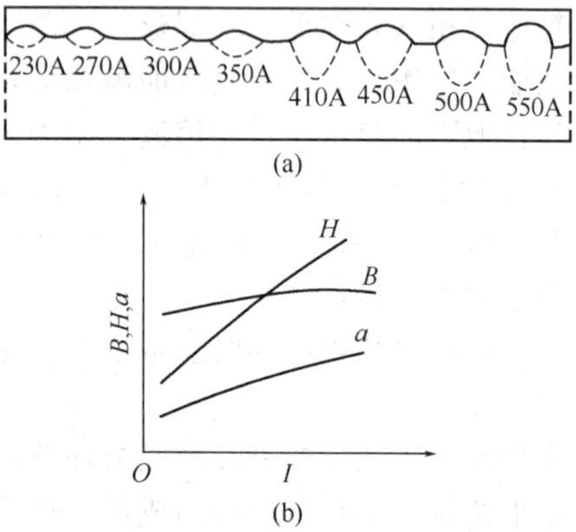

影响焊缝形状及尺寸的变量包括焊接工艺参数、工艺因素和结构因素等几方面。

1. 焊接工艺参数

埋弧焊时焊接工艺参数主要有焊接电流、电弧电压和焊接速度等。

（1）焊接电流　其他条件不变时，增加焊接电流对焊缝形状和尺寸的影响，如图2-51所示。正常焊接条件下，焊缝熔深H几乎与焊接电流成正比，即

$$H = K_m I$$

K_m为比例系数，随电流种类、极性、焊丝直径以及焊剂的化学成分而异。表2-12为各条件下的K_m值。

图 2-51　焊接电流对焊缝成形的影响

B—熔宽；H—熔深；a—余高

表 2-12　K_m值（mm/100A）与焊丝直径、电流种类极性及焊剂的关系

焊丝直径/mm	电流种类	焊剂牌号	T形焊缝和开坡口的对接焊缝	堆焊和不开坡口的对接焊缝
5	交流	HJ431	1.5	1.1
2	交流	HJ431	2.0	1.0
5	直流反接	HJ431	1.75	1.1
5	直流正接	HJ431	1.25	1.0
5	交流	HJ430	1.55	1.15

同样大小的电流下，改变焊丝直径（即变更电流密度），焊缝的形状和尺寸将随之改变。当其他条件相同时，熔深与焊丝直径约成反比关系。但这种关系在电流密度极高时（超过$100A/mm^2$）即不复存在。此时由于焊丝熔化量不断增加，熔池中填充金属量增多，熔融金属后排困难，熔深增加得比采用一般电流密度（$30\sim50A/mm^2$）的慢。并且随焊接电流增加，焊丝熔化量增大，当焊缝熔宽保持不变时，余高加大，使焊缝成形恶化。因而提高电流的同时，必须相应地提高电弧电压。

（2）电弧电压　电弧电压与电弧长度成正比。在电弧电压和电流数值相同时，如果所用的焊剂不同，电弧空间的电场强度也不同，则电弧长度可能不同。在其他条件不变的情况下，改变电弧电压对焊缝的形状有很大影响，如图2-52所示。可见，随电弧电压增高，焊缝熔宽显著增加而熔深和余高将略有减小。

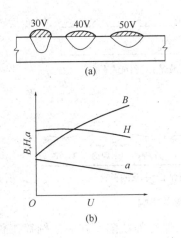

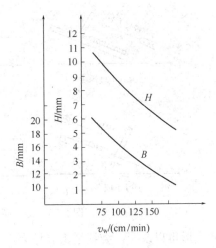

图 2-52　电弧电压对焊缝成形的影响　　　　图 2-53　焊接速度对焊缝成形的影响

B—熔宽；H—熔深；a—余高

极性不同时电弧电压对熔宽的影响不同。正极性时电弧电压对熔宽的影响比反极性时小。埋弧焊时，电弧电压是根据焊接电流确定的，即一定的焊接电流时要保持一定范围的弧长，以保证电弧的稳定燃烧，因此电弧电压的变动范围是有限的。

（3）焊接速度　焊接速度对熔深和熔宽均有明显的影响。焊接速度较小（如单丝埋弧焊焊速小于 67cm/min）时，随焊接速度的增加，弧柱倾斜，有利于熔池金属向后流动，故熔深略有增加。但焊接速度到达一定数值后，由于热输入量减小的影响增大，熔深和熔宽都明显减小。图 2-53 为焊接速度在 67～167cm/min 时对熔深和熔宽的影响。

通常焊接速度过慢，熔化金属量多，焊缝成形差；焊接速度过大，熔化金属量不足，容易产生咬边。实际生产中为了提高生产率同时保持一定的热输入量，在提高焊接速度的同时必须加大电弧功率，从而也将保证一定的熔深和熔宽。

2. 工艺因素

焊丝倾角和工件斜度对焊缝成形的影响如下。

焊丝倾角方向分为前倾和后倾两种，如图 2-54 所示。倾斜的方向和倾斜角度大小不同，电弧对熔池的吹力和热的作用不同，从而对焊缝成形的影响各异。图 2-54（a）为焊丝前倾，图 2-54（b）为焊丝后倾。焊丝在一定倾角内后倾时，电弧力后排熔池金属的作用减弱，熔池底部液体金属增厚，故熔深减小。而电弧对熔池前方的母材预热作用加强，故熔宽增大。图 2-54（c）是后倾角对熔深、熔宽的影响。实际工作中焊丝前倾只在某些特殊情况下使用，例如焊接小直径圆筒形工件的环缝等。

工件倾斜焊接时有上坡焊和下坡焊两种情况，它们对焊缝成形的影响明显不同，如图 2-55 所示。上坡焊时，若斜度 $\beta>6°\sim12°$，则焊缝余高过大，两侧出现咬边，成形明显恶化，实际工作中应避免采用上坡焊。

下坡焊的效果与上坡焊相反，当 $\beta>6°\sim8°$ 时，焊缝的熔深和余高均有减小，而熔宽略有增

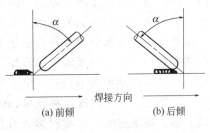

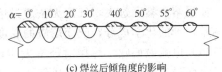

(c) 焊丝后倾角度的影响

图 2-54　焊丝倾角对焊缝成形的影响

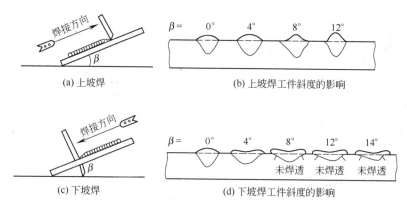

(a) 上坡焊   (b) 上坡焊工件斜度的影响

(c) 下坡焊   (d) 下坡焊工件斜度的影响

图 2-55　工件倾角对焊缝成形的影响

加，焊缝成形得以改善。继续增大 β 将会产生未焊透、焊瘤等缺陷。在焊接圆筒工件的内、外环焊缝时，一般都不得采用下坡焊，以减少发生烧穿的可能性。

3. 结构因素

（1）对接坡口形状　在其他条件相同时，增加坡口深度和宽度，则焊缝熔深略有增加，熔宽略有减小，余高和熔合比显著减小，如图 2-56 所示。因此，通常用开坡口的方法控制焊缝的余高和熔合比。

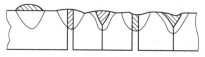

图 2-56　坡口形状对焊缝成形的影响

（2）间隙　在对接焊缝中，改变间隙大小也可作为调整熔合比的一种手段。

（3）工件厚度（t）和工件散热条件　当熔深 $H \leqslant (0.7 \sim 0.8)t$ 时，则板厚与工件散热条件对熔深的影响很小。但工件的散热条件对熔宽及余高有明显的影响。用同样的工艺参数在冷态厚板上施焊时，所得的焊缝比在中等厚度板上施焊时的焊缝熔宽较小而余高较大。

五、主要缺陷及其防止

埋弧焊时可能产生的主要缺陷，除了由于所用焊接工艺参数不当造成的熔透不足、烧穿、成形不良等以外，还有气孔、裂纹、夹渣等。

1. 气孔

埋弧焊焊缝产生气孔的主要原因及防止措施如下。

（1）焊剂吸潮或不干净　焊剂中的水分、污物和氧化铁屑等都会使焊缝产生气孔。在回收使用的焊剂中这个问题更为突出。水分可通过烘干消除，烘干温度与时间由焊剂生产厂家规定，防止焊剂吸收水分的最好方法是正确的储存和保管。采用真空式焊剂回收器可以较有效地分离焊剂与尘土，从而减少回收焊剂使用中产生气孔的可能性。

（2）焊接时焊剂覆盖不充分　由于电弧外露并卷入空气而造成气孔。焊接环缝时，特别是小直径的环缝，容易出现这种现象，应采取适当措施，防止焊剂散落。

（3）熔渣黏度过大　焊接时溶入高温液态金属中的气体在冷却过程中将以气泡形式逸出。如果熔渣黏度过大，气泡无法通过熔渣，则被阻挡在焊缝金属表面附近而造成气孔。通过调整焊剂的化学成分，改变熔渣的黏度即可解决。

（4）电弧磁偏吹　焊接时经常发生电弧磁偏吹现象，特别是在用直流电焊接时更为严重。电弧磁偏吹会在焊缝中造成气孔。磁偏吹的方向受很多因素的影响，例如工件上焊接电缆的连接位置，电缆接线处接触不良，部分焊接电缆环绕接头造成的次级磁场等。在同一条焊缝的不同部分，磁偏吹的方向也不相同。在接近端部的一段焊缝上，磁偏吹更经常发生。因此这段焊缝的气孔也较多。为了减少磁偏吹的影响，应尽可能采用交流电源，工件上焊接电缆的连接位置尽可能远离焊缝终端，避免部分焊接电缆在工件上产生次级磁场等。

（5）工件焊接部位被污染　焊接坡口及其附近的铁锈、油污或其他污物在焊接时将产生大量气体，促使气孔生成。焊接之前应予清除。

2. 裂纹

通常情况下，埋弧焊接头有可能产生两种类型裂纹，即结晶裂纹和氢致裂纹。前者只限于焊缝金属，后者则可能发生在焊缝金属或热影响区。

（1）结晶裂纹　钢材的化学成分对结晶裂纹的形成有重要影响。钢材焊接时，焊缝中的 S、P 等杂质在结晶过程中形成低熔点共晶。随着结晶过程的进行，它们逐渐被排挤在晶界，形成了"液态薄膜"。焊缝凝固过程中，由于收缩作用，焊缝金属受拉应力，"液态薄膜"不能承受拉应力而形成裂纹。可见，产生"液态薄膜"和焊缝的拉应力是形成结晶裂纹的两方面原因。硫对形成结晶裂纹影响最大，但其影响程度又与钢中其他元素含量有关，如 Mn 与 S 结合成 MnS 而除硫，从而对 S 的有害作用起抑制作用。Mn 还能改善硫化物的性能、形态及其分布等。因此，为了防止产生结晶裂纹，对焊缝金属中的 Mn/S 值有一定要求。

埋弧焊焊缝的熔合比通常都较大，因而母材金属的杂质含量对结晶裂纹倾向有很大影响。可以通过工艺措施（如采用直流正接，加粗焊丝以减小电流密度，改变坡口尺寸等）减小熔合比，进而改善结晶裂纹的倾向。

焊缝形状对于结晶裂纹的形成也有明显影响。窄而深的焊缝会造成对称的结晶面，"液态薄膜"将在焊缝中心形成，有利于结晶裂纹的形成。焊接接头形式不同，不但刚性不同，并且散热条件与结晶特点也不同，对产生结晶裂纹的影响也不同。图 2-57 表示不同形式接头对结晶裂纹的影响，图中（a）、（b）两种接头抗裂性较高。

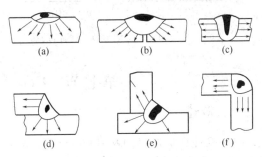

图 2-57　不同接头形式对结晶裂纹的影响

（2）氢致裂纹　这种裂纹较多地发生在低合金钢、中合金钢和高碳钢的焊接热影响区中。它可能在焊后立即出现，也可能在焊后几小时、几天甚至更长时间才出现。这种焊后若干时间才出现的裂纹称为延迟裂纹。氢致裂纹是焊接接头含氢量、接头显微组织、接头拘束情况等因素相互作用的结果。在焊接厚度 10mm 以下的工件时，一般很少发现这种裂纹。工件较厚时，焊接接头冷却速度较大，对淬硬倾向大的母材金属，易在接头处产生硬脆的组织。另一方面，焊接时溶解于焊缝金属中的氢，由于冷却过程中溶解度下降，向热影响区扩散。当热影响区的某些区域氢浓度很高而温度继续下降时，一些氢原子开始结合成氢分子，在金属内部造成很大的局部应力，在接头拘束应力作用下产生裂纹。

针对氢致裂纹产生的原因，可以从以下几方面采取措施。①减少氢的来源及其在焊缝金属中的溶解，采用低氢焊剂；焊剂保管中注意防潮，使用前严格烘干；对焊丝、工件焊口附近的锈、油污、水分等焊前必须清理干净。通过焊剂的冶金反应把氢结合成不溶于液态金属的化合物，如高 Mn 高 Si 焊剂可以把 H 结合成 HF 和 OH 两种稳定化合物进入熔渣中，减少氢对生成裂纹的影响。②正确的选择焊接工艺参数，降低钢材的淬硬程度并有利于氢的逸出和改善应力状态，必要时可采用预热。③采用后热或焊后热处理。焊后后热有利于焊缝中的溶解氢顺利的逸出。有些工件焊后需要进行热处理，一般情况下多采用回火处理。这种热处理效果一方面可消除焊接残余应力，另一方面使已产生的马氏体高温回火，改善组织。同时接头中的氢可进一步逸出，有利于消除氢致裂纹，改善热影响区的延性。④改善接头设计，降低焊接接头的拘束应力。在焊接接头的设计上，应尽可能消除引起应力集中的因素，如避免缺口、防止焊缝的分布过分密集等。坡口形状尽量对称为宜，不对称的坡口裂纹敏感性较大。在满足焊缝强度的基本要求下，应尽量减少填充金属的用量。

埋弧焊时，焊接热影响区除了可能产生氢致裂纹外，还可能产生淬硬脆化裂纹、层状撕裂等。

3. 夹渣

埋弧焊时焊缝的夹渣除与焊剂的脱渣性能有关外，还与工件的装配情况和焊接工艺有关。对接焊缝装配不良时易在焊缝根部产生夹渣。焊缝成形对脱渣情况也有明显影响。平而略凸的焊缝比深凹或咬边的焊缝更易脱渣。双道焊的第一道焊缝，当它与坡口上缘熔合时，脱渣容易，如图 2-58(a) 所示。而当焊缝不能与坡口边缘充分熔合时，脱渣困难，如图 2-58(b) 所示，在焊接第二道焊缝时易造成夹渣。焊接深坡口时，由较多的小焊道组成的焊缝，夹渣的可能性小，而由较少的大焊道组成的焊缝，夹渣的可能性大。图 2-59 表示这两种焊缝对夹渣的影响。

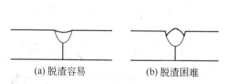

(a) 脱渣容易   (b) 脱渣困难

图 2-58　焊道与坡口熔合情况对脱渣的影响

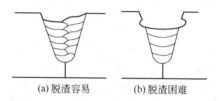

(a) 脱渣容易   (b) 脱渣困难

图 2-59　多层焊时焊道大小对脱渣的影响

第七节　CO_2 气体保护电弧焊

一、概述

CO_2 气体保护焊（CO_2 shielded arc welding）是利用 CO_2 气体作为保护气的电弧焊，简称 CO_2 气体保护焊。它是 20 世纪 50 年代初期发展起来的一种新的焊接技术。经过几十年的研究，我国在发展 CO_2 气体保护焊接设备、焊接材料和焊接工艺等方面取得了很大成就。现在 CO_2 电弧焊已广泛应用在石油化工、造船、汽车制造、工程机械及农业机械等工业中。CO_2 气体保护焊发展很快，在低碳及低合金钢的焊接中，已取代或部分取代焊条电弧焊。

1. CO_2 气体保护焊的优点

① 焊接成本低。由于 CO_2 气体和焊丝的价格低廉，对于焊前的生产准备要求不高，焊后清理和校正工时少，所以成本低。

② 生产效率高，节省能源。CO_2 气体保护焊的电流密度大，可达 $100 \sim 300 A/mm^2$，因此电弧热量集中，焊丝的熔化效率高，母材的熔深厚度大，焊接速度快，同时焊后不需要清渣，所以能够显著提高效率，节省电能。

③ 焊接变形小。由于电弧热量集中、线能量低和 CO_2 气体具有较强的冷却作用，使焊件受热面积小。特别是焊接薄板时，变形很小。

④ 对油污、铁锈产生气孔的敏感性较低。

⑤ 电弧可见性好，有利于观察，焊丝能准确对准焊接位置，尤其是在半自动焊时可以

较容易地实现短焊缝和曲线焊缝的焊接工作。

⑥ 焊缝含氢量低。其原因是保护气氛具有氧化性，与氢有很强的亲和能力，起到脱氢作用。

⑦ 操作简单，容易掌握。

⑧ 适用范围广。可以实现全位置焊接，并且对于薄板、中厚板甚至厚板都能焊接。

2. CO_2 气体保护焊的缺点

① 抗风能力差，给室外焊接作业带来一定困难。

② 与焊条电弧焊相比设备较复杂，易出现故障，要求具有较高的维护设备的技术能力。

③ 与焊条电弧焊和埋弧焊相比，焊缝成形不够美观，焊接飞溅较大。

④ 弧光较强，必须注意劳动保护。

⑤ 只适用于低碳钢和低合金钢的焊接。

二、 CO_2 气体保护焊的冶金特点

1. 合金元素的氧化

CO_2 气体在常温下是相当稳定的气体，几乎无氧化性。但在电弧高温的作用下，会分解成 CO、O_2、O 等物质，所以具有很强的氧化性。CO_2 电弧主要从两个方面使 Fe 及其他合金元素氧化。一种是和高温分解出的原子氧作用。如：

$$Fe+O = FeO$$
$$Si+2O = SiO_2$$
$$Mn+O = MnO$$
$$C+O = CO\uparrow$$

另一种是和 CO_2 直接作用。如：

$$CO_2+Fe = FeO+CO\uparrow$$
$$2CO_2+Si = SiO_2+2CO\uparrow$$
$$CO_2+Mn = MnO+CO\uparrow$$

上述氧化反应既发生在熔滴过渡中，也发生在熔池中，在熔滴过渡中发生的反应最为激烈。氧化反应的程度则取决于合金元素在焊接区的浓度和它们对氧的亲和力。熔滴和熔池金属中 Fe 的浓度最大，因此 Fe 的氧化比较激烈。Si、Mn、C 的浓度虽然较低，但它们与氧的亲和力比 Fe 大，所以也有相当数量被氧化。

反应生成物（SiO_2、MnO、CO、FeO 等）中，SiO_2 和 MnO 会结合成硅酸盐，很容易浮出熔池表面形成熔渣。反应生成的 CO 气体则具有两种情况：其一在高温时，体积急剧膨胀的 CO 气体在逸出液态金属过程中，往往会引起熔滴或熔池的爆破，发生金属的溅损与飞溅。其二在低温时，由于液态金属呈现较大的动力黏度和较强的表面张力，产生的 CO 将无法逸出，而最终在焊缝中形成气孔。至于 FeO 则溶入液态金属，并进一步和熔池及熔滴中的合金元素发生反应使其氧化。溶入熔池的 FeO，按下列方程与碳元素作用，产生 CO 气体。如果此气体不能析出熔池，便在焊缝中形成气孔。反应式为：

$$FeO+C = Fe+CO$$

溶入熔滴中的 FeO 与碳元素作用产生的 CO 气体，则在电弧高温下急剧膨胀，使熔滴爆破而引起金属飞溅。

合金元素烧损、气孔及飞溅是 CO_2 气体保护焊中三个主要的问题。它们都是与 CO_2 电弧的氧化性有关的，因此必须在冶金上采取脱氧措施。

2. 脱氧措施

（1）脱氧的必要性及对脱氧剂的要求　从前述内容可以看出，SiO_2 和 MnO 成为熔渣浮于熔池表面，结果使焊缝中的 Si、Mn 含量减少。CO 气体的反应量如果受到限制，则不会发生强烈的气体爆破与飞溅，也不会引起气孔。问题的关键在于 FeO，它的产生才是引起气孔、飞溅的重要原因。此外，FeO 残留在焊缝金属中也将降低焊缝的力学性能。因此，必须使 FeO 脱氧，并在脱氧的同时对合金元素给予补充，则气孔及合金元素的烧损问题就能得到圆满解决，并且也有助于减少飞溅。

为了减少 CO_2 气体保护焊时的飞溅，避免产生 CO 气孔，焊接时，必须采取有效的脱氧措施。脱氧效果的好坏与脱氧剂的选择有很大的关系。与氧的亲和力比 Fe 大的合金元素，能够使 FeO 中的 Fe 还原，可以作为脱氧剂，在 CO_2 气体保护焊时，由于熔池体积小，加上 CO_2 气体的冷却作用，使得焊接时熔池的存在时间很短，结晶速度很快。在这种情况下，选择的脱氧剂必须满足下列要求。

① 起到合金化作用。脱氧剂在完成脱氧任务之余，所剩的量便作为合金元素留在焊缝中，起到改善焊缝力学性能的作用。

② 脱氧能力强。该脱氧剂对 FeO 的脱氧能力要优于 C 的脱氧能力，这样才能抑制 FeO 与 C 的有害反应。

③ 脱氧后的产物不能是气体，防止产生气孔。

④ 脱氧产物必须熔点低，密度小，便于从熔池中浮出；否则，易形成氧化物夹杂，影响焊缝金属的性能。

（2）脱氧措施的实施　CO_2 气体保护焊是通过焊丝中加入脱氧剂来实现脱氧的。最常用的脱氧剂是 Si 与 Mn。Si 与 Mn 对熔池中的 FeO 起还原作用，反应如下：

$$2FeO + Si = 2Fe + SiO_2$$
$$FeO + Mn = Fe + MnO$$

但是，单独使用 Si 或 Mn 的脱氧效果并不理想。单独使用 Mn 脱氧，生成的 MnO 密度较大，为 $5.11g/cm^3$，不易从熔池中浮出。单独使用 Si 脱氧，生成的 SiO_2 熔点高，为 1983K，且为小颗粒状，也不易浮出熔池。经研究发现，使用 Si、Mn 联合脱氧效果最好。因为当 Si 与 Mn 的比例合适时，它们各自的脱氧产物又会聚在一起形成复合物，即

$$SiO_2 + MnO = MnO \cdot SiO_2$$

这种硅酸盐复合物的熔点低（1543K），密度小（$3.11g/cm^3$），不溶于液态金属且能凝聚成大块，很容易浮出熔池表面，在焊缝金属凝固后形成一层很薄的渣壳。这种脱氧剂在完成脱氧任务后，剩余部分的 Si、Mn 留在焊缝中，起到焊缝金属合金化的作用。研究还发现，焊丝中 Mn 与 Si 的比例为 1.5~3 最佳。除 Si、Mn 外，还可以在焊丝中加入一些 Al、Ti 等合金元素作为辅助脱氧剂，以进一步提高脱氧效果，并在一定程度上起到改善焊缝性能的作用。因此，合理地选择焊丝成分是消除 CO 气孔、保证焊缝性能的关键。

目前国内用得最多的是牌号为 H08Mn2SiA 焊丝（GB/T 8110—1995 中该牌号焊丝的型号为 ER49-1）。这种牌号的焊丝具有较好的工艺性能、力学性能及抗热裂能力，适宜焊接低碳钢和低合金钢。表 2-13 为常用的国产 CO_2 气体保护焊焊丝的牌号、成分及用途，供选用时参考。

3. 气孔问题

CO_2 气体保护焊时，熔池表面没有熔渣盖覆，CO_2 气流又有冷却作用，因此熔池凝固比较快，容易在焊缝中产生气孔。可能产生气孔主要有三种：CO 气孔、H_2 气孔和 N_2 气孔。

表 2-13 二氧化碳电弧焊常用焊丝的化学成分和用途

| 焊丝牌号 | 化学成分质量分数/% | | | | | | | | | 用 途 |
	C	Si	Mn	Cr	Mo	Ti	Al	S 不大于	P 不大于	
H10MnSi	≤0.14	0.60~0.90	0.8~1.10	≤0.20	—	—	—	0.030	0.040	焊接低碳钢，低合金钢
H08MnSi	≤0.10	0.70~1.0	1.0~1.30	≤0.20	—	—	—	0.030	0.040	
H08MnSiA	≤0.10	0.60~0.85	1.40~1.70	≤0.20	—	—	—	0.030	0.035	
H08Mn2SiA	≤0.10	0.70~0.95	1.80~2.10	≤0.20	—	—	—	0.030	0.035	
H04Mn2SiTiA	≤0.04	0.70~1.10	1.80~2.20	—	—	0.20~0.40	—	0.025	0.025	焊接低合金高强度钢
H04MnSiAlTiA	≤0.04	0.40~0.80	1.40~1.80	—	—	0.35~0.65	0.20~0.40	0.025	0.025	焊接低合金高强度钢
H10MnSiMo	≤0.14	0.70~1.10	0.90~1.20	≤0.20	0.15~0.25	—	—	0.030	0.040	
H08Cr3Mn2MoA	≤0.10	0.30~0.50	2.00~2.50	2.5~3.0	0.35~0.50	—	—	0.030	0.030	焊接贝氏体钢
H18CrMnSiA	0.15~0.22	0.90~1.10	0.80~1.10	0.80~1.10	—	—	—	0.025	0.030	焊接高强度钢

(1) CO 气孔 如前所述，产生 CO 气孔的原因，主要是熔池中的 FeO 和 C 进行反应（$FeO + C = Fe + CO$），这个反应在熔池处于结晶温度时，进行得比较剧烈，由于这时熔池已开始凝固，CO 气体不易逸出，于是在焊缝中形成气孔。如果焊丝中含有足够的脱氧元素 Si 和 Mn，以及限制焊丝中的含碳量，就可以抑制上述的氧化反应，有效地防止 CO 气孔的产生。所以在 CO_2 气体保护焊中，只要焊丝选择适当，产生 CO 气孔的可能性是很小的。

(2) H_2 气孔 如果熔池在高温时溶入了大量氢气，在冷却凝固过程中又不能充分排出，则留在焊缝金属中成为气孔。

电弧区的氢主要来自焊丝、工件表面的油污及铁锈，以及 CO_2 气体中所含的水分。油污为碳氢化合物，铁锈中含有结晶水，它们在电弧高温下都能分解出 H_2 气。减少熔池中氢的溶解量，不仅可以防止 H_2 气孔，而且可提高焊缝金属的塑性。所以，一方面焊前要适当清除工件和焊丝表面的油污及铁锈，另一方面应尽可能使用含水分低的 CO_2 气体。CO_2 气体中的水分常常是引起 H_2 气孔的主要原因。

当在焊接区有氧化性的 CO_2 气体存在时，增加了氧的分压，使自由状态的氢被氧化成不溶于金属材料的水蒸气与羟基，从而减弱了 H_2 气的有害作用。氢被氧化的过程如下：

$$H_2 + CO_2 = CO + H_2O$$

$$H + CO_2 = CO + OH$$

$$H + O = OH$$

CO_2 气体的氧化性对消除 CO 气体和飞溅方面是不利的，但在约制氢的危害方面却又是有益的。所以 CO_2 气体保护焊对铁锈和水分没有埋弧焊和氩弧焊那样敏感。

(3) N_2 气孔 N_2 气的来源：一是空气侵入焊接区；二是 CO_2 气体不纯。根据近几年一些研究者的试验表明：在短路过渡时 CO_2 气体中加入 3% 的 N_2（按体积），射流过渡时 CO_2 气体中加入 4% 的 N_2（按体积），仍不会引起气孔。而正常 CO_2 气体中含 N_2 量很小，最多不超过 1%（按体积）。由上述可推断：由于 CO_2 气体不纯而引起 N_2 气孔的可能性不大，焊缝中产生 N_2 气孔的主要原因是保护气层失效遭到破坏，大量空气侵入焊接区。造成保护气层失效的因素有：过小的 CO_2 气体流量；喷嘴被少量飞溅物部分堵塞；喷嘴与工件的距离过大，以及焊接场地有侧向风等。因此在焊接过程中保证保护气层稳定、可靠，是防止焊缝中 N_2 气孔的关键。

三、CO_2 气体保护焊的熔滴过渡形式及规范参数的选择

在 CO_2 气体保护焊时，为了保证焊接过程的稳定，减少飞溅，其熔滴过渡形式通常有两种：一种是使用细焊丝（$\phi < 1.6\text{mm}$）的短路过渡；一种是使用粗焊丝（$\phi \geqslant 1.6\text{mm}$）的细颗粒过渡。由于熔滴过渡形式不同，对应使用的工艺参数有较大的差别。

1. 短路过渡焊接

（1）特点　短路过渡的焊接特点是低电压、小电流。从图 2-60 中可见主要适用于薄板的焊接。在短路过渡时，一般弧长较短，在熔滴还没有脱离焊丝之前即与熔池发生短路，形成液态金属小桥。此时电弧熄灭，电压急剧下降，短路电流迅速增加。最后，在各种力的作用下液态金属小桥被拉断，电弧重新引燃，完成了一个熔滴的过渡。就这样，电弧处于不断的起弧、燃弧、熄弧的循环之中，同时焊接熔池也处于不断的熔化、扩展、凝固的交替循环中，因此熔池不容易流淌，适合于焊接薄板及进行全位置焊接。焊接薄板时，生产率高、变形小，而且操作上容易掌握，对焊工技术水平要求不高。因而短路过渡的 CO_2 气体保护焊容易在生产上得到应用和推广。

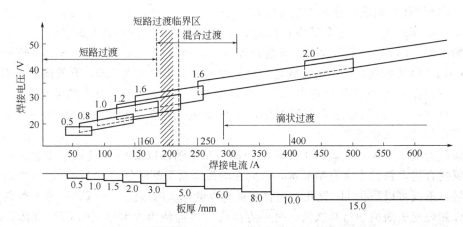

图 2-60　各种焊丝直径适宜的焊接参数及相应的焊件厚度

（2）规范参数的选择　短路过渡焊接时，主要的规范参数有：焊接电流、电弧电压、短路频率、气体流量、焊丝伸出长度及焊接回路电感等。

① 电弧电压及焊接电流　电弧电压是焊接规范中关键的一个参数。它的大小决定了电弧的长短，决定了熔滴的过渡形式。它对焊缝成形、飞溅、焊接缺陷以及焊缝的力学性能有很大的影响。实现短路过渡必须保持较短的电弧长度，低电压（一般在 $17 \sim 25\text{V}$ 之间）正是短路过渡的一个重要特征。

电弧电压的选择与焊丝直径及焊接电流有关，它们之间存在着协调匹配的关系。不同直径焊丝相应选用的焊接电流、电弧电压的数值范围如表 2-14 所示。

在焊丝直径给定时，都有一对应的、较佳的电弧电压及焊接电流，此时短路频率高，焊接过程稳定。电弧电压及焊接电流若过小，电弧引弧困难，焊接过程不稳定。反之，则由短路过渡转变成大颗粒的长弧过渡，飞溅增大，焊接过程也不稳定。因此，只有电弧电压与焊

表 2-14 不同直径焊丝选用的电弧电压及焊接电流

焊丝直径/mm	电弧电压/V	焊接电源/A	焊丝直径/mm	电弧电压/V	焊接电源/A
0.5	17～19	30～70	1.2	19～23	90～200
0.8	18～21	50～100	1.6	22～26	140～300
1.0	18～22	70～120			

接电流匹配得较合适时，才能获得稳定的短路过渡过程，并且飞溅小，焊缝成形好。特别是电弧电压的数值要求有比较精确的调整，调整精度最好能达到±0.2V。

② 气体流量 不同的焊枪适用于不同直径的焊丝，相应使用不同范围的气体流量。对于小电流焊枪，气体流量为5～15L/min，中电流焊枪（120～200A）气体流量为15～25L/min。室外作业，要加大气体流量，以使保护气体有足够的挺度，提高抗干扰的能力。但也要注意，气体流量过大，保护气体的紊流度增大，反而会将外界空气卷入焊接区，使保护效果变差，甚至在焊缝中引起气孔。

③ 焊丝伸出长度 由于短路过渡焊接时采用的焊丝都比较细，因此焊丝伸出长度上产生的电阻便成为焊接规范中不可忽视的因素。其他规范参数不变时，随着焊丝伸出长度增加，焊接电流下降，熔深亦减小。直径越细、电阻率越大的焊丝这种影响越大。根据生产经验，合适的焊丝伸出长度应为焊丝直径的10～12倍。实际使用的焊丝伸出长度值为10～20mm。焊丝直径细取低值，焊丝直径粗取高值。随着焊丝伸出长度增加，焊丝上的电阻热增大，焊丝熔化加快，从提高生产率上看这是有利的。但是当焊丝伸出过长时，焊丝容易发生过热而成段熔断，飞溅严重，焊接过程不稳定。同时，伸出长度增大后，喷嘴与工件间的距离亦增大，气保护效果变差。若伸出长度过小会缩短喷嘴与工件间的距离，飞溅金属容易堵塞喷嘴。

④ 短路频率和焊接回路电感 在短路过渡时，每次过渡的熔滴体积越小，短路频率越高，过程越稳定。因此，在短路过渡时，要求有尽可能高的短路频率，其高低通常可作为短路过渡稳定性的标志。影响短路频率的因素很多，其中之一就是焊接回路的电感 L。

焊接回路电感 L 值直接影响短路电流的上升率 dI/dt。随着 L 的增加，dI/dt 减小，使短路电流峰值 I_{max} 减小，电磁收缩力减小，液柱不易形成缩颈，所以导致短路时间增加，频率降低（图2-61）。应注意对于不同直径的焊丝应该有不同的回路电感值，以保证有合适的 dI/dt 和 I_{max}。细焊丝熔化快，熔滴过渡的周期短，因此需较大的 dI/dt。粗焊丝熔化慢，熔滴过渡的周期长，则要求较小的 dI/dt。

在短路过渡的一个周期中，在短路期间，短路电流的能量大部分传输到焊丝中去。只有电弧燃烧期间，电弧的大部分热量才输入工件，并形成一定的熔深。一般来说，短路频率高的电弧，其燃烧时间很短，因此熔深小。适当增大电感，虽然频率降低，但电弧燃烧时间增加，从而增大了母材熔深。所以调节焊接回路中的电感量，可以调节电弧的燃烧时间，从而控制母材的熔深。另外，焊丝直径越细，电感值越小，随着焊丝直径的增加，电感值也应适当增加。但是，电感值过大或过小，都会带来较大的飞溅，影响焊接过程的稳定性。

⑤ 焊接速度 焊接速度对焊缝成形、接头的力学

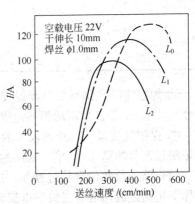

图 2-61 回路电感对短路频率的影响
L_0—50μH；L_1—180μH；L_2—400μH

性能以及气孔等缺陷的产生都有影响。随着焊接速度增大，焊缝熔宽降低，熔深及余高也有一定减少。焊接速度过快会引起焊缝两侧咬肉；焊接速度过慢则容易产生烧穿和焊缝组织粗大等缺陷。此外，焊接速度影响到焊接单位能。在焊接高强度钢等材料时，为了防止裂缝，保证焊缝金属的韧性，需要选择合适的焊接速度来控制单位能。

⑥ 电源极性　CO_2 电弧焊一般都采用直流反接较为合适。因为反极性时飞溅小，电弧稳定，成形较好，而且反极性时焊缝金属含氢量低，并且焊缝熔深大。但在堆焊及焊补铸件时，则采用正极性较为合适。因为阴极发热量较阳极大。正极性时焊丝为阴极，熔化系数大，约为反极性的 1.6 倍，金属熔敷率高，可以提高生产率。

以上讨论了短路过渡焊接时，主要规范参数的选择原则。在实际工作中，焊接电流、电弧电压、回路电感、气体流量等的具体数值还需通过试焊来确定。

2. 细颗粒过渡焊接

在 CO_2 气体保护焊采用粗焊丝（$\phi \geqslant 1.6mm$），当电流增大到一定数值并配合适当的电弧电压时，随着电流密度的增加，电极斑点得到一定程度的扩展，对熔滴过渡的阻碍程度有所降低，熔滴的尺寸大大减小，以自由下落的形式进入熔池，这种过渡形式称为细颗粒过渡。

（1）特点　细颗粒过渡焊接的特点是电弧电压比较高，焊接电流比较大。此时电弧是持续的，不发生短路熄弧的现象。所以，电弧的穿透力大、母材熔深大，适合于中、厚板的焊接。采用细颗粒过渡焊接时，焊丝伸出长度上的电阻热相当大，容易成段发红变软，甚至熔化变成飞溅。因此对规范参数的影响比较敏感，对焊接设备的稳定性要求较高，操作时应特别注意。

（2）规范参数的选择　细颗粒过渡焊接时，主要的规范参数有：电弧电压、焊接电流、焊接速度以及保护气流量等。

① 电弧电压与焊接电流　随着焊接电流的增加，电弧电压也要相应增加；否则，电弧对熔池有冲刷作用，使焊缝成形恶化。但是，电弧电压也不能过高；否则，易出现气孔，同时飞溅增大。还要指出的是，在同样的电流下，随着焊丝直径增大，电弧电压须相应降低。不同焊丝直径细颗粒过渡的最低电流和电弧电压范围见表 2-15。

表 2-15　不同直径焊丝细颗粒过渡的电流下限值及电弧电压范围

焊丝直径 ϕ/mm	电流 I/A	电弧电压 U_a/V
1.2	300	
1.6	400	
2.0	500	34～45
3.0	650	
4.0	750	

② 焊接速度　细颗粒过渡焊接的焊接速度较高。与同样直径焊丝的埋弧焊相比，焊接速度高 0.5～1 倍。常用的焊接速度为 40～60m/h。

③ 保护气流量　应选用较大的气体流量来保证焊接区的保护效果。保护气流量通常要比短路过渡焊的高 1～2 倍。常用的气流量范围为 25～50L/min。

除短路过渡和细颗粒过渡外，还有一种介于两者之间的一种过渡形式，这就是混合过渡或称半短路过渡。混合过渡的电流和电压数值，比短路过渡大，比细颗粒过渡小。焊丝金属熔滴以短路过渡为主，伴随有少量颗粒过渡。由于混合过渡时熔滴的过渡频率较低，熔滴颗粒较大，因而飞溅严重。与短路过渡相比，其电弧燃烧时间长，母材输入热量多，熔深较大，所以对于中等厚度工件的焊接，生产上也有所应用。

四、减少 CO_2 气体保护焊飞溅的措施

1. 合理选择焊接参数

（1）焊接电流和电弧电压　CO_2 气体保护焊时对于各种金属的焊丝，其飞溅率和焊接电流之间都存在着如图 2-62 所示的规律。可见，在小电流区飞溅较小，进入到大电流区由于熔滴过渡变成了细颗粒过渡，飞溅也不大，只有在中间的中等电流区飞溅最大。所以在选择焊接电流时应尽可能避开飞溅较大的区域。电流确定后再匹配合适的电弧电压，以保证飞溅最小。

（2）焊丝伸出长度　一般焊丝伸出长度越长，飞溅率越高。例如，$\phi1.2mm$ 的焊丝电流 280A 时，焊丝伸出长度从 20mm 增加到 30mm，飞溅量增加 5%，因此焊丝的伸出长度应尽可能短。

（3）焊枪角度　焊枪的倾角决定了电弧力的方向，所以焊枪前倾和后倾对飞溅率及焊缝的成形都有影响。焊枪垂直时飞溅量最少，倾斜角度越大，飞溅越多。焊枪前倾或后倾最好不超过 20°。

图 2-62　CO_2 电弧焊飞溅率与电流 I 的关系
1—小电流短路过渡区；2—中等电流区；
3—大电流细颗粒过渡区

2. 在 CO_2 中加入 Ar

CO_2 气体在电弧温度区间热导率较高，加上分解吸热，消耗电弧大量热能，从而引起弧柱及电弧斑点强烈收缩。即使增大电流，弧柱和斑点直径也很难扩展，这是 CO_2 电弧焊产生飞溅的最主要原因，是由 CO_2 气体本身物理性质决定的。

无论是短路过渡还是细颗粒过渡，在 CO_2 中加入 Ar 气，都能明显地使过渡的熔滴尺寸变细，从而改善熔滴过渡的特性，减少飞溅。特别是对于细颗粒过渡，加 Ar 后对于大颗粒的飞溅有显著的改善效果。

3. 采用电流波形控制

随着电子技术和控制技术的发展，特别是计算机控制技术引入到焊接领域后，早期的那种通过调节电感 L 来改善焊机的动特性，从而减少飞溅的调节方式已达不到理想的结果。在目前广泛使用的晶闸管 CO_2 气体保护焊焊机和逆变式 CO_2 气体保护焊焊机中，通常都是采用输出电流波形控制金属小桥爆断时的能量，以减少飞溅。这种方法比较理想。其控制过程如图 2-63 所示。在引燃电弧的初期，输出电流较大，提高了焊丝的熔化速度，增加了熔深。当电弧在大电流下燃烧一定时间后，焊接电流迅速减小，焊丝熔化速度降低，从而避免

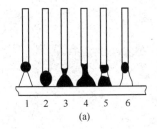
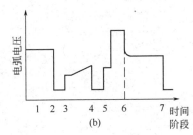
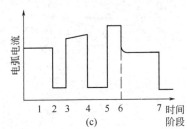

图 2-63　CO_2 气体保护焊电流波形控制
（a）熔滴过渡过程示意图；（b）电弧电压波形；（c）电弧电流波形

了因焊丝端部的熔化金属过多而引起的飞溅。随着焊丝的等速送进，当熔滴与熔池金属接触而发生短路时，焊接电流迅速降低到一个很小值，以保证熔滴能够稳定地与熔池金属短路，从而避免了大电流瞬间短路造成的飞溅。当熔滴稳定地短路后，电源再输出一个较大的电流，以提高短路前期的电磁收缩力，促使液柱尽快形成缩颈，减少短路时间。在产生缩颈并达到临界尺寸时，焊机再迅速降低输出电流，使小桥在很小的电流下拉断，避免产生飞溅。电弧重新引燃后再提高输出电流，使焊丝熔化进入下一个熔滴过渡周期。采用这种电流波形控制方法，可以大大降低 CO_2 气体保护焊的飞溅率，这是一种很有前途的控制飞溅的方法。

4. 采用低飞溅率焊丝

（1）超低碳焊丝　无论是短路过渡焊接还是细颗粒过渡焊接，采用超低碳的合金钢焊丝，都能够减少由 CO 气体引起的飞溅。

（2）活化处理焊丝　这种焊丝就是在焊丝的表面涂有极薄的活化涂料，如 K_2CO_3 与 $CaCO_3$ 的混合物。它能够提高焊丝金属发射电子的能力，从而改善 CO_2 电弧的特性，使飞溅大大减小。但这种焊丝也有缺点：储存、使用都比较困难，因此在实际使用中并没有得到广泛推广。

（3）药芯焊丝　这种焊丝是用 H08A 薄钢带经轧机纵向折叠，并加药粉后拉拔而成。焊接时，在电弧热的作用下焊丝外皮金属和芯部的焊剂同时熔化。由于焊丝熔化后形成的熔渣覆盖在熔池表面，对熔化金属形成了一层保护（图2-64）。所以，药芯焊丝 CO_2 焊类似于焊条电弧焊，是一种气-渣联合保护。由于药芯焊丝同时具有焊条电弧焊和 CO_2 气体保护焊的优点，近几年来发展很快。采用药芯焊丝后，由于熔滴及熔池表面有熔渣覆盖，并且药芯成分中有稳弧剂，因此电弧稳定，飞溅少。通常药芯焊丝 CO_2 气体保护焊的飞溅率约为实心焊丝的1/3。目前国内生产的药芯焊丝主要用于低碳钢和低合金钢的焊接以及耐磨堆焊。当然，药芯焊丝也有很多缺点，

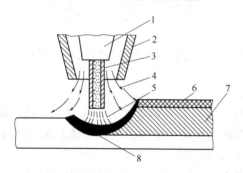

图 2-64　药芯焊丝气体保护电弧焊示意图
1—导电嘴；2—喷嘴；3—药芯焊丝；4—CO_2 气体；
5—电弧；6—熔渣；7—焊缝；8—熔池

如：①送丝比实心焊丝困难，需采用降低送丝压力的送丝机构。②焊丝制造过程复杂。③焊丝外表容易锈蚀，粉剂易吸潮，因此对焊丝的保存要求较高。④焊接烟雾大。因为单位时间的发烟量与熔化速率成正比。药芯焊丝的电流密度通常达 $100A/mm^2$ 以上，因此烟雾大。室内焊接时必须注意排烟问题。

第三章 电 阻 焊

电阻焊是工件组合后通过电极施加压力，利用电流流过接头的接触面及邻近区域产生的电阻热进行焊接的方法。

电阻焊有两大显著特点：一是焊接的热源是电阻热，故称电阻焊；二是焊接时需施加压力，故属于压力焊。

按焊件的接头形式，电阻焊可分为搭接和对接两种形式；按工艺方法可分为点焊、缝焊和对焊，其中对焊包括闪光对焊和电阻对焊。

电阻焊的优点主要体现在以下方面。

① 两金属是在压力下从内部加热完成焊接的，无论是焊点的形成过程或结合面的形成过程，其冶金问题都很简单。因此，焊接时无需焊剂或气体保护，也不需使用焊丝、焊条等填充金属，便可获得质量较好的焊接接头，其焊接成本低。

② 由于热量集中，加热时间短，故热影响区小，变形和应力也小。通常焊后不必考虑校正或热处理工序。

③ 操作简单，易于实现机械化和自动化生产，无噪声及烟尘，劳动条件好。

④ 生产率高，在大批量生产中可以与其他制造工序一起编到组装生产线。只有闪光对焊因有火花喷溅需要作适当隔离。

电阻焊的缺点有以下几点。

① 目前尚缺乏可靠的无损检测方法，焊接质量只能靠工艺试样和破坏性试验来检查，以及靠各种监控技术来保证。

② 点焊和缝焊需要搭接接头，增加了构件的重量，其接头的抗拉强度和疲劳强度均较低。

③ 设备功率大，而且机械化和自动化程度较高，故设备投资大，维修较困难。大功率焊机（可达 1000kW）电网负荷较大，若是单相交流焊机，则对电网的正常运行有不利的影响。

第一节 电阻焊的加热

电阻焊过程的物理本质是，利用焊接区本身的电阻热和大量塑性变形能量，使两个分离表面的金属原子之间接近到晶格距离形成金属键，在结合面上产生足够量的共同晶粒而得到焊点、焊缝或是对接接头。因此，电阻焊接头是在热-机械（力）联合作用下形成的。而电阻焊时的加热，是建立焊接温度场、促进焊接区塑性变形和获得优质连接的基本条件。

一、电阻焊的热源及其特点

1. 电阻焊的热源

电阻焊的热源是电阻热。由电工学可知，电流通过导体时，导体将析热，其温度会升高，这是导体电阻吸收的电能转换成热能的缘故，这种现象称为电流的热效应。同样，电阻焊时，当焊接电流通过两电极间的金属区域——焊接区时，由于焊接区具有电阻，亦会析热，并在焊件内部形成热源——内部热源。图 3-1 为焊接区示意图和等效电路图。

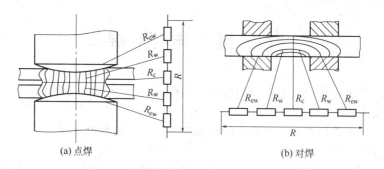

(a) 点焊　　　　　　　　　　(b) 对焊

图 3-1　焊接区示意图和等效电路图

根据焦耳定律，焊接区的总析热量

$$Q = I^2 R t \tag{3-1}$$

式中　I——焊接电流的有效值；

R——焊接区总电阻的平均值；

t——通过焊接电流的时间。

由于在电阻焊过程中，焊接电流和焊接区电阻并非保持不变，因此焊接热源总析热量 Q 的确切表达式为：

$$Q = \int_0^t I^2 R \mathrm{d}t \tag{3-2}$$

式中　R——焊接区总电阻的动态电阻值，$R = R_c + 2R_{ew} + 2R_w$ 是时间的函数；

R_c——焊件间接触电阻的动态值；

$2R_{ew}$——电极与焊件间接触电阻；

$2R_w$——焊件内部电阻的动态值。

因此，对于点焊和缝焊，焊接热源总析热量可以写成：

$$Q = \int_0^t I^2 (R_c + 2R_{ew} + 2R_w) \mathrm{d}t \tag{3-3}$$

对于对焊，由于夹钳电极对焊件的夹紧力很大，所以电极与焊件间接触电阻很小。同时，该电阻又远离接合面，其析热对加热过程所起作用甚小，可忽略不计。故

$$Q = \int_0^t I^2 (R_c + 2R_w) \mathrm{d}t \tag{3-4}$$

2. 电阻焊热源的特点

电阻焊热源产生于焊件内部，与熔化焊时的外部热源（电弧、气体火焰等）相比，对焊接区的加热更为迅速、集中。内部热源使整个焊接区发热，为获得合理的温度分布，散热作用在电阻焊的加热中具有重要意义。在点焊、对焊中，主要依靠内部水冷的铜合金电极对焊接区的急冷作用来实现散热；在缝焊时，为进一步提高散热效果、保证焊接质量，还需用冷却水直接冲刷焊接区。电阻焊的加热过程与金属材料的热物理性质（尤其是材料的导电性和导热性）关系密切。一般说，导电性、导热性良好的金属材料（铝、铜合金等），由于析热少而散热快，其焊接性较差；而导电性、导热性较差的金属材料（低碳钢等）则易于焊接。

综上所述，电阻焊的热源是电阻热。产生电阻热的内在因素是焊接区具有一定的电阻，

产生电阻热的外部条件是电阻焊时焊接区要通以强大的焊接电流。该热源产生于焊件内部，具有内部热源的特点。

二、点焊时的电阻及加热

1. 点焊时的电阻

点焊时，焊接区的总电阻 R，由焊件间接触电阻 R_c，电极与焊件间的接触电阻 $2R_{ew}$ 及焊件本身的内部电阻 $2R_w$ 共同组成。即

$$R = R_c + 2R_{ew} + R_w$$

（1）接触电阻 $R_c + 2R_{ew}$ 接触电阻是一种附加电阻，通常指的是在点焊电极压力下所测定的接触面（焊件-焊件接触面、焊件-电极接触面）处的电阻值。它形成的原因是，接触表面微观上的凹凸不平及不良导体（表面氧化膜、油、锈以及吸附气体层等）的存在。当焊接电流通过接触面时，接触点附近及不良导体膜部位的电流线发生弯曲变长，并向接触点集中而使实际导电截面减小。这种电流线的拥挤、变长即形成了附加电阻。

影响接触电阻的主要因素如下。

① 表面状态 清理方法、加工表面的粗糙度及焊前存放时间都会影响焊件的表面状态，因而获得很大差别的接触电阻值（表 3-1、图 3-2）。

表 3-1 不同清理方法时接触电阻 R_c

表面清理方法	$R_c/\mu\Omega$	表面清理方法	$R_c/\mu\Omega$
酸洗	300	带有氧化铁皮和锈的表面	500000
用金刚砂轮清除表面	100	切削加工的表面	1200
方法同上,清除后覆油	300	锉加工的表面	280
方法同上,清除后又生锈	80000	研磨的表面	110
带有氧化铁皮的表面	80000		

注：测试条件为①低碳钢，板厚 $\delta = 3mm$；②电极压力 $F_w = 2000N$；③电极材料为铜合金；④测试温度 $T = 20℃$。

应该注意，机械清理比化学清洗得到更低的接触电阻值，但化学清洗后的零件接触电阻更为均匀、稳定。清理后的金属表面经存放将被重新污染（氧化、吸附气体等），接触电阻随存放时间增长而变化，且在压力较小时变化显著。因此，批量生产中最好采用化学清洗并要规定存放时间。

② 电极压力 电极压力增大将使金属的弹性与塑性变形增加，对压平接触表面的凹凸不平和破坏不良导体膜均有利，其结果使接触电阻减小。当压力由增大变为重新减小时，由于塑性变形使接触点数目和接触面积不可能再恢复原状，此时的接触电阻将低于原压力作用下的数值而呈"滞后"现象。同时，材质软的焊件其接触电阻的减小和"滞后"更为显著。

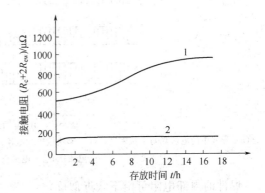

图 3-2 存放时间对接触电阻的影响
1—电极压力 $F_w = 130N$；2—电极压力 $F_w = 610N$
（测试条件：①钽箔、板厚 $\delta = 0.2mm$；
②表面经三氯乙烯去油后双氧水浸泡 15min；
③电极材料为纯钨；④空气中存放）

③ 加热温度 温度升高金属变形阻力下降，塑性变形增大，接触电阻急剧降低直至消失。钢材温度升高到 $600℃$、铝合金温度升高到 $350℃$ 时的接触电阻均接近为零。

接触电阻可用专用测量仪器——微欧计直接测出，其结果可作为零件焊前表面清理质量

的判据。

研究表明，异种金属材料相接触，其接触电阻值取决于较软的材料。同时，同一焊接区的接触电阻 R_c 与 R_{ew} 之间存在一定的关系：

$$R_{ew} \approx (1/2)R_c \qquad （钢材、表面化学清洗、铜合金极）$$

$$R_{ew} \approx (1/25)R_c \qquad （铝合金、表面化学清洗、铜合金极）$$

$$R_{ew} \approx R_c \qquad （钼材、表面化学清洗、纯钨电极）$$

（2）焊件内部电阻 $2R_w$　焊件内部电阻 $2R_w$ 是焊接区金属材料本身所具有的电阻，该区域的体积要大于以电极-焊件接触面为底的圆柱体体积。产生这一现象的根本原因，是点焊时的边缘效应。

边缘效应（fringing effect）指电流通过板件时，其电流线在板件（单块板）中间部分将向边缘扩展，使电流场呈现鼓形的现象。显然，当焊接电流通过重叠的两焊件时，由于边缘效应，电极下的电流场将呈双鼓形。

研究表明，边缘效应是一种仅与几何因素有关的物理现象（图 3-3），点焊时产生该现象的根本原因是电极与焊件接触面积远远小于焊件的横截面。同时，点焊加热是不均匀的，焊接区内各点温度不同（由于热传导，通常中心温度高而向边缘温度逐渐降低），电阻率亦不同，这就引起焊接电流绕过较热部分金属呈现绕流现象，进一步促进电流场向边缘扩展。

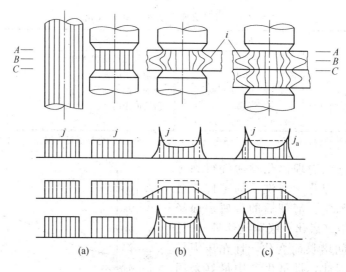

图 3-3　电流场与电流密度分布

（a）导线中的电流场与电流密度；（b）单块板中的电流场与电流密度分布；（c）点焊时的电流场与电流密度分布

i—电流线；j—电流密度；j_a—平均电流密度

焊件的内部电阻可由下式近似确定：

$$2R_w = K_1 K_2 \rho_T \frac{2\delta}{\frac{\pi d_0{}^2}{4}} \qquad (3-5)$$

式中　K_1——边缘效应引起电流场扩展的系数；

　　　K_2——绕流现象引起电流场扩展的系数；

　　　ρ_T——焊接区金属的电阻率；

　　　δ——单个焊件的厚度；

　　　d_0——电极与焊件接触面直径。

式(3-5)中，K_1 取决于几何特征系数 d_0/δ，通常 d_0/δ 值为 3～5，则 $K_1=0.82\sim0.84$（图 3-4）；K_2 与不均匀加热程度有关，可在 0.8～0.9 的范围内选取。硬规范点焊时，焊接区温度很不均匀，K_2 应选低值；软规范点焊时，K_2 则选高值。钢点焊时，$K_2=0.85$；金属材料的 ρ_T 随温度 T 的升高而增加，其关系曲线见图 3-5；板厚 δ 增加，焊件内部电阻亦增大（图 3-6）；d_0 与电极压力和金属材料抗塑性变形能力有关，可用下式确定：

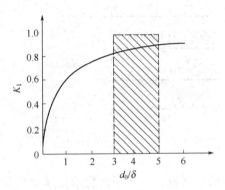

图 3-4　K_1 与 d_0/δ 的关系曲线图

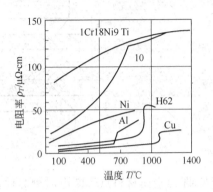

图 3-5　金属材料高温时的电阻率

$$d_0=\sqrt{\frac{4F_w}{\pi\sigma'}} \tag{3-6}$$

式中　F_w——电极压力；

　　　σ'——金属材料的压溃强度。

式(3-6)中，σ' 随温度 T 的升高而降低。例如，焊接开始时（室温），钢的 $\sigma'=900\sim1000MPa$、铝合金的 $\sigma'=250MPa$。而在焊接后期，钢的 $\sigma'=200MPa$、铝合金的 $\sigma'=100MPa$。同时，d_0、F_w 对焊件内部电阻的影响规律见图 3-7。

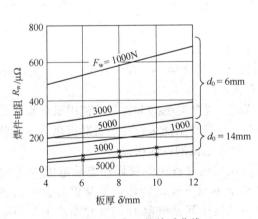

图 3-6　R_w 与 δ 的关系曲线

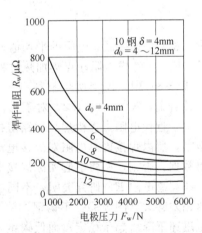

图 3-7　R_w 与 d_0、F_w 的关系曲线

综上所述，边缘效应、绕流现象均使点焊时焊件的导电范围不能只限制在以电极-焊件接触面为底的圆柱体内，而要向外有所扩展，因而使焊件的内部电阻比圆柱体所具有的电阻要小。凡是影响电流场分布的因素必然影响内部电阻 $2R_w$，这些因素可归纳为：金属材料的热物理性质（ρ）、力学性能（σ'）、点焊规范参数及特征（电极压力 F_w 及硬、软规范）和焊件厚度（δ）等。

应该指出，点焊加热过程中，焊接区这一不均匀加热的非线性空间导体，其形态和温度分布始终处于不断变化中。因而，焊件的内部电阻 $2R_w$ 也具有复杂的变化规律，只有在加热临近终了时（正常点焊时，减弱或切断焊接电流的时刻），非线性空间导体的形态和温度分布才呈现暂时稳定状态。即此时焊接电流场和温度场进入准稳态（quasi-stationary state），这时的焊件内部电阻 $2R_w$ 趋近于一个稳定的数值 $2R'_w$。

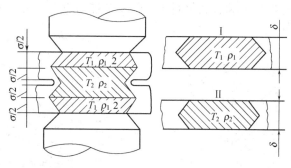

图 3-8　金属加热状态图

$2R'_w$ 即为金属材料点焊断电时刻焊件内部电阻的平均值，可采用简化的金属加热状态图（图 3-8）予以计算。图中把原有的两块厚度为 δ 的板件内部电阻化为另两块虚拟的板件 Ⅰ 及 Ⅱ 的电阻之和，板件 Ⅰ 及 Ⅱ 具有同一厚度 δ，但被分别加热到某一平均温度 T_1 和 T_2。于是在 $d=d_0$（d_0——焊接区中焊件与焊件接触面的直径）的条件下，可得

$$2R'_w = K_1 K_2 (\rho_1 + \rho_2) \frac{\delta}{\dfrac{\pi d_0^2}{4}} \tag{3-7}$$

式(3-7)中，ρ_1 和 ρ_2 分别为 T_1 和 T_2 时的电阻率。点焊钢时，$T_1 = 1200℃$、$T_2 = 1500℃$。掌握 $2R'_w$ 具有现实意义，因为

$$R = K \cdot 2R'_w \tag{3-8}$$

式中　R——焊接区总电阻的平均值；

　　　K——考虑电阻在点焊加热过程中发生变化的系数。

式(3-8)中，K 与所焊材料有关。对于低碳钢、低合金钢，$K=1.0\sim1.1$；对于不锈钢、钛合金，$K=1.1\sim1.2$；对于铝合金、镁合金，$K=1.2\sim1.4$。

由于近代电阻点焊机焊接回路阻抗已大为降低，尤其是低频和次级整流焊机焊接回路感抗很小，所以焊接区总电阻对焊接电流影响很大。这就要求能为设计焊机时提供更为精确的电阻数据，否则，必将引起实际焊接电流同设计焊接电流的巨大误差。

（3）总电阻 R　研究表明，不同的金属材料在加热过程中焊接区动态总电阻 R 的变化规律相差甚大（图 3-9）。不锈钢、钛合金等材料呈单调下降的特性；铝及铝合金在加热初期呈迅速下降后趋于稳定；而低碳钢在点焊加热过程中其总电阻 R 的变化曲线上却明显的有一峰值。

低碳钢动态电阻曲线（图 3-10）可分成以下几部分。

① 下降段（$t_0 \sim t_1$）　由于接触电阻的迅速降低及消失所造成这一阶段的主要特点是时间短，曲线呈陡降，焊接区金属未熔化但有明显加热痕迹。

② 上升段（$t_1 \sim t_2$）　随着加热进行，焊接区温度升高，金属电阻率增加很快，由于焊接区金属基本处于固态，接触面增加缓慢，因而，ρ 的增大起主要作用，曲线上升较快。经过一段时间加热后，焊接区温度已比较高，ρ 的增大速率减小（焊接区金属温度已在奥氏体

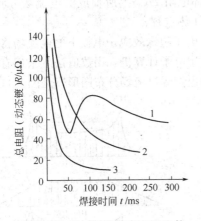

图 3-9　典型材料的动态电阻比较
1—低碳钢；2—不锈钢；3—铝

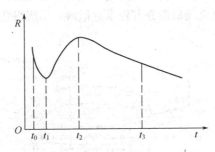

图 3-10　低碳钢典型动态电阻曲线

相变温度以上）而焊接区导电面积增加较快，结果使动态总电阻 R 增加速率减缓，最终达到最大值。一般认为，接近峰值点时焊接区金属已局部熔化，开始形成熔核，达到温度稳定点。因为继续加热，金属将不断由固态变成液态，使熔核逐渐增大，但此时输入功率作为潜热消耗，焊点温度不再升高。

③ 再次下降段（$t_2 \sim t_3$）　继续加热使熔化区及塑性环不断扩展，虽然金属由固-液相转变时电阻率有突然的增大，但由于绕流现象，使得主要通过焊接电流的金属区域电阻率并没有明显增大。绕流现象使电极下的导电通路截面增大，另一方面，由于金属的明显软化使接触面积迅速增大，电流场的边缘效应减弱。结果均使得焊接区电阻减小，曲线下降。

④ 平稳段（t_3 以后）　由于电极与焊件接触面尺寸的限制以及塑性金属被挤到两焊件之间，使焊件间间隙加大，限制了熔核和导电面积的增大。同时，由于电流场和温度场均进入准稳态，熔核和塑性环尺寸也基本保持不变。动态电阻曲线进入平稳段，此时总电阻 R（或内部电阻 $2R_w$）趋于定值 $2R_w'$。

在实际生产中可以利用低碳钢点焊加热过程中这一电阻变化规律进行质量监测或监控，称"动态电阻法"。

2. 点焊时的加热特点

(1) 电阻对点焊加热的影响　点焊时的电阻是产生内部热源——电阻热的基础，是形成焊接温度场的内在因素。研究表明，接触电阻 $R_c + 2R_{ew}$ 的析热量约占内部热源 Q 的 $5\% \sim 10\%$，软规范时可能要小于此值，硬规范及精密点焊时要大于此值。虽然接触电阻析热量占热源比例不大，并且在焊接开始后很快降低、消失，但这部分热量对建立焊接初期的温度场，扩大接触面积，促进电流场分布的均匀化有重要作用。但过大的接触电阻有可能造成通电不正常（因为点焊机的二次空载电压很低，一般在 10V 以下）或使接触面上局部区域过分强烈析热而产生喷溅、粘损等缺陷。实践证明，对焊件进行认真的表面清理是非常必要的，试图利用增大接触电阻而达到降低电功率的做法是不可取的。

内部电阻 $2R_w$ 的析热量约占内部热源 Q 的 $90\% \sim 95\%$，是形成熔核的热量基础。同时，内部电阻 $2R_w$ 与其上所形成的电流场，共同影响点焊时的加热特点及焊接温度场的形态和变化规律。

(2) 电流场及其对点焊加热的影响　焊接电流是产生内部热源——电阻热的外部条件，它通过两个途径对点焊的加热过程施加影响。其一，调节焊接电流有效值的大小会使内部热源发生变化，影响加热过程；其二，焊接电流在内部电阻 $2R_w$ 上所形成的电流场分布特征，将使焊接区各处加热强度不均匀，从而影响点焊的加热过程。

如前所述，点焊时焊接电流通过搭接的两焊件，由于边缘效应，电极下的电流场将呈双鼓形。目前，用实验方法测量该电场非常困难。但可利用电子计算机，用数值法（采用有限单元法）对电流场的微分方程求近似解，用所得数据绘制出点焊电流场分布图形，见图 3-11。

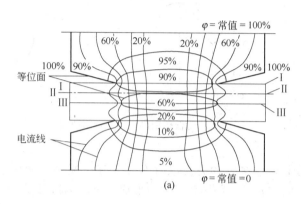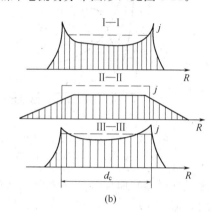

图 3-11　点焊时电场与电流密度分布

（a）电场分布；（b）各典型截面的电流密度分布

① 点焊时，电流线在两焊件的贴合面处要产生集中收缩，其结果就使贴合面处产生了集中加热效果，而该处正是点焊时所需要连接的部位。

② 贴合面的边缘电流密度 j 出现峰值，该处加热强度最大，因而将首先出现塑性连接区，此密封环对保证熔核的正常生长，防止氧化和喷溅的产生有利。贴合面处电流密度的这种分布特点，可由小电流、短通电时间（小于 0.01s）下的薄件电容储能点焊所得到环形熔化核心的事实予以证明。

③ 点焊时的电流场特征，使其加热为不均匀热过程，焊接区内各点温度不同，即产生不均匀的温度场。

电流线在贴合面处的集中收缩程度，以及在边缘电流密度峰值的大小（即电流场不均匀程度）均与几何特征系数 d_0/δ 比值有关。当比值增大时，电流场不均匀程度减小，见图 3-12。

了解电流场特征，并进而掌握其调整方法，就能较准确的分析、控制熔核的形状及位置，改善熔核周围组织的加热状态，提高接头的质量。

（3）点焊时的热平衡　点焊时，焊接区析出的热量 Q 并不能全部用来熔化母材金属，其中大部分将因向邻近物质的热传导、辐射而损失掉（图 3-13）。其热平衡方程式如下：

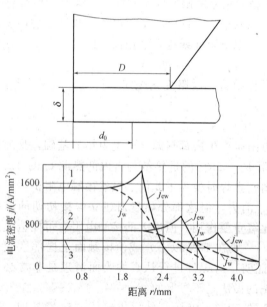

图 3-12　电流场分布与 d_0/δ 的关系

（$I=20$kA，$\delta=1.2$mm）

1—$d_0=4$mm；2—$d_0=5.6$mm；3—$d_0=7.2$mm

j_{ew}—电极与焊件接触面上的电流密度；

j_w—焊件中的电流密度

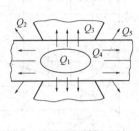
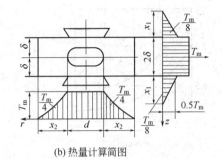

(a) 热平衡组成　　　　　　　(b) 热量计算简图

图 3-13　点焊时的热平衡

d—熔核直径；δ—单块板厚；T_m—最高加热温度；

x_1，x_2—由规范特征（t）及材料热物理性质（a）决定的系数

$$Q = Q_1 + Q_2$$
$$Q_2 = Q_3 + Q_4 + Q_5$$

即　　　　　　　　　　　　$$Q = Q_1 + Q_3 + Q_4 + Q_5$$

式中　　Q_1——熔化母材金属形成熔核的热量；

　　　　Q_2——由于散热而损失的热量；

　　　　Q_3——通过电极热传导损失的热量，$Q_3 \approx 30\% \sim 50\% \ Q$，与电极材料、形状、冷却程度有关；

　　　　Q_4——通过焊件热传导损失的热量，$Q_4 \approx 20\% \ Q$；

　　　　Q_5——通过对流、辐射散失到空气介质中的热量，$Q_5 \approx 5\% \ Q$。

一般认为，Q 的大小取决于焊接规范特征和金属的热物理性质。

三、对焊时的电阻及加热

对焊分为电阻对焊和闪光对焊两种。

1. 电阻对焊时的电阻及加热特点

电阻对焊焊接区总电阻 R 由焊件间接触电阻 R_c 及焊件本身的内部电阻 $2R_w$ 共同组成。即

$$R = R_c + 2R_w$$

这里，接触电阻 R_c 与点焊时的接触电阻具有相同的特征，随时间、压力、温度的不同而变化。

焊件内部电阻 $2R_w$ 可由下式确定：

$$2R_w = m\rho_T \frac{2l}{S} \tag{3-9}$$

式中　　m——趋表效应系数；

　　　　l——焊件的调伸长度；

　　　　S——焊件的截面积。

式（3-9）中，m 与焊件直径 D 及焊接电流密度 j 的大小有关（图 3-14）。当 $D < 20 \sim 25$mm（钢件）时，趋表效应的影响可以忽略，此外铁磁性金属加热超过居里点（768℃）后，趋表效应的影响也可忽略。

电阻对焊时的总电阻 R 变化规律见图 3-15。对焊开始时，由于接触电阻 R_c 的急剧降低而使总电阻 R 明显下降，以后随着焊接区温度的升高，电阻率 ρ_T 的增大影响显著，焊件内

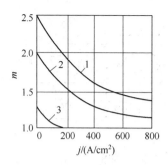

图 3-14　m 与电流密度 j、
焊件直径 D 的关系
低碳钢棒：1—$D=50$mm；
2—$D=30$mm；3—$D=10$mm

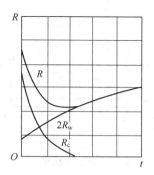

图 3-15　电阻对焊时 R 的变化

部电阻 $2R_w$ 增加，总电阻 R 增大。

一般情况下，焊件内部电阻 $2R_w$ 对加热起主要作用。接触电阻 R_c 析出的热量仅占焊接区总析热量的 $10\%\sim15\%$，但由于这部分热量集中在对口，能使对口接合面温度迅速提高，从而使变形集中，有利于焊接。

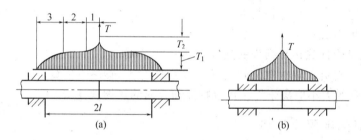

图 3-16　电阻对焊时的温度场
（a）大调伸长度时的温度分布；（b）小调伸长度时的温度分布

电阻对焊时，对口处的焊接温度 T_w 通常为焊件金属熔化温度的 $0.8\sim0.9$ 倍，即 $T_w=(0.8\sim0.9)T_m$。焊接区温度场分布的特点（图 3-16）：当调伸长度 l 较大时，可把焊接区分为三个区域。1 区温度最高而且温度梯度大、区域范围窄小；2 区温度基本是均匀分布；3

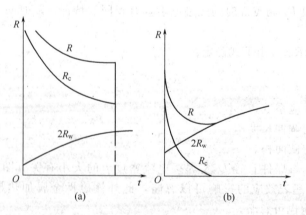

图 3-17　对焊过程中总电阻的变化规律
（a）闪光对焊时；（b）电阻对焊时
R—总电阻；R_c—两焊件间的接触电阻；$2R_w$—两焊件导电部分的电阻

区由于电极散热作用强烈，温度逐渐降低。当调伸长度 l 较小时，由于电极散热作用增大，2 区基本不存在。

应该注意，电阻对焊时焊件沿端面的加热有可能是不均匀的，在焊接大断面或展开形工件时，这种不均匀性尤为明显。

2. 闪光对焊时的电阻及加热特点

闪光对焊焊接区总电阻仍可用 $R=R_c+2R_w$ 表示。闪光对焊时的接触电阻 R_c 取决于同一时间内对口端面上存在的液体过梁数目、它们的横截面面积以及各过梁上电流线收缩所引起的电阻增加。

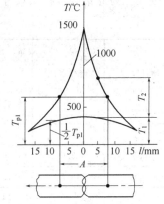

图 3-18　连续闪光对
焊时的温度场
低碳钢 T_{pl}—塑性变形的起始温度，
随顶锻压强增大而降低

闪光对焊时的总电阻 R 变化规律见图 3-17。闪光对焊时的接触电阻 R_c 较大，在焊钢时约为 $100\sim1500\mu\Omega$，并在闪光过程中始终存在。随着闪光过程的进行，零件的接近速度加大、液态过梁的数目和横截面面积增大，导致 R_c 减小。焊件内部电阻 $2R_w$ 由于闪光时的加热而增大，但始终小于 R_c。在整个闪光阶段由于 R_c 的降低超过 $2R_w$ 的增加，故总电阻 R 呈下降趋势。顶锻开始时由于两零件端面相互接触、液态过梁突然消失，因而 R 急剧下降，以后的变化规律同于 $2R_w$。

由于电阻的上述特点，闪光对焊时接触电阻 R_c 对加热起主要作用，其产生的热量占总析热量的 $85\%\sim90\%$。与电阻对焊时一样，连续闪光对焊时的温度场亦可以看作是由两个热源在加热过程中叠加的结果，即一个是 $2R_w$ 所产生的电阻热使焊接区金属加热到温度 T_1；另一个由 R_c 所产生的热把焊接区金属加热到 T_2，且 T_2 远大于 T_1（图 3-18）。并且由于热源主要集中在对口处，所以沿零件轴向温度分布的特点是温度梯度大，曲线很陡。

第二节　点　焊

点焊（spot welding）指将焊件装配成搭接接头，并压紧在两电极之间，利用电阻热熔化母材金属，形成焊点的电阻焊方法。

一、概述

1. 点焊的特点、分类和应用

（1）点焊的基本特点

① 焊件间依靠尺寸不大的熔核（nugget）进行连接，熔核应均匀、对称的分布在两焊件的贴合面上。

② 具有大电流、短时间、压力状态下进行焊接的工艺特点。

③ 是热-机械（力）联合作用的焊接过程。

（2）点焊的分类

按对焊件供电的方向可分为：单面点焊、双面点焊和间接点焊等。

按一次形成的焊点数可分为：单点焊、双点焊和多点焊。

按所用焊接电流波形可分为：工频点焊、电容储能点焊、直流冲击波点焊、三相低频点焊和次级整流点焊等。

（3）点焊的应用　点焊广泛地应用在电子、仪表、家用电器的组合件装配-连接上，同时也大量的用于建筑工程、交通运输及航空、航天工业中的冲压件、金属构件和钢筋网的焊接。

2. 对点焊接头质量的一般要求

点焊的质量要求，首先体现在点焊接头要具有一定的强度，而强度主要取决于熔核尺寸（直径和焊透率）、熔核本身及其周围热影响区的金属显微组织及缺陷情况。前者是"量"的因素，后者是"质"的因素。一般说来，由于点焊的工艺特点使其与熔焊相比，"质"的因素产生的问题较少。为保证点焊接头质量，接头的设计应能使金属在焊接时具有尽可能好的焊接性。为此推荐焊接头尺寸见表3-2、表3-3。

表 3-2 推荐点焊接头尺寸

薄件厚度 δ/mm	熔核直径 d/mm	单排焊缝最小搭边[①] b/mm		最小工艺点距[②] e/mm			备　注
		轻合金	钢、钛合金	轻合金	钢、钛合金	不锈钢、耐热钢、耐热合金	
0.3	2.5	8.0	6	8	7	5	
0.5	3.0	10	8	11	10	7	
0.8	3.5	12	10	13	11	9	
1.0	4.0	14	12	14	12	10	
1.2	5.0	16	13	15	13	11	
1.5	6.0	18	14	20	14	12	
2.0	7.0	20	16	25	18	14	
2.5	8.0	22	18	30	20	16	
3.0	9.0	26	20	35	24	18	
3.5	10	28	22	40	28	22	
4.0	11	30	26	45	32	24	
4.5	12	34	30	50	36	26	
5.0	13	36	34	55	40	30	
5.5	14	38	38	60	46	34	
6.0	15	43	44	65	52	40	

① 搭边尺寸不包括弯边圆角半径 r；点焊双排焊缝或连接三个以上零件时，搭边应增加 25%～35%。
② 若要缩小点距，则应考虑分流而调整规范；焊件厚度比大于 2 或连接三个以上零件时，点距应增加 10%～20%。

表 3-3 点焊接头尺寸的大致确定

序　号	经 验 公 式	简　图	备　注
1	$d=2\delta+3$		h——熔核高度，mm；
2	$A=30\sim70$[①]		d——熔核直径，mm；
3	$c'\leqslant0.2\delta$		A——焊透率，%；
4	$e>8\delta$		c'——压痕深度，mm；
5	$s>6\delta$		e——点距，mm；
			s——边距，mm；
			δ——薄件厚度，mm

① 焊透率 $A=h/\delta\times100\%$。

二、点焊过程分析

点焊过程，即是在热与机械（力）作用于下形成焊点的过程。热作用使焊件贴合面母材金属熔化，机械（力）作用使焊接区产生必要的塑性变形，二者适当配合和共同作用是获得优质点焊接头的基本条件。

1. 点焊焊接循环

焊接循环（welding cycle）是指电阻焊中，完成一个焊点（缝）所包括的全部程序。

图 3-19 是一个较完整的复杂点焊焊接循环，由加压……休止等十个程序段组成，I、F、t 中各参数均可独立调节，它可满足常用（含焊接性较差的）金属材料的点焊工艺要求。当将 I、F、t 中某些参数设为零时，该复杂点焊焊接循环将会被简化以适应某些特定金属材料的点焊要求。

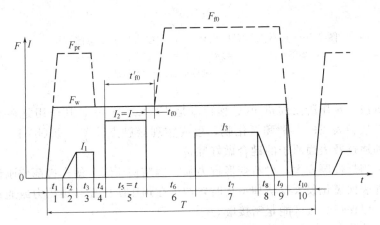

图 3-19 复杂点焊焊接循环示意图

1—加压程序；2—热量递增程序；3—加热 1 程序；4—冷却 1 程序；5—加热 2 程序；6—冷却 2 程序；
7—加热 3 程序；8—热量递减程序；9—维持程序；10—休止程序

在点焊焊接循环中使用预压压力（$F_{pr}=1.5F_w\sim2.5F_w$）能很好的克服焊件刚性，获得低而均匀的接触电阻以及充分的利用设备电功率，适合厚钢板和高强铝合金等金属材料的点焊。较大的锻压力（$F_{fo}=2F_w\sim3F_w$）对板厚 $\delta>3mm$ 的所有金属材料点焊都有积极意义，这是因为随着板厚增加，在熔核内部易形成裂纹、疏松、缩孔等缺陷；对凝固过程的熔核提高压力进行锻压可有效地消除这些凝固组织缺陷。对于特别容易产生裂纹缺陷的 LF6、LY12CZ 等铝合金，从 1mm＋1mm 厚度开始，就应该使用锻压力。同时，应严格控制施加锻压力的时刻，施加迟缓将因熔核已结晶完毕而不能消除早已产生的缺陷；在断电瞬间同时施加锻压力，虽可防止凝固缺陷但却会使压痕深度增加，接头焊接变形加大；施加过早（通电过程中便开始锻压）会引起熔核尺寸下降，甚至产生未熔合缺陷。一般认为，在用硬规范焊接薄件时（储能点焊）$t_{fo}=0.02\sim0.005s$，在工频交流、直流冲击波、三相低频及次级整流点焊时 $t_{fo}=0.02\sim0.18s$。这里应注意，在焊机的实际调整中，施加锻压力的时刻不是从断电时刻算起的 t_{fo}，而是从通电时刻算 t'_{fo}。

预热电流（$I_1=0.25I\sim0.5I$）有与提高预压压力相似作用的效果。同时，预热亦可降低焊接开始时焊接区金属中的温度梯度，避免金属的瞬间过热和产生喷溅。

热处理电流（缓冷电流或回火电流 $I_3=0.5I\sim0.7I$、$t_r=1.5t\sim3.0t$）可避免钢的淬硬和产生淬火裂纹缺陷，提高接头的综合力学性能。

2. 接头形成过程

熔核、塑性环及其周围母材金属的一部分构成了点焊接头。在良好的点焊焊接循环条件下，接头的形成过程由预压、通电加热和冷却结晶三个连续阶段所组成（图 3-20）。

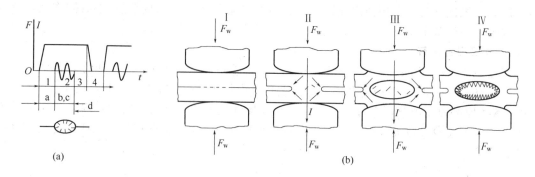

图 3-20 基本点焊焊接循环（a）和接头形成示意图（b）
1—加压程序；2—焊接程序；3—维持程序；4—休止程序
a—预压；b、c—通电加热；d—冷却结晶

（1）预压阶段 预压阶段的机-电过程特点是 $F_w > 0$、$I = 0$，其作用是在电极压力的作用下清除一部分接触表面的不平和氧化膜，形成物理接触点［图 3-20(b)Ⅰ］，这就为以后焊接电流的顺利通过及表面原子的键合做好准备。

如前所述，当焊件厚度大、材料变形抗力强、因结构所限等使焊接部位刚性过大而变形困难，或因焊件表面氧化膜太厚清理不良时，均可在预压阶段提高预压力或通过较小的脉冲电流进行预热，以保证焊接区能紧密接触。

（2）通电加热阶段 通过加热阶段的机-电特点是 $F_w > 0$、$I > 0$，其作用是在热与机械（力）作用下形成塑性环、熔核，并随着通电加热的进行而长大，直到获得需要的熔核尺寸。

通电加热阶段包括两个过程：在通电开始的一段时间内，接触点扩大，固态金属因加热而膨胀，在焊接压力作用下金属产生塑性变形并挤向板缝［图 3-20(b)Ⅱ］。这一塑性变形有助于形成密封熔核的环带，同时也导致板缝发生翘离，从而限制了导电通路的扩大，对保持足够的电流密度起到有利作用；继续加热后，开始出现液态熔核并逐渐扩大到所要求的核心尺寸［图 3-20(b)Ⅲ］，切断电流停止加热，熔核将进入冷却结晶阶段。

液态熔核形成的动态过程可用图 3-21 说明。

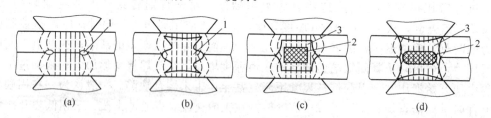

图 3-21 熔核生长过程简图
1—加热区；2—熔化区；3—塑性环

刚开始通电时，由于边缘效应强烈，使贴合面边缘温度首先升高［图 3-21(a)］。通电一段时间后将发生：①原温度升高的部位由于金属电阻增大而使温度继续上升，这里的金属在电极压力作用下挤向板缝；②焊接区各处由于加热不均匀产生绕流现象而使电流场形态发生改变；③靠近电极的焊接区金属受到电极的强烈冷却，温度升高较小。这样，在焊件内部将

形成回转双曲面形的加热区和使贴合面上的一些接触点发生熔化［图 3-21（b）］。继续通电加热，焊接区中心部位因散热困难温度继续升高，而与电极接触的区域，由于金属软化，接触面积增加而被进一步冷却。熔化区扩展，液态熔核呈回转四方形［图 3-21（c）］。延长通电加热时间，由于热传导的结果，焊接温度场进入准稳态，最终将获得纵截面为椭圆形的熔核［图 3-21（d）］。

塑性环是液态熔核周围的高温固态金属，在电极压力作用下产生塑性变形和强烈再结晶而形成的。在通电加热阶段，它始终处于产生、扩展，部分转化为液态熔核这一动态变化过程，即先于熔核形成且始终伴随着熔核一起长大（图 3-22）。它的存在可防止周围气体侵入和保证熔核液体金属不至于沿板缝被挤出（喷溅）。

（3）冷却结晶阶段　冷却结晶阶段的机-电特点是 $F_w > 0$、$I = 0$，其作用是使液态熔核在压力作用下冷却结晶［图 3-20（b）Ⅳ］。

3. 熔核的结晶过程

减弱或切断焊接电流，焊接区产生的热量不足以弥补散失的热量时，熔核便开始冷却结晶。该凝固过程时间很短，黑色金属薄件小于 2～3cyc（周波），轻合金则小于 1～2cyc（周波），熔核的结晶规律符合凝固过程理论。

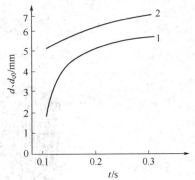

图 3-22　熔核、塑性环直径
（d、d_{c0}）测量曲线
1—熔核直径的动态曲线；
2—塑性环直径的动态曲线
［测试条件：$\delta = 1 + 1mm$（低碳钢）、
$I = 8800A$，$F_w = 2250N$］

由于材质和焊接规范特征的不同，熔核的凝固组织可有三种：柱状组织、等轴组织、"柱状＋等轴"组织。

纯金属（如镍、钼等）和结晶温度区间窄的合金（碳钢、合金钢、钛合金等），其熔核为柱状组织；铝合金等其熔核为"柱状＋等轴"组织，熔核凝固组织完全是等轴组织的情况极为罕见。"柱状＋等轴"组织形成过程模型见图 3-23。图（a）为凝固前夕的熔核，熔合线上许多晶粒处于半熔化状态，液态金属能很好的润湿取向不同的半熔化晶粒表面，为异质成核结晶提供了有利条件。图（b）中液态熔核的温度开始降低，熔合线处液态金属首先处于过冷状态，结果以半熔化晶粒作底面沿〈001〉向长出枝晶束。某些枝晶发生二次轴的熔断、游离和向熔核中心运送。图（c）中枝晶继续生长，锯齿形的连续凝固层向前推进，液体向枝晶间充填，使枝晶粗化；与热流方向倾斜的枝晶束生长受阻，枝晶间距自动调整。更多的枝晶二次轴发生熔断、游离并运送到熔核心部；枝晶前沿液体金属的温度梯度逐渐变缓和溶质浓度的不断提高，均使等轴晶核在熔核心部增殖，个别晶核以树枝晶形态生长。图（d）中液态金属成分过冷愈来愈大，大量的等轴晶核以树枝晶形态迅速长大，彼此相遇以及与柱状晶的枝晶束相遇互相阻碍。凝固即将结束，当剩余液体金属不足以完全充填枝晶间隙时，即将形成缩松缺陷。图（e）为具有缩松缺陷的熔核"柱状＋等轴"组织断口形貌示意图。图（e'）为优质接头的熔核"柱状＋等轴"组织断口形貌示意图。

三、点焊规范参数及其相互关系

合适的规范参数是实现优质焊接的重要条件。点焊规范参数的选择主要取决于金属材料的性质、板厚及所用设备的特点（能提供的焊接电流波形和压力曲线）。

1. 点焊规范参数

工频交流点焊在点焊中应用最广，其主要规范参数有：焊接电流、焊接时间、电极压力

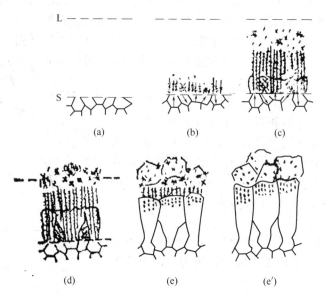

图 3-23 "柱状+等轴"组织形成过程模型

L—液态金属表面（1/2 熔核高处）；S—母材

固相表面（熔合线处）；↑—晶体生长方向〈001〉

及电极头端面尺寸。

（1）焊接电流（weld current）I　焊接时流经焊接回路的电流称焊接电流。点焊时 I 一般在数万安培以内。焊接电流是最重要的点焊参数，调节焊接电流对接头性能的影响见图 3-24。AB 段为曲线陡峭段。由于焊接电流小，使热源强度不足而不能形成熔核或熔核尺寸甚小，因此焊点拉剪载荷较低且很不稳定。BC 段时曲线平稳上升。随着焊接电流的增加，内部热源发热量急剧增大（$Q \propto I^2$），熔核尺寸稳定增大，因而焊点拉剪载荷不断提高（一般情况下，焊点拉剪载荷正比于熔核直径）。临近 C 点区域，由于板间翘离限制了熔核直径的扩大和温度场进入准稳态，因而焊点拉剪载荷变化不大。C 点以后，由于电流过大，使加

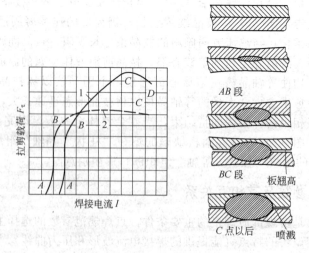

图 3-24　接头拉剪载荷与焊接电流的一般关系

1—板厚 1.6mm 以上；2—板厚 1.6mm 以下

热过于强烈，引起金属过热、喷溅、压痕过深等缺陷，接头性能反而下降。图 3-24 还表明，焊件愈厚 BC 段愈陡峭，即焊接电流 I 的变化对焊点拉剪载荷的影响愈敏感。

在实际生产中，由于电网电压的波动、多台阻焊机同时通电焊接的相互干扰，分流及磁性焊件伸入二次回路等原因，均可导致焊接电流的变化，有时变化率还相当大（图 3-25 曲线 1）。焊接电流的显著波动，必将影响点焊质量。解决这一问题的最积极措施就是采用质量监控装置。

（2）焊接时间（weld time） 电阻焊时的每一个焊接循环中，自焊接电流接通到停止的持续时间，称焊接通电时间，简称焊接时间。点焊时 t 一般在数十周波（cyc）以内。

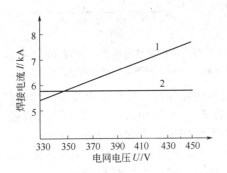

图 3-25 电网电压波动的影响
1—非恒流控制；2—恒流控制（CU-4800A）

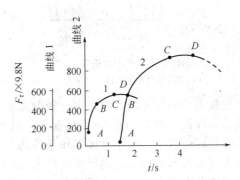

图 3-26 拉剪载荷与焊接时间的关系
1—板厚 1mm；2—板厚 5mm

焊接时间对接头性能的影响与焊接电流相类似（图 3-26）。但应注意两点：①C 点以后曲线并不立即下降，这是因为尽管熔核尺寸已达饱和，但塑性环还可有一定扩大，再加之热源加热速率较和缓，因而一般不会产生喷溅；②焊接时间对代表接头塑性指标的延性比影响较大（图 3-27），因此，对于承受动载或有脆性倾向的金属材料（可淬硬钢、钼合金等）点焊接头，还应考虑焊接时间对拉伸载荷的影响。

（3）电极压力（electrode force） F_w 电阻焊时，通过电极施加在焊件上的压力，一般要数千牛顿。

电极压力也是点焊的重要参数之一。电极压力过大或过小都会使焊点承载能力降低和分散性变大，尤其对拉伸载荷影响更甚。当电极压力过小时，由于焊接区金属的塑性变形范围及变形程度不足，造成因电流密度无穷大而引起加热速度大于塑性环扩展速度，从而产生严重喷溅。这不仅使熔核形状和尺寸发生变化，而且污染环境和造成安全隐患，这是绝对不允许的。电极压力大将使焊接区接触面积增大，总电阻和电流密度均减小，焊接区散热增加，因此熔核尺寸下降，严重时会出现未熔合缺陷。

一般认为，在增大电极压力的同时，适当加大焊接电流或焊接时间，以维持焊接区加热程度不变。同时，由于压力增大，可消除焊件装配间隙、刚性不均匀等因素引起的焊接区所受压力波动对焊点强度的不良影响。此时不仅使焊点强度维持不变，稳定性亦可大为提高。

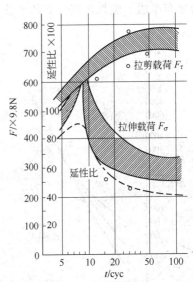

图 3-27 延性比与焊接时间的关系
（低碳钢 $\delta=1mm$，$I=8800A$，$F_w=2300N$）

（4）电极头端面尺寸（electrode tip dimensions）D 或 R　电极头是指点焊时与焊件表面相接触的电极端头部分。其中 D 为锥台形电极头端面直径，R 为球面形电极头球面半径，h 为水冷端距离（图 3-28）。

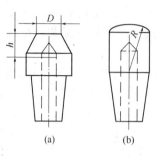

图 3-28　常用电极头结构
（a）锥台形电极头；（b）球面形电极头

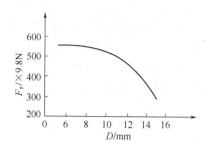

图 3-29　拉剪载荷与电极头端面直径关系
（低碳钢 $\delta=1mm$；用图 3-26 接近 B 点的规范焊接）

电极头端面尺寸增大时，由于接触面积增大、电流密度减小、散热效果增强，均使焊点承载能力降低（图 3-29）。一般情况下，电极端头直径 $D=(1.1\sim1.2)\,d$，d 为熔核直径。

在点焊过程中，由于电极工作条件恶劣，电极头产生压溃变形和粘损是不可避免的，因此要规定锥台形电极头端面尺寸的增大 $\Delta D<15\% D$，同时也要对由于不断锉修电极头而带来的水冷端距离 h 的减小给予控制。低碳钢点焊 $h\geqslant3mm$，铝合金点焊 $h\geqslant4mm$ 等。

2. 规范参数间相互关系及选择

点焊时，各规范参数的影响是相互制约的。当电极材料、端面形状和尺寸选定以后，焊接规范的选择主要考虑焊接电流、焊接时间及电极压力，这三个参数是形成点焊接头的三大要素，其相互配合可有两种方式。

（1）焊接电流和焊接时间的适当配合　这种配合以反映焊接区加热速度快慢为主要特征。当采用大焊接电流、短焊接时间参数时称硬规范；而采用小焊接电流、适当长焊接时间参数时称软规范。

软规范的特点：加热平稳，焊接质量对规范参数波动的敏感性低，焊点强度稳定；温度场分布平缓、塑性区宽，在压力作用下易变形，可减少熔核内喷溅、缩孔和裂纹倾向；对有淬硬倾向的材料，软规范可减小接头冷裂纹倾向；所用设备装机容量小、控制精度不高，因而较便宜。但是，软规范易造成焊点压痕深、接头变形大、表面质量差、电极磨损快、生产效率低、能量损耗较大。

硬规范的特点与软规范基本相反。

在一般情况下，硬规范适用于铝合金、奥氏体不锈钢、低碳钢及不等厚度板材的焊接，而软规范较适用于低合金钢、可淬硬钢、耐热合金及钛合金等。

应该注意，调节 I、t 使之配合成不同的硬、软规范时，必须相应改变电极压力 F_w，以适应不同加热速度及不同塑性变形能力的需要。硬规范时所用电极压力明显大于软规范焊接时的电极压力。

（2）焊接电流和电极压力的适当配合　这种配合是以焊接过程中不产生喷溅为主要特征，根据这一原则制定的 I-F_w 关系曲线称为喷溅临界曲线（图 3-30）。

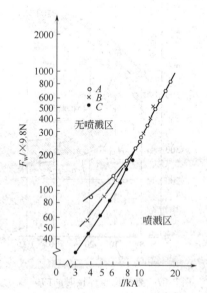

图 3-30　焊接电流与电极压力的关系

曲线左半区为无喷溅区，但焊接压力选择过大会造成固相焊接（塑性环）范围过宽，导致焊接质量不稳定。曲线右半区为喷溅区，因为电极压力不足、加热速度过快而引起喷溅，使接头质量严重下降，不能安全生产。当将规范选在喷溅临界曲线附近（无飞溅区内）时，可获得最大熔核和最高拉伸载荷。

四、点焊时的分流

分流（shunting current）是指电阻焊时从焊接区以外流过的电流（见图 3-31）。

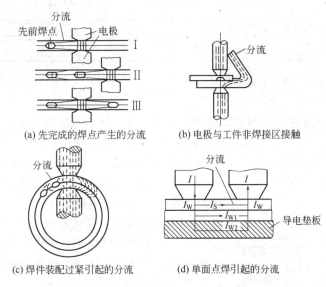

图 3-31　点焊时的几种分流现象

1. 点焊分流的影响因素

（1）焊点距离　连续点焊时，点距愈小，板材愈厚，分流愈大。如果所焊材料是导电性良好的轻合金，分流将更严重，为此必须加大点距。

（2）焊接顺序的影响　已焊点分布在两侧时，这是由于向两侧分流比仅在一侧时分流要大。

（3）焊件表面状态的影响　表面清理不良时，油污和氧化膜等使接触电阻 $R_c + 2R_{ew}$ 增大，因而导致焊接区总电阻 R 增加，分路电阻却相对减小，结果使分流增大。实践表明，表面经仔细清理的钢筋网比表面有锈皮、氧化物的钢筋网点焊时分流要小得多。

（4）电极（或二次回路）与工件的非焊接区相接触　这种相碰而引起的分流有时不仅很大，而且易烧坏工件，其后果往往很严重。

（5）焊件装配不良或过紧　由于非焊接部位的过分紧密接触或焊接区的接触不良，都将引起较大的分流。

（6）单面点焊工艺特点的影响　由于两电极在工件的同一侧（同一个工件上），当两焊件为相同板厚时，因分路阻抗小于焊接阻抗，此时分流将大于焊接处所通过的电流。

2. 分流的不良影响

（1）使焊点强度降低　由于分流使焊接区的电流密度减小，因而加热不足，熔核直径和焊透率随之降低，焊点承载能力下降（图 3-32），严重时产生未焊透。同时，由于形成分流的偶然因素很多，分流数值很不稳定，因而又造成焊点质量波动很大。

（2）单面点焊产生局部接触表面过热和喷溅　单面点焊由于分流严重会使电极与工件局

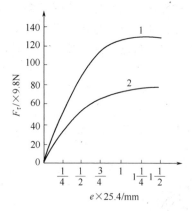

图 3-32　铝合金焊点距对拉剪载荷影响

1—板厚 $\delta=1.8mm+1.8mm$；2—板厚 $\delta=1mm+1mm$

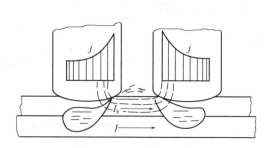

图 3-33　分流引起接触表面局部过热、喷溅

部接触表面（偏向分流方向的部位）过热，甚至熔化，严重时形成初期表面喷溅（发生在通电焊接的起始阶段）。同时，分流还会引起熔核歪斜（图 3-33）并溢出焊件表面而形成晚期喷溅（发生在焊接即将结束之时，采用软规范更为严重）。初期表面喷溅在单面多点焊时尤为严重，它不仅恶化了劳动条件，增加了电极磨损，而且为了去除喷溅遗留下的毛刺，常常不得不增加一道打磨毛刺工序。

3. 消除和减少分流的措施

① 选择合理的焊点距　在点焊接头设计时，应在保证强度的前提下尽量加大焊点间距。

② 严格清理被焊工件表面。

③ 注意结构设计的合理性　分流过大的结构必须改变设计（图 3-34）。

④ 对开敞性差的焊件，应采用专用电极和电极握杆（图 3-35）。

⑤ 连续点焊时可适当提高焊接电流　点焊不锈钢和耐热钢时，焊接电流增大 $5\%\sim10\%$；点焊铝合金焊

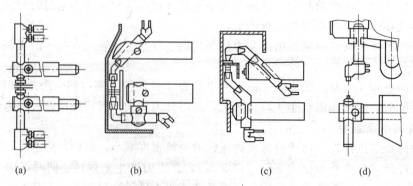

图 3-34　结构对分流影响

（a）有分流；（b）无分流

接电流增大 $10\%\sim20\%$。

⑥ 单面多点焊时采用调幅焊接电流波形　调幅电流对焊件的预热作用，使分路电阻增大，因而分流减小，改善了初期表面喷溅。

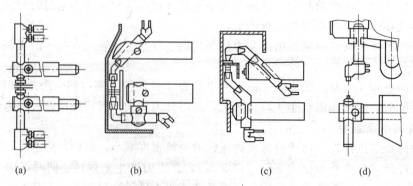

图 3-35　电极握杆和电极类型举例

（a）普通型；（b），（c），（d）专用型

五．特殊情况的点焊工艺

1. 不同厚度和不同材料的点焊

通常条件下，不同厚度和不同材料点焊时，熔核不以贴合面为对称，而向厚板或导电、导热性差的焊件中偏移，结果使其在贴合面上的尺寸小于该熔核直径。同时，也使其在薄件或导电、电热性好的焊件中焊透率小于规定数值，这均使焊点承载能力降低。

（1）偏移产生的原因　熔核偏移的根本原因是焊接区在加热过程中两焊件析热和散热均不相等。偏移方向自然向着析热多、散热缓慢的一方移动。

不同厚度点焊时，厚件电阻大析热多，而其中析热中心由于某种原因远离电极而散热缓慢。薄件情况正相反。这就造成焊接温度场如图 3-36(a) 向厚板偏移。

不同材料点焊时，导电性差的工件电阻大析热多，同时该材料导热性差散热缓慢，导电性好的材料情况正相反，这同样要造成焊接温度场如图 3-36(b) 向导电性差的工件偏移。温度场的偏移则带来熔核的相应偏移。

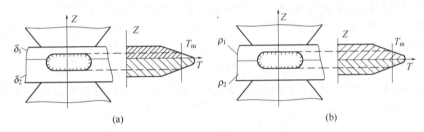

(a) (b)

图 3-36　焊接区温度分布

(a) 不同厚度（$\delta_1 < \delta_2$）；(b) 不同材料（$\rho_1 < \rho_2$）

（2）克服熔核偏移的措施

① 采用硬规范　硬规范时电流场的分布能更好的反映边缘效应对贴合面集中加热的效果，并且由于焊接时间短使热损失下降，散热的影响相对减小，均对纠正熔核偏移现象有利。例如，可用电容储能焊机点焊厚度差很大的精密零件。

② 采用不同的电极

a. 采用不同直径的电极　薄件（或导电、导热性好的焊件）那面采用小直径电极，以增大电流密度减小热损失；而厚件（或导电、导热性能差的焊件）那面则选用大直径电极。上、下电极直径的不同使温度场分布趋于合理，减小了熔核的偏移。但在厚度差比较大的不锈钢或耐热合金零件的点焊中与上述原则相反，只有小直径电极安置在厚件那面方能有效，称之为"反焊"。

b. 采用不同材料的电极　由于上、下电极材料不同，散热程度不相同。导热性好的材料放于厚件（或导电、导热性差的焊件）那面使其热损失加大，也可调节温度场分布减小熔核偏移。

c. 使用特殊电极　在电极头部加不锈钢环、黄铜套式采用尖锥状电极头均可使焊接电流向中间集中，从而使薄件（或导电、导热性好的焊件）析热强度增加，使温度场分布趋于合理。

③ 在薄件（或导电、导热性好的焊件）上附加工艺垫片（图 3-37）　工艺垫片由导热性差的材料制作，厚度为 0.2～0.3mm，

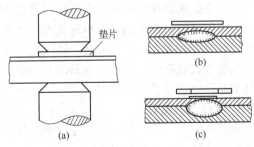

图 3-37　附加工艺垫片的点焊

(a) 点焊前；(b) 规范合适；(c) 规范过大

有降低薄件（或导电、导热性好的焊件）散热、增加电流密度的作用。例如，不锈钢箔片可作铜、铝合金的点焊工艺垫片等。在使用工艺垫片时应注意规范不要过大，以避免垫片与零件表面产生黏结，焊后应很容易将其揭掉。

④ 焊前在薄件或厚件上预先加工出凸点或凸缘，进行凸焊或环焊是克服熔核偏移现象的一条很有效的措施。

2. 单面点焊

单面点焊（indirect welding）是指在点焊中，焊接电流系从焊件的一面导入，并在同一面导向焊接变压器构成一个回路，以进行焊接。常用以下几种形式。

（1）单面单点焊　单面单点焊如图 3-38(a)，辅助极端面直径一定要显著大于焊接极，以使其流经焊件的电流密度降低到不足以形成熔核。

（2）单面双点焊

① 单面双点悬空焊　当两焊件厚度比大于 3 时，由于上板（薄件）分路阻抗大于焊接阻抗，并且厚板已具有足够刚性，这时可采用悬空焊 [图 3-38(b)]。

② 附加导电垫板的单面双点焊　当两焊件厚度比比较小时，可在厚板下附加铜合金垫板 [图 3-38(c)]，既增加下板刚性又降低了焊接阻抗（下板与铜垫板相当并联电路），不仅减小分流使焊接过程稳定，同时也提高了电极使用寿命。

③ 安装辅助电极的单面双点焊　在铜垫板上安装辅助电极 [图 3-38(d)]，有助于焊接区电流密度的集中，当薄件位于下面时尤为显著。由于使用中仅需修整、更换辅助电极，因而耗铜少、操作方便。

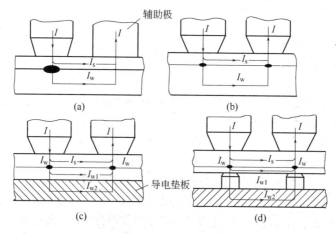

图 3-38　单面点焊

（a）单面单点焊形式之一；（b）单面双点悬空焊；（c）附加导电垫板；（d）安装辅助电极

（3）单面多点焊　用多个焊接变压器供电，一次同时点焊多点，具有效率高、节能、三相电网负载均匀及焊件变形小等优点。单面多点用于钢、镍合金、钛合金组合件上，电极这面焊件厚度一般为 $0.1 \sim 3mm$，另一面焊件厚度在 8mm 以下。由于生产效率高（大约与同时能焊点数成正比）并能焊接只能从一面接近焊接区的结构，因此在汽车、机车、飞机及微电子器件中获得了广泛应用。

3. 微型件的点焊

微型件的概念，是指几何尺寸较小的仪表零件、真空电子器件和半导体器件等制造中经常遇到的箔材、丝材或其制品。

（1）微型件点焊的温度场特征　众所周知，点焊温度场是析热和散热两过程相互作用的综合结果。由于微型件几何尺寸较小（箔厚度或丝直径一般在 $10^2 \mu m$ 数量级或更小），在加热过程中，析热少而散热强烈是其主要特点。因此，焊接区温度场分布为沿焊件厚度方向温度梯度很小，贴合面与焊件表面温度趋于接近，在贴合面上难以形成集中加热的效果，尤其是导热性好的金属材料更为严重。

（2）微型件点焊的连接形式　从形成接头时焊接区金属所处的相态，可将点焊接头分为两大类：熔化连接和固相连接。这是两种本质不同的连接形式，在通常板厚零件的点焊时，优质接头必须是熔化连接，即要形成一定尺寸的熔核。但在微型件的点焊接头中却可以有这两种连接形式，并在具体使用条件下，其中一种或两种形式的接头皆可为优质接头。

一般情况下，同种金属材料的微型件点焊接头应选择熔化连接。以下情况可考虑选择固相连接：

①易再结晶热脆的金属（钼材等）；

②固相接合温度低且导热性良好的金属（铝、银、铜等箔材）；

③熔点相差悬殊的异种金属点焊（铝-镍、钼-镍、钼-钨等）。

微型件点焊可采用三种基本形式：双面点焊、单面点焊和平行间隙焊。

平行间隙焊（图 3-39），是通过一对靠的很近的电极，让电流通过引线形成回路，使引线本身由于电阻加热达到焊接

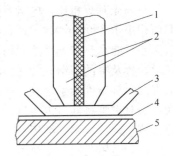

图 3-39　平行间隙焊示意图
1—绝缘板；2—两电极；3—引线；
4—电极金属化层；5—衬底

所需温度。这种方法可完成小直径（$\phi < 0.15mm$）的金、银引线与器件衬底上电极金属化层的焊接。

微型件点焊中电极头的选择至关重要，应充分利用电极头对热平衡的调节作用和尽量减轻和避免电极与焊件表面发生黏附（结）。这就要求精心设计电极头的形状、尺寸和耐心选择电极头的金属材料。

第三节　电阻对焊和闪光对焊

一、电阻对焊

电阻对焊（upset butt welding）是指将焊件装配成对接接头，使其端面紧密接触，利用电阻热加热至塑性状态，然后迅速施加顶锻压力完成焊接的方法。

1. 接头的形成与所需的基本条件

（1）接头的形成　电阻对焊属于高温塑性状态下的一种焊接方法，焊接时两工件待焊端面始终压紧，利用电阻热加热至塑性状态，然后迅速施加顶锻压力而完成焊接。从过程看，和电阻点焊一样分预压、通电加热和顶锻三个阶段。从加热程度看，与点焊有明显区别，电阻对焊在接合面处并不需要加热至熔化，而仅仅加热至塑性状态（即低于被焊金属的熔点），使其在顶锻时容易产生塑性变形即可。因为这种高温下的塑性变形能使接合面之间的原子距离接近，以致发生了相互扩散，生成共同晶粒（再结晶）而形成牢固的接头。所以电阻对焊是加热和加压综合作用的工艺过程。

（2）形成良好接头的基本条件　要获得优质的电阻焊接头，必须创造如下基本条件。
①整个焊件接合面加热要均匀，温度适当，且沿焊件轴线方向有合适的温度分布。一般最高加热温度为 $(0.8 \sim 0.9) T_t$，T_t 为被焊材料的熔点。若温度过高，则产生过热，晶粒粗大，降低接头性能；若温度过低，金属不易产生塑性变形，使焊接困难。为了保证加热均匀，接

合面应尽量做到平整对齐，否则会产生局部未焊合。②接合面上不应有阻碍金属原子间相互扩散和再结晶的氧化物或其他夹杂，这些夹杂物往往是造成接头质量不高的主要原因。因此，焊前必须彻底清理干净，并尽量减少或防止在高温时接合面受到空气侵蚀而氧化。对于重要焊件，可以采用惰性气体保护措施。③被焊两金属应具有良好的高温塑性。这样，在顶锻时，就能使焊接区产生足够的且大体一致的塑性变形。

2. 电阻对焊的特点和适用范围

（1）特点　与闪光对焊相比，电阻对焊的优点有：①设备简单，焊接参数少，便于掌握；②焊件的缩短量小，节约材料，毛刺少，有利于简化后道工序。

与闪光对焊相比，电阻对焊的缺点有：①热效率低、比功率高，目前一般仅适用于焊接截面积小于 $250mm^2$ 的零件；②焊件端面上先导电的接触点比后导电的接触点通电时间长，其温差只能靠热传导来达到均化，故端面加热不均匀性大，因此仅能焊接紧凑截面的零件，如丝、棒及窄的带钢；③热影响区较宽，晶粒长大较快，接头的冲击韧度低等；④由于电阻对焊的焊接温度低于熔点，塑性变形阻力大，对其面上氧化物的排除较困难，尤其当氧化物为固态时更难将其挤出接口，故电阻对焊的可焊品种远少于闪光对焊。目前仅适用于碳钢、纯（紫）铜、黄铜、纯铝及少数低合金钢等的焊接。

（2）适用范围　主要适用于对接直径在 20mm 以内的棒材或线材，不适于大端面对接和薄壁管子对接。大端面对接时，因端面很难做到全面接触，而未接触部分被氧化，顶锻时难以把它排挤出去，从而导致接头质量下降。薄壁管对焊的困难主要是顶锻时容易引起管壁压曲失稳。

可焊的金属材料有碳钢、不锈钢、铜合金和铝合金等。对于低碳钢焊件，其直径宜在16mm 以下，个别可达 25mm 左右。铜对焊时用电量大，一般不采用电阻对焊。有一些铝合金焊接时，需要精确的控制顶锻压力才能成功。

3. 电阻对焊的过程分析

电阻对焊过程分为预压、加热、顶锻、维持和休止等程序。其中前三个程序参与电阻对焊接头的形成，后两个则是操作中的必要辅助程序。等压式电阻对焊时，顶锻与维持合一，较难区分。

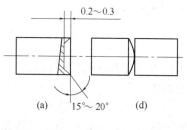

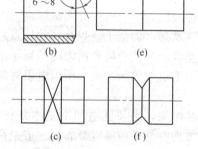

图 3-40　旋转体对称形焊件
端面的加工

（1）预压　预压的目的是建立良好且分布均匀的物理接触点。为此，焊件的连接面及其电流导入的表面应很好的清理干净，其连接面平行度的误差应尽可能小些，以保证初始接触点尽可能均布。对某些旋转体对称截面的焊件可做如图 3-40 的焊前加工，这种加工有利于造成初始对称分布温度场，有利于温度较快地达到均匀分布。

（2）加热　加热是电阻对焊的主要阶段，在机械力与电阻热的综合作用下，接触点迅速加热变形，导致接触面积增加，最后扩展到整个结合面，从而接触电阻趋向于零。焊件电阻则随温度上升而增大。在热传导作用下端面温度将趋均匀，而沿焊件端部纵深则形成一定的温度分布，同时在压力作用下焊件渐渐产生塑性变形而缩短。

在加热期间应注意下列要点。

① 两焊件结合面上的最高温度不应超过其材料的

熔点，一般为材料熔点的 $80\% \sim 90\%$ （按摄氏温度计算）。端面上各处的温度分布应借热传导而均匀化。

② 减少和防止结合面在加热过程中的氧化。必要时可导入保护气氛（如 Ar、N_2、CO 气体等单一或混合气体）；也可采用图 3-40(a) 所示的坡口，以便在加热最初期使端面与大气隔绝。

(3) 顶锻　当焊件端面温度达到均匀，且沿焊件纵深温度分布合适时，塑性变形速度会明显的加快，进入顶锻阶段，此时应切断电流。顶锻时应彻底排除端面的氧化物等杂质，使后续纯净金属在获得一定的塑性变形下导致金属界面消失，组成共同晶粒，从而形成接头。当采用等压式电阻对焊时，顶锻压力与焊接压力相同，因此两阶段的区分不清晰。当采用变压式电阻对焊时，顶锻压力大于焊接压力。顶锻除彻底排除氧化物等杂质外还应获得足够的塑性变形。

(4) 维持　维持的目的是使焊件在加压下冷却，避免收缩应力所产生的缺陷。

(5) 休止　用于设备的复位。

4. 焊接循环与工艺参数

(1) 焊接循环　电阻对焊的焊接循环有图 3-41 所示两种。用等压式焊接循环的对焊机，其加压机构简单，易于实现；变压式焊接循环是在加热后期加大顶锻压力以提高焊接质量，故焊机的加压机构变得复杂。主要用于合金钢、有色金属及其合金的焊接。

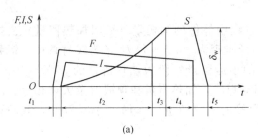
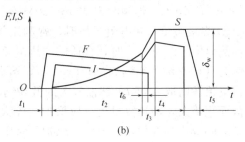

(a)　　　　　　　　　　(b)

图 3-41　电阻对焊的焊接循环

(a) 等压式；(b) 加大锻压力式

t_1—预压时间；t_2—加热时间；t_3—顶锻时间；t_4—维持时间；t_5—夹钳复位时间；t_6—有电顶锻时间；F—压力；I—电流；S—动夹钳位移；δ_w—焊接留量；t—时间

(2) 焊接工艺参数　电阻对焊主要的工艺参数有：焊件调伸长度、焊接电流（或焊接电流密度）、焊接通电时间、焊接压力、顶锻压力和顶锻留量等，这些参数对焊件的加热和形变均有重大影响。

① 调伸长度　是指焊件伸出夹钳电极端面的长度。它对焊件轴线上温度分布有较大影响。选择调伸长度时，须考虑两个因素：两焊件的热平衡和顶锻时稳定性。随着调伸长度加大、温度场变得缓降，塑性温度区变宽。若调伸长度过大，则接头金属在高温区停留时间较长，接头易过热，顶锻时易失稳而旁弯；若调伸长度过短，则由于钳口的散热增强，使工件冷却过于强烈，温度场陡降，塑性温度区窄，增加了塑性变形的困难。

一般碳素钢电阻对焊的调伸长度取 $l_0 = (0.5 \sim 1)d$，d 为圆料的直径或方料的边长，铝和黄铜 $l_0 = (1 \sim 2)d$。相同材料和相同截面形状与尺寸的两焊件，其调伸长度应相等，若截面大小不同，则截面大的焊件调伸长度应适当加长。如果焊接异种金属，则采用不等量的调伸长度，即导电性、导热性、熔点较高的金属，其伸出的长度相对要长些，以调节接合面两侧的温度分布。

② 焊接电流和通电时间　在电阻对焊中，焊接电流常以电流密度来表示。焊接电流和

通电时间是决定工件析热的两个主要参数，二者在一定范围内可以互相匹配。即可以用大电流密度、短时间（即强焊接条件），也可用小电流密度、长时间（弱焊接条件）进行焊接。但焊接条件过强，加热不易均匀或加热区窄、塑性变形困难，容易产生未焊透缺陷；过弱的条件，则会使接合面严重氧化，接头区晶粒粗大，影响接头的力学性能。焊接钢材时焊接电流密度随着截面增大而减小，通电时间则随截面增大而加长。碳钢电阻对焊时，一般取电流密度 j 为 $9000\sim70000A/cm^2$（或比功率为 $10\sim50kV\cdot A/cm^2$），当焊件截面较小时取上限值。碳钢的电阻对焊时间 t_w 为 $0.02\sim0.3s$。j 与 t_w 可按经验公式 $j(t_w)1/2=k\times10^3$ 选用。其中 k 为常数，碳钢取 $k=8\sim10$，纯铝取 $k\approx20$，j 与 t_w 的单位分别为 A/cm^2 及 s。

③ 焊接压力和顶锻压力　电阻对焊时，在加热阶段的压力称焊接压力，在顶锻阶段的压力称顶锻压力。前者影响接触面的析热强度，后者影响塑性变形。从焊接循环（图 3-41）看，等压式的顶锻压力等于焊接压力，一般多用于低碳钢的焊接；变压式的焊接压力一般较小，以充分利用焊件间接触电阻集中析热。顶锻时用较大的压力，使接头产生较大的塑性变形，故多用于焊接合金钢、有色金属及其合金等。焊接压力不能取的过低，否则会引起飞溅，增加接合面氧化，并在接口附近造成疏松。

采用等压式的焊接循环时，对钢材焊接压力可取压强为 $20\sim40MPa$，对有色金属取 $10\sim20MPa$；采用变压式焊接循环时，对钢材焊接压力可取 $10\sim15MPa$，有色金属取 $1\sim8MPa$，顶锻压力一般都超过焊接压力的十几倍至几十倍。例如，焊接合金钢时，顶锻压力约 $100\sim500MPa$，焊铜时为 $300\sim500MPa$。

④ 焊接留量　在电阻对焊时，常利用加热过程中焊件的缩短量（又叫加热留量）去控制加热温度。线材对焊时，合适的加热留量是：低碳钢为 $(0.5\sim1)d$，d 为线材直径；铝和黄铜为 $(1\sim2)d$；纯铜为 $(1.5\sim2)d$。顶锻时的顶锻留量一般为加热留量的 $30\%\sim40\%$。若带电顶锻则取 $0.05d$。截面较大的低碳钢电阻对焊时，加热留量和顶锻留量大体相等。随着截面积增大，加热留量也相应增加。淬火钢焊接的加热留量应增加 $15\%\sim20\%$。截面积大于 $300mm^2$ 的焊件，一般应在保护气氛中焊接。

二、闪光对焊

1. 闪光对焊的特点及其适用范围

闪光对焊接头形成的实质是金属在高温塑性变形状态下，在接合面上进行再结晶，产生共同晶粒而形成接头。电阻对焊和闪光对焊极为相似，两者的焊接热都由接头电阻通电后产生。但是，前者主要由焊件自身的电阻产生电阻热，而后者必须通过闪光过程，靠闪光时产生的接触电阻热实现加热。正因为有这些差别，在加热结束时，电阻对焊和闪光对焊沿焊件轴线上的温度分布各不相同，电阻对焊的温度分布较为均匀，而连续闪光对焊的温度分布最陡，预热闪光对焊则介于两者之间。

与电阻对焊相比，闪光对焊有下列优缺点。

（1）优点

① 适用范围比电阻对焊广，同种或异种金属可焊，展开截面或紧凑截面的零件也可焊，可焊的截面积也比电阻对焊大得多。

② 接合面上的熔化金属层或氧化物在顶锻时被挤出，起到清除接合面杂质的作用。因此，接头可靠性高，强度比电阻对焊大。

③ 闪光对焊对工件待焊面的准备和清理要求不严格。

④ 接头热影响区比电阻对焊窄很多。

（2）缺点

① 焊接时喷射出的熔融金属颗粒有造成火灾的危险，还可能使操作人员受飞溅烧伤，并损坏机器的滑轨、轴和轴承等。

② 焊后在接头处形成毛刺（飞边），需去除。为此，可能需用专门设备因而增加制造成本。特别是管子闪光对焊后内壁上的毛刺，妨碍了流体流动，降低了接头疲劳强度，而且是产生腐蚀或污损集中的部位。去除小直径内壁上的焊接毛刺相当困难，甚至不可能。

和电阻对焊一样，当采用单相大功率电源时，会在三相电网上造成负荷不平衡；被焊工件应有相同或相近的截面；被焊工件截面越小，对中就越困难等。

（3）闪光对焊的适用范围　凡是可以锻造的金属，原则上都可以进行闪光对焊，所以许多钢铁材料及有色金属都能焊接。

同种金属，如碳素钢、低合金钢、不锈钢、铝合金、镍合金、铜合金和钛合金等均可进行闪光焊。但是，焊接钛合金时最好处在惰性气体保护下进行，以免接头塑性下降；焊接高淬硬性的碳钢和合金钢时，焊后热影响区性能与母材差别较大，通常焊后须进行热处理；铅、锌、锡、铋和锑及其合金不能用闪光焊，一些有毒金属，如铍及铍合金，没有严格预防措施，也不能用闪光对焊。

异种金属只要它们之间的闪光和顶锻相近似，也可采用闪光对焊。焊接时可以通过合理的工件设计、调整工件调伸长度、闪光量和其他工艺参数等措施来克服它们之间的差别。

2. 闪光对焊的焊接循环

连续闪光对焊焊接循环由闪光、顶锻、保持、休止等程序组成，其中闪光、顶锻两个连续阶段组成连续闪光对焊接头形成过程，而保持、休止等程序则是对焊操作中所必需的。预热闪光对焊是指在上述焊接循环中增设有预热程序（或预热阶段）。预热方法有两种：电阻预热和闪光预热。

（1）预热阶段　预热是在焊机上，通过预热而将焊件端面温度提高到一合适值后，再进行闪光和顶锻过程。这是预热闪光对焊所特有的。预热的目的：提高焊件的端面温度，以便在较高的起始速度或较低的设备功率下顺利地开始闪光，并减少闪光留量，节约材料；使纵深温度分布较缓慢，加热区增宽，焊件冷却速度减慢，以使顶锻时产生足够的塑性变形并使液态金属及其面上的氧化物轻易排除，同时亦可减弱焊件的淬硬倾向。

预热的实质：预热闪光对焊是在闪光阶段之前先以断续的电流脉冲加热焊件，利用短接时的快速加热和间隙时的匀热过程使焊件端面较均匀地加热到预定温度，然后进入闪光和顶锻阶段。一般预热时焊件的接近速度大于连续闪光初期速度，焊件短接后稍延时即快速分开呈开路，即进入匀热期，匀热延时后再原速接近，如此反复直至加热到预定温度。

（2）闪光阶段　闪光是闪光对焊时从焊件对口间飞散出闪光的金属微滴现象。闪光阶段是闪光对焊加热过程的核心。通过闪光阶段的发热和传热，不但使端面温度均匀上升，并使焊件沿长度方向加热到合适且稳定的温度分布状态。

闪光的形成实质：闪光的实质是称作过梁的液态金属在焊件的间隙中形成和快速爆破的交替过程。在任何时刻过梁的总截面仅占焊件截面的极小部分，因此过梁上通过的电流密度极高，很快就达到爆破阶段。图 3-42 为一过梁的示意图。过梁上受到电磁收缩力 F_{em} 和表面张力 σ 的交互作用，前者趋向于使过梁收缩，后者则相反。当前者作用超过后者时，过梁收缩，其截面减小，电流密度升高，加速发热而爆破。部分热量导入焊件纵深而加热焊件。爆破时部分液态金属连同其表面的氧化物一起呈飞溅物抛出接口。爆破后转入短暂的电弧过程，电弧熄灭后留下凹坑。因此，新的过梁必在另一隆起处形成。闪光过程中各处形成过梁的机会基本相同，即使是展开截面的焊件亦能较均匀的加热。过梁存在的时间越长，则向焊件纵深加热的时间越长，热效率越高；故过梁上施加电压一般不宜太高，以免过早发生爆

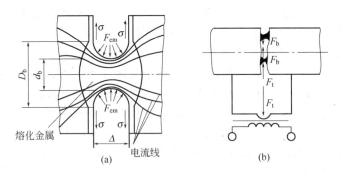

图 3-42　过梁示意图

(a) 过梁的内力；(b) 过梁间的力及其与变压器间的力

破。但电压也不宜过低，过低将会导致电磁收缩。过梁间的力 F_b 及其与变压器的力 F_t［图 3-42(b)］驱使过梁在焊件端面的间隙中作横向运动，一般可延缓爆破时间，但处于焊件边缘的过梁在它与变压器作用下，可能将过梁推出间隙，会加速过梁的爆破。

闪光的作用：

① 加热焊件，热源主要来源于液体过梁的电阻热以及过梁爆破时部分金属液滴喷射在对口端面上所带来的热量；

② 烧掉焊件端面上的脏物和不平，因此降低了对焊件端面的准备要求；

③ 液体过梁爆破时产生的金属蒸气及气体（CO、CO_2 等）减少了空气对对口间隙的侵入，形成自保护，同时，金属蒸气及抛射的金属液滴被强烈氧化而减小了气体介质中氧的分压，从而降低了对口间隙中气体介质的氧化能力；

④ 闪光后期在端面上所形成的液体金属层，为顶锻时排除氧化物和过热金属提供了有利条件。

（3）顶锻阶段　顶锻是闪光对焊后期，对焊件施加顶锻压力，使烧化端面紧密接触，并使其实现优质结合所必需的操作。它是实现焊接的最后阶段。

顶锻开始时，动夹具突然加速使对口间隙迅速缩小，过梁端面增大而不再爆破，闪光骤然停止。对口及邻近区域开始承受愈来愈大的挤压力。

顶锻是一个快速的锻击过程。它的前期是封闭焊件端面的间隙，防止再氧化。这段时间愈快愈好，一般受焊机机械部分运动加速度的限制。然后是把液态金属挤出，对后续的高温金属进行锻压，以便形成共同晶粒。为了补充热量，常在顶锻的初期继续进行通电，称为有电顶锻。

顶锻的作用：

① 封闭对口间隙，挤平因过梁爆破而留下的火口；

② 彻底排除端面上的液体金属层，使焊缝中不残留铸造组织；

③ 排除过热金属及氧化夹杂，造成洁净金属的紧密贴合；

④ 使对口和邻近区域获得适当的塑性变形，促进焊缝再结晶过程。

3. 闪光对焊的焊接参数及选择

闪光对焊焊接参数选择适当时，可以获得几乎与母材等性能的优质接头。主要焊接参数有：闪光阶段的调伸长度、闪光留量、闪光速度、闪光电流密度；顶锻阶段的顶锻留量、顶锻速度、顶锻压力、夹紧力；预热阶段的预热温度、预热时间等。

（1）调伸长度 l　焊件从静夹具或活动夹具中伸出的长度，又称调置长度。它的作用是保证必要的留量（焊件缩短量）和调节加热时的温度场，可根据焊件端面和材料性质选择。

（2）闪光留量 Δf　闪光对焊时，考虑焊件因闪光而减短的预留长度，又称烧化留量。它是一重要加热参数，可使沿焊件长度获得合适的温度分布，应根据材料性质、焊件截面尺寸和是否采取预热等因素来选择。

（3）闪光速度 v_f　在稳定闪光条件下，零件的瞬时接近速度，亦即动夹具的瞬时进给速度，又称烧化速度。它是一加热参数，只要按事先给定的动夹具位移曲线 S 变化，即可获得最佳的加热效果。

（4）闪光电流密度 j_f（或次级空载电压 U_{20}），j_f 或 U_{20} 对加热有重大影响，在实际生产中是通过调节 U_{20} 来实现的，U_{20} 一般在 1.5～14V 之间。其选择原则，应是在保证稳定闪光条件下尽量选用较低的 U_{20}。同时，也应考虑 j_f 的选择又与焊接方法、材料性质和焊件截面尺寸等有关。

（5）顶锻留量 Δu　闪光对焊时，考虑两焊件因顶锻缩短而预留的长度称顶锻留量。它影响液态金属、氧化物的排出及塑性变形程度，通常 Δu 略大些有利，可根据材料性质、焊件截面尺寸等因素来选择。

（6）顶锻速度 v_u　闪光对焊时，顶锻阶段动夹具的移动速度称顶锻速度，它是获得优质接头的重要参数。通常 v_u 略大些有利，因为足够高的 v_u 能迅速封闭对口端面间隙、减少金属氧化，在高速状态下可较容易地排除液态金属和氧化夹杂，使纯净的端面金属紧密贴合，促进交互结晶。如果 v_u 较小，不仅使闭合间隙和塑性变形所需时间增长，而且由于对口金属温度早已降低，导致去除和破坏氧化膜变得困难。

（7）顶锻压力 F_u　闪光对焊时，顶锻阶段施加给焊件端面上的力，常用单位面积上压力 P_u 来表示。它主要影响对口塑性变形程度，且为一从属参数，但其过大或过小均会使接头冲击韧性明显降低。

（8）夹紧力 F_c　F_c 是为防止焊件在夹钳电极中打滑而施加的力。它与顶段力及焊机结构有关。

（9）预热温度 T_{pr}　T_{pr} 与材料性质、焊件端面尺寸等因素有关。T_{pr} 过高，会使接头韧性、塑性降低；太低，会使闪光困难、加热区变窄而不利于顶锻塑性变形。

（10）预热时间 t_{pr}　t_{pr} 与材料性质、焊件截面尺寸、焊机功率等因素有关，其取值大小所带来的影响与预热温度 T_{pr} 相似。

综上所述，闪光对焊焊接参数的选择应从技术条件出发，结合焊件材料性质、截面形状及尺寸、设备条件和生产规模等因素综合考虑。一般可先确定工艺方法，然后参照推荐的有关数据及试验资料初步选定焊接参数，最后由工艺试验并结合接头性能分析予以确定。

4. 常用金属材料的闪光对焊

（1）金属材料的性能对闪光对焊工艺的影响

① 材料的导电和导热性　导电、导热性越好的金属，其焊接时焊接区析热越小、散热越快，焊接性能越不好。

② 材料的高温强度　高温强度越高的材料，其塑性变形阻力越大，顶锻时必须用较大的压强，焊接性不好。

③ 材料的结晶温度区间的宽窄　结晶区间越宽的金属，顶锻时应采用较大的顶锻留量和顶锻压力才能把这半熔化状态的金属完全挤出。否则容易产生缩孔、疏松等缺陷。

④ 材料对热的敏感性　材料对热越敏感，越易生成与热循环有关的缺陷，焊接性能较差。

⑤ 材料的氧化性　金属在没有保护情况下闪光，被氧化难以避免。如果生成的氧化物熔点低于被焊金属并且其流动性较好，则顶锻时，易排挤出去。如果生成氧化物熔点高于被

焊金属，则将残留在结合面中，接头质量将降低。

（2）常用金属闪光对焊的特点

① 低碳钢的闪光对焊　低碳钢闪光对焊焊接性良好。对焊接头中存在不同程度的过热，产生的过热组织将使接头塑性有所降低，但在一般使用条件下是允许的；严重过热时，可通过退火处理消除。焊接参数不当会在接头中产生过烧，这是低碳钢对焊时应予避免的缺陷，因为它使接头塑性急剧降低，而且又无法通过焊后热处理来改善。

② 易淬硬钢的闪光对焊

a. 中碳钢和高碳钢　这类可淬硬钢闪光对焊焊接性稍好，因为氧化物 FeO 熔点低于母材，顶锻时易被排出等。但在对焊接头中会出现白带（贫碳层）而使对口软化，在采用长时间热处理后可改善或消除脱碳区。

b. 合金钢　这类易淬硬钢闪光对焊焊接性较差，随着合金元素含量的增加使淬硬倾向增大，难熔氧化夹杂增加；另外，高温强度大，结晶温度区间宽，将使塑性变形困难和易于生成疏松等。

可淬硬钢常采用预热闪光对焊，并应提高闪光速度和顶锻速度，焊后进行局部或整体热处理。

③ 铝合金的闪光对焊　铝及其合金由于具有导电导热性好、易氧化和氧化物三氧化二铝（Al_2O_3）熔点高等特点，闪光对焊焊接性较差。在焊接参数不当时，接头中易形成氧化夹杂、残留铸态组织、疏松和层状撕裂等缺陷，将使接头塑性急剧降低。一般说来，冷作强化型铝合金焊接性较差，必须采用较高的闪光速度和强制成形的顶锻模式，并且焊后要进行固溶时效处理。铝合金推荐选用矩形波电源闪光对焊。

三、典型零件的对焊

1. 线材的对焊

直径小于 5mm 的线材通常采用电阻对焊。为了保证加热均匀和挤出氧化物，应根据焊件材料和线径大小对待焊端面加工成图 3-43 和图 3-44 所示的形状。对焊热强钢线材时，端面加工成 $10°\sim30°$ 斜面。开始用 $10\sim30$MPa 压强加压，当通电加热后，焊件缩短量达到总缩短量的 $20\%\sim25\%$，再以 $300\sim400$MPa 压强顶锻，即可获得优良接头。

焊接平端面的线材时，应采用较大的电流密度，以保证端面加热集中。先用较大压力预压端面，再接通电流，然后降低压力，待加热温度达到 $(0.5\sim0.8)T_f$ 时，再以较高压力进行顶锻，T_f 为焊件金属的熔点。

有色金属线材对焊时，调伸长度应加大，并注意保证两焊件的同心度。

2. 型材的对焊

碳素钢的棒材和钢筋对焊比较容易。直径小于 10mm 的可用电阻对焊，大于 10mm 的宜用连续闪光对焊，大于 30mm 的用预热闪光对焊。直径大于 80～100mm 的棒材可采用程控降低电压闪光对焊或脉冲闪光对焊，夹钳电极双面导电。当方钢或长方形钢闪光对焊时，因

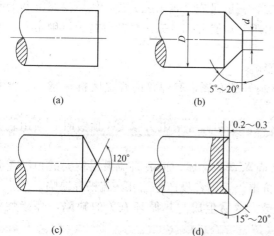

图 3-43　电阻对焊可用的接头端面形式

（a）平端面；（b）平锥面；（c）尖锥面；（d）带凸缘端面

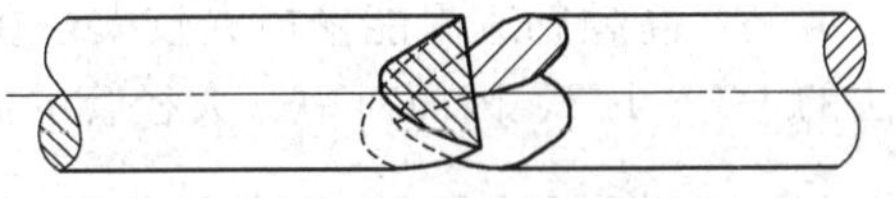

四角的散热条件好，对加热不利，易形成夹杂物。为改善加热，多采用预热闪光对焊。

图 3-44　金属丝电阻对焊接头的端部

3. 管材的对焊

管材对焊在锅炉制造、石油化工、设备制造和管道工程中广泛应用。由于管材多用在高温、高压及腐蚀性介质中工作，对焊接质量要求严格。通常根据管子截面和材料选择连续或预热闪光对焊，如大直径厚壁钢管一般用预热闪光对焊。

4. 板材的对焊

在冶金工业薄板连续轧制生产线上或各种拼板生产中广泛使用平板对接焊工艺。在轧制生产中，所焊的接头要承受很大塑性变形，因此接头不仅要具有足够的强度，而且还要有良好的塑性。厚度小于 5mm 的钢板，一般采用连续闪光对焊，板材较厚时，采用预热闪光对焊。

5. 环形零件对焊

汽车轮辋、自行车车圈、链环、轴承环、齿轮的轮缘等环形零件常用对焊来制造。环形零件对焊的主要问题是焊接电流有分流和焊件有变形反弹力。

汽车轮辋和自行车车圈多用连续闪光对焊。锚链、传动链等连环多用低碳钢和低合金钢制造，直径小于 20mm 时，可用电阻对焊；大于 20mm 时，可用预热闪光对焊。

第四节　高频对接缝焊

一、概述

高频对接缝焊是属于高频焊的一种焊接方法。所谓高频焊是在 20 世纪 50 年代初发明并应用于生产的。它是用流经工件连接面的高频电流所产生的电阻热加热，并在施加（或不施加）顶锻压力的情况下，使工件金属间实现相互连接的一种焊接方法。高频对接缝焊主要应用在机械化或自动化程度较高的管材、型材生产线中。焊件材质可为钢、有色金属，管径 6～1420mm、壁厚 0.15～20mm。小径管多为直焊缝，大径管多为螺旋焊缝。

（1）高频对接缝焊的主要特点

① 焊速高，这是由于电能高度集中，焊接区加热速度极快，焊速高达 150m/min 甚至 200m/min，而且在焊速高时也不产生"跳焊"现象。

② 热影响区小。因焊速高，工件自冷作用强，故不仅热影响区小，而且还不易发生氧化，从而可获得具有良好组织与性能的焊缝。

③ 焊前可不清理。

④ 能焊的金属种类广。

（2）分类　高频对接缝焊根据高频电能导入方式可分为接触高频缝焊和感应高频缝焊。

（3）高频感应焊管的特点

① 焊管表面光滑，特别是焊道内表面较平整。

② 感应圈不与管壁接触，故对管坯接头及表面质量要求比较低，亦不会像高频接触焊时那样可能引起管子表面烧伤。

③ 因不存在电极（滑动触头）压力，故不会引起管坯局部失稳变形，也不会引起管坯表面镀层擦伤，因此能适宜于制造薄壁管和涂层管。

④ 不用电极，因而省料省时，亦不存在电极脱离工件造成功率传输不稳而影响焊接质量等问题。

但是，高频感应焊能量损失较大，在使用相同功率焊制同种规格管子时，其焊速仅为接触法的 1/3～1/2，因而对中、大径管的制造则以选用接触法为宜。

二、高频对接缝焊焊接参数及选择

高频对接缝焊优质接头的获得主要取决于能否建立理想焊接状态以及是否能将氧化物及其他杂质挤出对口焊缝区。其关键是在焊接区的板内、外边缘获得一致的温度，并使挤压量与加热温度有适当的匹配。除材质因素外，主要影响因素有：电源频率、会合角、管坯坡口形状、电极和感应圈及阻抗器的安放位置、输入功率、焊接速度、焊接压力等。

1. 电源频率的选择

高频焊接可在很广的频率范围内实现。频率的提高有利于肌肤效应和邻近效应的发挥，提高焊接效率，但为了获得优质焊缝，频率的选择还要取决于管坯材质及其壁厚。一般焊有色管的频率要比焊碳钢管时高，这主要是有色管的热导率高所致。同时，为能保证对口两边加热宽度适中，又能保证厚度方向加热均匀，通常焊薄壁管时，选用高一些的频率；焊厚壁管时，则取低些。例如，焊制碳钢管多采用 350～450kHz 的频率，而在制造特别厚壁管时，采用 50kHz 频率。

2. 会合角的选择

会合角 α 的大小对高频闪光过程的稳定性、焊缝质量和焊接效率都有很大影响，通常取 2°～6°比较适宜（图 3-45）。会合角过小将使闪光过程不稳定，焊缝中易产生火口、针孔等缺陷；会合角过大，将使邻近效应减弱，功耗增加。同时，形成过大 α 角度也较困难和易引起管坯边缘产生折皱。

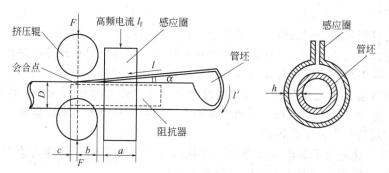

图 3-45　直缝钢管的焊接示意图

a—感应圈宽度；b—挤压辊轮半径；c—阻抗器前端超出两挤压辊轮中心线的距离；D—管坯直径

3. 管坯坡口形状的选择

管坯坡口形状对坡口面加热的均匀程度及焊接质量影响很大。通常采用 I 形坡口，可使沿厚度方向加热均匀，而且坡口准备容易。但当管坯的厚度很大时，I 形坡口将使横断面的中心部分加热不足，而其上、下边缘加热过度，这时可选用 X 形坡口以使横断面加热均匀，焊后接头硬度亦趋向一致。

4. 电极、感应圈及阻抗器安放位置的选择

（1）电极位置　在高频接触焊中，电极安放位置应尽可能靠近挤压辊轮，与其中心线距离取 20～150mm，焊铝管时取下限，焊壁厚 10mm 以上低碳钢管时取上限。

（2）感应圈位置　在高频感应焊中，感应圈应与管子同心放置，其前端距离两挤压辊轮中心连线亦应尽可能靠近。同时，应注意感应圈宽度 a 与管坯直径 D 关系为 $a=(1.0～1.2)$

D；感应圈内径与管壁表面间隙 $h\approx3\sim5mm$。

（3）阻抗器位置　阻抗器应与管坯同轴安放，移动阻抗器、感应圈的前后位置，均可加强或减弱对口边缘加热，调节板厚方向内外温度至接近一致。通常阻抗器前端可超出两挤压辊轮中心连线 $c=3\sim4mm$，但可能使拖走阻抗器的次数增加，影响焊接生产正常进行，所以在保证质量条件下，c 也可以选为零值或不到该中心连线 $10\sim20mm$。同时，阻抗器的截面积应约为管坯内圈截面积的 75%，且与管坯内壁之间间隙为 $6\sim15mm$。

5. 输入功率的选择

生产上一般都用振荡器的输入功率来度量输出给焊缝的加热功率，输入功率小时，因管坯坡口面加热不足，达不到焊接温度，就会产生未焊合缺陷。输入功率过大时，管坯坡口面加热温度就会高于焊接温度过多，引起过热或过烧，甚至使焊缝击穿，造成熔化金属严重喷溅而形成针孔或夹渣缺陷。

6. 焊接速度的选择

焊接速度也是焊接的主要工艺参数。焊接速度提高，管坯坡口面挤压速度会提高。这有利于将已被加热到熔化的两边液态金属和氧化物挤出去，从而易于得到优质焊缝。

然而，在输入功率一定的情况下，焊接速度不可能无限制的提高，否则，管坯坡口两边的加热将达不到焊接温度，从而易于产生焊接缺陷或根本不能焊合。

7. 焊接压力的选择

焊接压力也是高频焊的主要参数之一，对焊缝质量有重要影响。焊接压力一般以 $100\sim300MPa$ 为宜。

三、常用金属的高频纵缝焊接

1. 碳钢和低合金高强度钢的焊接

通常用碳当量评估其焊接性。当材料的碳当量小于 0.2% 时，其焊接性好，焊后不需进行热处理；碳当量大于 0.65% 时，焊接性差，焊缝硬脆易裂，禁止焊接；碳当量在 $0.2\%\sim0.65\%$ 之间的材料，焊接性尚可，但焊后需立即进行正火处理，即在焊接和切去钢管外毛刺之后，在通水冷却和定径之前，用中频感应对焊接区进行连续加热。低合金高强度钢管焊接多需要做焊后正火处理。

2. 不锈钢的焊接

由于不锈钢导热性差、电阻率高、焊接同样直径和壁厚的管子，所需热功率比其他钢材的管小。故在相同输入功率情况下，能很快达到焊接温度，可以用较高速度进行焊接；不锈钢管坯在成形辊系作用下，易冷作硬化，且回弹大。故需正确设计辊系机件，恰当调整辊轮之间的间隙，亦需加大挤压力。一般比焊制低碳钢管时增大 $40\sim50MPa$。

此外，要注意焊后热影响区耐腐蚀性能降低问题。通常是采用焊前固溶处理，高的焊接速度和焊后使管材通过冷却器急冷等措施来避免和抑制热影响区析出碳化物，以获得耐蚀性能良好的接头。

3. 铝及铝合金的焊接

铝及铝合金熔点低，易氧化，焊接时结合面很快被加热到熔化温度，且发生剧烈氧化而生成高熔点的三氧化二铝膜，必须把它挤出去。为了缩短铝及铝合金在液态温度下停留时间，又保证母材能在固相线温度以上焊合，并减少散热所引起的温度降低，常提高焊接速度和挤压速度。一般比焊制钢管大。

铝合金是非导磁体，高频电流穿透深度较大，故焊制同样壁厚管材料，选用较高的频率。此外，对高频电源的电压和功率要求具有较高的稳定性和较小的波纹系数。

四、高频螺旋缝焊管

利用普通管材纵缝高频焊法生产中大直径的管子时，因受钢厂条件限制，很难得到合适宽度的管坯。采用如图 3-46 所示的管材螺旋接缝高频焊法，可克服这个困难。除能使用较窄的管坯焊出直径很大的管子外，它还能用同一宽度的管坯焊出不同直径的管材。

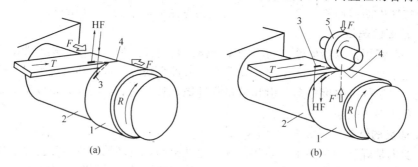

图 3-46　管材螺旋接缝高频焊示意图

(a) 对接螺旋缝；(b) 搭接螺旋缝

1—成品管；2—心轴；3—触头位置；4—焊合点；5—挤压辊轮；

HF—高频电源；T—送料方向；F—挤压力；R—管子旋转方向

焊接时，将管坯连续的送入成形轧机，使之螺旋的绕心轴弯曲成圆筒状，并使其边缘间相互形成对接或搭接缝，同时又构成相应的 V 形会合角，然后再用接触高频焊法进行连续焊接。对接缝一般用于制造厚壁管，搭接缝则用于生产薄壁管。为避免对接端面出现不均匀加热，通常要将接头两边加工，使对接的两边形成 60°～70°的坡口。搭接缝的搭接量随管坯厚度而不同，可在 2～5mm 范围内选取。

用 200kV 高频电源可制造壁厚为 6～14mm、直径达 1024mm 的大直径螺旋接缝管，焊接速度可达 30～90m/min。螺旋接缝管管壁承载能力大，故多用于输送石油、天然气等重要场合。

第四章　高能密度焊

第一节　激　光　焊

以聚焦的激光束作为能源轰击焊件所产生的热量进行焊接的方法，叫激光焊。激光焊是利用大功率相干单色光子流聚焦而成的激光束热源进行焊接，通常有连续功率激光焊和脉冲功率激光焊两种方法。

激光焊的优点是不需要在真空中进行。缺点则是穿透力不如电子束焊强。激光焊能进行精确的能量控制，因而可以实现精密微型器件的焊接。它能应用于很多金属，特别是能焊接一些难焊接金属及异种金属。

一、激光焊原理、特点、应用范围及分类

1. 原理

激光是利用原子受辐射的原理，使工作物质受激而产生的一种单色性高、方向性强，以及亮度高的光束，经聚焦后把光束聚焦到焦点上可获得极高的能量密度，利用它与被焊工件相互作用，使金属发生蒸发、熔化、熔合、结晶、凝固而形成焊缝。

2. 特点

① 由于激光束的频谱宽度窄，经会聚后的光斑直径可小到 0.01mm，功率密度可达 10^9W/cm^2，它和电子束焊同属于高能焊。可焊 0.1～50mm 厚的工件。

② 脉冲激光焊加热过程短、焊点小、热影响区小。

③ 与电子束焊相比，激光焊不需要真空，也不存在 X 射线防护问题。

④ 能对难以接近的部位进行焊接，能透过玻璃或其他透明物体进行焊接。

⑤ 激光不受电磁场的影响。

⑥ 激光的电光转换效率低（约为 0.1%～0.3%）。工件的加工和组装精度要求高，夹具要求精密，因此焊接成本高。

3. 应用范围

① 用脉冲激光焊能够焊接铜、铁、锆、钽、铝、钛、铌等金属及其合金。用连续激光焊，除铜、铝合金难焊外，其他金属与合金都能焊接。

② 用脉冲激光焊可把金属丝或薄板焊接在一起。

③ 广泛应用于汽车工业、机械工业、航空航天、电子工业领域，如微电器件外壳及精密传感器外壳的封焊、精密热电偶的焊接、波导元件的定位焊等。

④ 也可用来焊接石英、玻璃、陶瓷、塑料等非金属材料。

4. 激光焊分类

按激光器输出能量方式的不同，激光焊分为脉冲激光焊和连续激光焊（包括高频脉冲连续激光焊）；按激光聚焦后光斑上功率密度的不同，激光焊可分为传热焊和深熔焊。

(1) 传热焊　采用的激光光斑功率密度小于 10^5W/cm^2 时，激光将金属表面加热到熔点与沸点之间，焊接时，金属材料表面将所吸收的激光能转变为热能，使金属表面温度升高而熔化，然后通过热传导方式把热能传向金属内部，使熔化区逐渐扩大，凝固后形成焊点或

焊缝，其熔深轮廓近似为半球形。这种焊接机理称为传热焊，它类似于 TIG 电弧焊过程，如图 4-1(a) 所示。

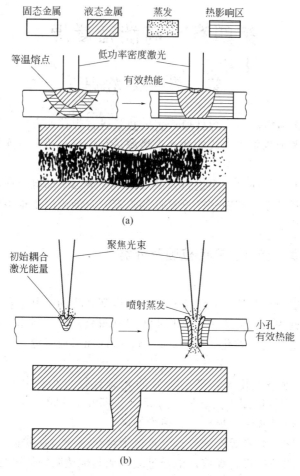

图 4-1　不同功率密度时的加热现象

(a) 功率密度 $<10^5 W/cm^2$；(b) 功率密度 $>10^5 W/cm^2$

传热焊的主要特点是激光光斑的功率密度小，很大一部分光被金属表面所反射，光的吸收率低，焊接熔深浅，焊接速度慢。主要用于薄（厚度 $<1mm$）、小零件的焊接加工。

(2) 深熔焊　当激光光斑上的功率密度足够大时（$\geqslant 10^5 W/cm^2$），金属在激光的照射下被迅速加热，其表面温度在极短的时间内（$10^{-8} \sim 10^{-6}$ s）升高到沸点，使金属熔化和汽化。当金属汽化时，所产生的金属蒸气以一定的速度离开熔池，金属蒸气的逸出对熔化的液态金属产生一个附加压力（例如对于铝，$P \approx 11MPa$；对于钢，$P \approx 5MPa$），使熔池金属表面向下凹陷，在激光光斑下产生一个小凹坑 [图 4-1 (b)]。当光束在小孔底部继续加热汽化时，所产生的金属蒸气一方面压迫坑底的液态金属使小坑进一步加深，另一方面，向坑外飞出的蒸气将熔化的金属挤向熔池四周。这个过程连续进行下去，便在液态金属中形成一个细长的孔洞。当光束能量所产生的金属蒸气的反冲压力与液态金属的表面张力和重力平衡后，小孔不再继续加深，形成一个深度稳定的孔而进行焊接，因此称之为激光深熔焊 [图 4-1(b)]。如果激光功率足够大而材料相对较薄，激光焊形成的小孔贯穿整个板厚且背面可以收到部分激光，这种焊接方法也可称之为薄板激光小孔效应焊。从机理上看，深熔焊和小孔效应焊的前提都是焊接过程中存在着小孔，二者没有本质的区别。

在能量平衡和物质流动平衡的条件下，可以对小孔稳定存在时产生的一些现象进行分析。只要光束有足够高的功率密度，小孔总是可以形成的。小孔中充满了被焊金属在激光束连续照射下所产生的金属蒸气及等离子体（图 4-2）。这个具有一定压力的等离子体还向工件表面空间喷发，在小孔之上，形成一定范围的等离子体云。小孔周围被熔池所包围，在熔化金属的外面是未熔化金属及一部分凝固金属，熔化金属的重力和表面张力有使小孔弥合的趋势，而连续产生的金属蒸气则力图维持小孔的存在。在光束入射的地方，有物质连续逸出孔外，随着光束的运动，小孔将随着光束运动，但其形状和尺寸却是稳定的。

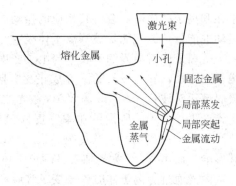

图 4-2　激光深熔焊时的小孔

当小孔跟着光束在物质中向前运动的时候，在小孔前方形成一个倾斜的烧蚀前沿。在这个区域，随着材料的熔化、汽化，其温度高、压力大。这样，在小孔周围存在着压力梯度和温度梯度。在此压力梯度的作用下，熔融金属绕小孔周边由前沿向后沿流动。另外，温度梯度的存在使得气液分界面的表面张力随温度升高而减小，从而沿小孔周边建立了一个表面张力梯度，前沿处表面张力小，后沿处表面张力大，这就进一步驱使熔融金属绕小孔周边由前沿向后沿流动，最后在小孔后方凝固起来形成焊缝。

小孔的形成伴随着有明显的声、光特征。用激光焊焊接钢件，未形成小孔时，焊件表面的火焰是橘红色或白色的，一旦小孔生成，光焰变成蓝色，并伴有爆裂声，这个声音是等离子体喷出小孔时产生的。利用激光焊时的这种声、光特征，可以对焊接质量进行监控。

5. 激光焊焊接过程中的几种效应

（1）激光焊焊接过程中的等离子体

① 等离子体的形成　在高功率密度条件下进行激光加工时会出现等离子体。等离子体的产生是物质原子或分子受能量激发电离的结果，任何物质在接收外界能量而温度升高时，原子或分子受能量（光能、热能，电场能等）的激发都会产生电离，从而形成由自由运动的电子、带正电的离子和中性原子组成的等离子体。等离子体通常称为物质的第四态，在宏观上保持电中性状态。激光焊时，形成等离子体的前提是材料被加热至汽化。

金属被激光加热汽化后，在熔池上方形成高温金属蒸气。金属蒸气中有一定的自由电子。处在激光辐照区的自由电子通过逆韧致辐射吸收能量而被加速、直至其有足够的能量来碰撞、电离金属蒸气和周围气体，电子密度从而雪崩式地增加。这个过程可以近似地用微波加热和产生等离子体的经典模型来描述。

在 $10^7 \mathrm{W/cm^2}$ 的功率下，平均电子能量随辐照时间的加长急剧增加到一个常值（约 1eV）。在这个电子能量下，电离速率占有优势，产生雪崩式电离，电子密度急剧上升。电子密度最后达到的数值与复合速率有关，也与保护气体有关。

激光加工过程中的等离子体主要为金属蒸气的等离子体，这是因为金属材料的电离能低于保护气体的电离能，金属蒸气较周围气体易于电离。如果激光功率密度很高，而周围气体流动不充分时，也可能使周围气体电离而形成等离子体。

② 等离子体的行为　高功率激光深熔焊时，位于熔池上方的等离子体会引起光的吸收和散射，改变焦点位置，降低激光功率和热源的集中程度，从而影响焊接过程。

等离子体通过逆韧致辐射吸收激光能量，逆韧致辐射是等离子体吸收激光能量的重要机制，是由于电子和离子之间的碰撞所引起的。简单地说就是：在激光场中，高频率振荡的电子在和离子碰撞时，会将其相应的振动能变成无规则运动能，结果激光能量变成等离子体热运动的能量，激光能量被等离子体吸收。

等离子体对激光的吸收率与电子密度和蒸气密度成正比，随激光功率密度和作用时间的增长而增加，并与波长的平方成正比。同样的等离子体，对波长 $10.6\mu m$ 的 CO_2 激光焊的吸收率比对波长 $1.06\mu m$ 的 YAG 激光的吸收高两个数量级。由于吸收率不同，不同波长的激光产生等离子体所需的功率密度阈值也不同。YAG 激光产生等离子体阈值功率密度比 CO_2 激光的高出约两个数量级。也就是说，用 CO_2 激光进行加工时，易产生等离子体并受其影响，而用 YAG 激光加工，等离子体的影响则较小。

激光通过等离子体时，改变了吸收和聚焦条件，有时会出现激光束的自聚焦现象。等离子体吸收的光能可以通过不同渠道传至工件。如果等离子体传至工件的能量大于等离子体吸收所造成工件接收光能的损失，则等离子体反而增强了工件对激光能量的吸收，这时，等离子体也可看作是一个热源。

激光功率密度处于形成等离子体的阈值附近时，较稀薄的等离子体云集于工件表面，工

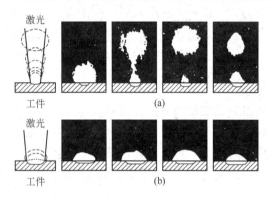

图 4-3　不同功率下的光致等离子体
波长 $\lambda=10.6\mu m$，TEM_{00} 模，材料为钢

件通过等离子体吸收能量 [图 4-3(a)]，当材料汽化和形成的等离子体云浓度间形成稳定的平衡状态时，工件表面有一较稳定的等离子体层。其存在有助于加强工件对激光的吸收。用 CO_2 激光加工钢材，与上述情况相应的激光功率密度约为 $10^6\,W/cm^2$。由于等离子体的作用，工件对激光的总吸收率可由 10% 左右增至 30%～50%。

激光功率密度为 $10^6\sim10^7\,W/cm^2$ 时，等离子体的温度高，电子密度大，对激光的吸收率大，并且高温等离子体迅速膨胀，逆着激光入射方向传播（速度约为 $10^5\sim10^6\,cm/$ s），形成所谓激光维持的吸收波。在这种情形中，会出现等离子体的形成和消失的周期性振荡 [图 4-3(b)]。这种激光维持的吸收波，容易在激光焊接过程中出现，必须加以抑制。

进一步加大激光功率密度（$>10^7\,W/cm^2$），激光加工区周围的气体可能被击穿。激光穿过纯气体，将气体击穿所需功率密度一般大于 $10^9\,W/cm^2$。但在激光作用的材料附近，存在一些物质的初始电离，原始电子密度较大，击穿气体所需功率密度可下降约两个数量级。击穿各种气体所需功率密度大小与气体的导热性、解离能和电离能有关。气体的导热性越好，能量的热传导损失越大，等离子体的维持阈值越高，在聚焦状态下就意味着等离子体高度越低，越不容易出现等离子体屏蔽。对于电离能较低的氩气，气体流动状况不好时，在略高于 $10^6\,W/cm^2$ 的功率下也可能出现击穿现象。

气体击穿所形成的等离子体，其温度、压力、传播速度和对激光的吸收率都很大，形成所谓激光维持的爆发波，它完全、持续地阻断激光向工件地传播。一般在采用连续 CO_2 激光进行加工时，其功率密度均应小于 $10^7\,W/cm^2$。

（2）壁聚焦效应　激光深熔焊时，当小孔形成以后，激光束将进入小孔。当光束与小孔壁相互作用时，入射激光并不能全部被吸收，有一部分将由孔壁反射在小孔某处重新会聚起来，这一现象称为壁聚焦效应。壁聚焦效应地产生，可使激光在小孔内部维持较高的功率密度，进一步加热熔化材料。对于激光焊接过程，重要的是激光在小孔底部的剩余功率密度，它必须足够高，以维持孔底有足够高的温度，产生必要的汽化压力，维持一定深度的小孔。

小孔效应的产生和壁聚焦效应的出现，能大大地改变激光与物质的相互作用过程，当光束进入小孔后，小孔相当于一个吸光的黑体，使能量的吸收率大大增加。

（3）净化效应 净化效应是指，CO_2激光焊时焊缝金属有害物质减少或夹杂物减少的现象。

有害物质在钢中可以以两种形式存在——夹杂物或直接固溶在基体中。当这些元素以非金属夹杂物存在时，在激光焊时将产生下列作用：对于波长为$10.6\mu m$的CO_2激光，非金属的吸收率远远大于金属，当非金属和金属同时受到激光照射时，非金属将吸收较多的激光使其温度迅速上升而汽化。当这些元素固溶在金属基体时，由于这些非金属元素的沸点低，蒸气压高，它们会从熔池中蒸发出来。上述两种作用的总效果是焊缝中的有害元素减少，这对金属的性能，特别是塑性和韧性，有很大好处。当然，激光焊净化效应产生的前提必须是对焊接区加以有效地保护，使之不受大气等的污染。

二、激光焊设备

激光焊机是利用辐射激发光放大原理而产生一种单色程度高、方向性强、光亮度大的光束，经聚焦获得高功率密度的光束来熔化金属而进行焊接的设备。其激光输出可以是连续的或脉冲的，介质可以是固体的或气体的。由于能量集中，焊接过程迅速，被焊材料不易氧化，因而可以在大气中进行焊接。

激光焊机主要由激光器、电源及控制装置、光束传输和聚焦系统、焊炬及传动机械的工作台等部分组成。

1. 固体激光焊机

主要由固体激光器、电源与控制系统、光学聚焦系统和工作台等组成。固体激光焊机机构见图4-4。

（1）固体激光器 在固体激光器中常见的有红宝石、钕玻璃、钨酸钙与钇铝石榴石激光器。此类激光器的特点是输出功率高、体积小、结构牢固；缺点是光的相干性与频率的稳定性差（不如气体激光器）。固体激光器根据不同的用途，有不同的工作方式，一般可分为以下3类。

① 脉冲激光器 单次发射，每个激光脉冲的宽度为零点几毫秒到几十毫秒，每完成一次任务仅有一个脉冲。

② 重复频率激光器 此种激光器每秒可以产生几个到几十个脉冲，每完成一次任务需要几个脉冲。

③ 连续激光器 可以长时间稳定的输出激光连续使用。

脉冲固体激光器机构见图4-5。

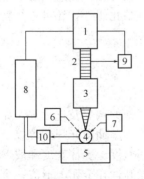

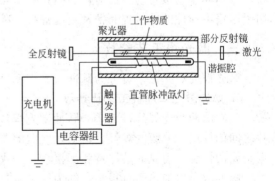

图4-4 固体激光焊接设备的结构方块图

1—激光器；2—激光光束；3—光学系统；4—焊接；
5—转胎；6—观测瞄准系统；7—辅助能源；
8—程控设备；9，10—信号器

图4-5 脉冲固体激光器机构示意图

（2）光学聚焦系统　激光发生器辐射出的激光束，其能量密度不足，需要通过聚焦系统使能量进一步集中，才能用来进行焊接。由于激光的单色性及方向性好，因此可用简单的聚焦透镜或球面反射镜进行聚焦。

（3）观察系统　由于激光束斑很小，为了找准接缝部位，必须采用观察系统。主要由测微目镜、菱形棱镜、正像棱镜、小物镜、大物镜组成。利用观察系统可放大 30 倍左右。

2. 气体激光焊机

气体激光焊机的组成部分除了用 CO_2 激光器代替固体激光器外，其他部分基本上与固体激光器焊机相同。

（1）CO_2 激光器　输出功率大，国外已用 100kW 的 CO_2 激光焊机进行焊接。能量转换率高，可达 15％或更高。输出波长为 $10.6\mu m$，对远距离传输有其独特的优点，很多物质对此波长的光吸收性都很强，将其转化成热能是个很好的热源。它能发射连续波激光束，既可以用来焊接微型件，也能焊较厚的工件。对工作条件要求不高，如对工作气体的纯度，一般只需要工业纯 CO_2 气体即可。CO_2 激光器的一般结构见图 4-6。它主要由放电管、谐振腔和激励电源组成。

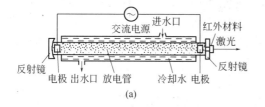
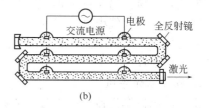

图 4-6　二氧化碳激光器机构示意图
（a）一般形式；（b）折叠式

目前 CO_2 激光器采用气-液热交换器，并使激光气体通过该系统再循环。CO_2 激光器中气流方向可以与激光束同轴或垂直。横向激励 CO_2 激光器可输出更大的功率，激光输出窗的材料采用硒化锌（ZnSe）可有效地输出数千瓦，而更大地输出功率则要求用气动窗，它是由一般受控的高速压缩气体横向吹过用以保持激光器与大气间压差的孔洞。

（2）GQ-0.5 型 CO_2 激光焊机　GQ-0.5 型 CO_2 激光焊机的主要技术参数见表 4-1。GQ-0.5 型 CO_2 激光焊机可以焊接不锈钢、硅钢、低合金钢及一般常用铁基或镍基合金材料。被焊工件的形状可以是板材、管件或网布。以不锈钢为例，可以完成 $0.1 \sim 0.5mm$ 的相同或不同厚度板材的平面对接、搭接和端接接头的焊接。当焊缝熔深无一定要求时，也能用于厚壁零部件的密封焊和精密装配焊接。除了对工件进行熔化焊外，还可进行精密钎焊。

三、激光焊工艺参数

激光焊的焊接工艺可分为脉冲激光焊和连续激光焊两种类型。

1. 脉冲激光焊焊接工艺及参数

（1）脉冲激光焊焊接工艺　脉冲激光焊特别适用于微型件的点焊及连续焊，如薄片与薄片之间的焊接、薄膜的焊接、丝与丝之间的焊接及密封缝焊。脉冲激光焊的焊接工艺一般根据金属的性能、需要的熔深量和焊接方式来决定激光的功率密度、脉冲宽度和波形。

脉冲激光焊加热斑点很小，约为微米数量级，每个激光脉冲在金属上形成一个焊点。主要用于微型、精密元件和一些微电子元件的焊接，它是以点焊或由点焊点搭接成的缝焊方式进行的。

常用于脉冲激光焊的激光器有红宝石、钕玻璃和 YAG 等几种。

表 4-1　GQ-0.5 型 CO_2 激光焊机的主要参数

型　号		JG-2	GD-10	JH-B
激光器	最大输出能量/J	90	15	10~12
	脉冲宽度/mm	0.3~4	0~6	3
	工作物质/mm	$\phi16\times310,\phi7\times150$(钕玻璃)	$\phi10\times165$(红宝石)	$\phi6\times90$(钇铝石榴石)
	脉冲氙灯/mm	$\phi18\times300,\phi12\times150$	—	$2\text{-}\phi12\times80$
电源	主变压器/kW	12(2800V)	10(2000V)	—
	储能电容/μF	200×24	6000	—
	电感/μH	400×12	—	—
	预电离变压器/kW	1(1300V)	—	—
	预电离电流/mA	70~80	—	—
光学系统	全反射膜片透率/%	99.8	—	99.8
	半反射膜片透率/%	50	—	50~60
	谐振腔长度/mm	约1000	—	—
	直角棱镜/mm	25×25	—	—
工作台	台面尺寸/mm	400×200	—	130×166
	纵向行程/mm	150	—	120
	横向行程/mm	200	—	55
	垂直行程/mm	300	—	—
外形尺寸	长×宽×高/mm	1850×740×1350	1034×658×1648	

　　脉冲激光焊所用激光器输出的平均功率低，焊接过程中输入工件的热量小，因而单位时间内所能焊合的面积也小，可用于薄片（0.1mm 左右）、薄膜（几微米至几十微米）和金属丝（直径可小于 0.02mm）的焊接，也可进行一些零件的封装焊。

　　① 影响脉冲激光焊的因素

　　a. 焊接加热时的能量密度范围　激光是个高能量热源，在焊接时要尽量避免焊点金属的蒸发和烧穿，因此必须严格控制它的能量密度，使焊点温度始终保持在高于熔点而低于沸点之间。金属本身的熔点和沸点之间的距离越大，能量密度的范围越宽，焊接过程越容易控制。控制光束能量密度的主要方法有：调整输入能量、调整光斑大小、改变光斑中的能量分布、改变脉冲宽度和衰减波的陡度。

　　b. 反射率　反射率的大小说明了一种波长的光有多少能量被母材吸收，有多少能量被反射而损失。大多数金属在激光开始照射时，能将激光束的大部分能量反射回去，所以焊接过程开始的瞬间，就相应的需要较高功率的光束，而当金属表面开始熔化和汽化后，其反射率将迅速降低，从而相应的降低光束的能量密度。反射率与温度、激光束的波长、材料的直流电阻率、激光束的入射角、材料的表面状态等因素有关。其具体影响是：温度越高反射率越低，当接近沸点时反射率降低到 10% 左右；大多数金属的反射率随波长的增加而增加，但波长的影响只在熔化前产生，一旦金属熔化就不产生影响；母材的直流电阻率越大，反射率越低；激光束的入射角越大，反射率越大；表面光洁度越高，反射率越大。但是，单从外表来看粗糙的表面也不一定是良好的吸收表面，如对于 1.06μm 波长的激光束来说，也可能是一种散射的表面。

　　c. 焊接时的穿入深度　脉冲激光焊接时，激光束本身对金属的直接穿入深度是有限的。传热熔化成形方式焊接的焊点最大穿入深度主要取决于材料的导温系数，导温系数大的穿入深度大，而导温系数则与传热系数成正比、与密度和比热容成反比。同一种金属，其穿入深度决定于脉冲宽度，脉冲宽度越大，则穿入深度也越大，但脉冲宽度的下限应在 1ms 以上，否则有可能成为打孔，而上限应在 10ms 左右，最大熔深可达 0.7mm。

d. 聚焦性和离焦量　由于激光束的传播方向能够成为非常窄的一束，对于焊接来说，就可以得到很小的焊点，这对微型焊件是很重要的。随着波长缩短、工作物质的直径增大，光束的发散角随之变小，光束的宽度相应变窄，焊点尺寸减小。但工作物质的直径不能增大太大，应有一个合适的范围。另外，光斑直径的大小还可以通过缩短焦距而变小。所谓离焦量指的是，以聚焦后的激光焦点位置与工件表面相接时为零，离开这个零点的距离量，如激光焦点超过零点时定位负离焦，其距离的数值为负离焦量，反之为正离焦量。激光焦点上的光斑最小，能量密度最大。通过离焦量可调整能量密度。

② 脉冲激光焊接工艺

a. 薄片与薄片之间的焊接　厚度在 0.2mm 以上的薄片之间的焊接，可以是同种材料，也可以是异种材料，主要采用搭接形式。在选择参数时，主要考虑上片材料的性质、片厚和下片的熔点。将厚度较小、热扩散率较大的金属作为下片，其所需的脉冲宽度和总能量可适当小些。将沸点高而且熔点与沸点距离大的金属作为上片，其所要求的能量密度大些。将对激光波长反射率低的材料作为上片，可减少反射率损失。薄片与薄片之间的焊接的接头形式为对接和搭接两种。

ⅰ. 对接　两片金属接缝对齐，激光束从中间同时直接照射两片金属，使其熔化而连接

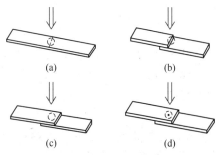

图 4-7　薄片与薄片的焊接方式
(a) 对接；(b) 端接；
(c) 深穿入熔化焊；(d) 穿孔焊

起来，见图 4-7(a)。这种方法受结构的限制太大，要求间隙很小，尽量做到无间隙。

ⅱ. 端接　属搭接中的一种形式，两片金属重叠一部分，激光束照射在上片端部，使其熔化，上片金属稍往下片流动而形成焊缝，见图 4-7(b)。端接法熔深较小，脉冲宽度较窄，能量较小。

ⅲ. 深穿入熔化焊　两片金属重叠在一部分，激光束直接照射在上片上，使上片金属的下表面和下片金属的上表面同时熔化而形成焊缝，见图 4-7(c)。

ⅳ. 穿孔焊　两片金属重叠一部分，激光束直接照射在上片，初始激光峰值很高，使光斑中心蒸发成一小孔，随后激光束通过小孔直接照射下片表面，使两片金属熔化而形成焊缝，见图 4-7(d)。焊时有少量飞溅，此法适用于厚片的焊接。

b. 丝与丝之间的焊接　适用于脉冲激光焊接的细丝，直径为 0.02～0.2mm。细丝之间的焊接，对激光束能量的控制是很严格的。如能量密度稍大，金属稍有蒸发就会引起断丝，影响焊接质量。如能量密度太小，又可能焊不牢。金属丝越细，对能量要求越严格，对激光器输出稳定性的要求就严格。细丝之间的焊接，焊点的质量主要是焊点的抗拉强度，它与激光能量和脉冲宽度的关系很大。要保持完全没有蒸发，就需要在较低功率密度、较大脉冲宽度的情况下进行熔化焊接。但脉冲宽度太大，会产生后期蒸发，而脉冲宽度太小，则功率密度就必须提高，又容易产生前期蒸发。丝与丝之间的焊接接头形式有对接、重叠、十字形和T形。其中以粗细不等的十字形接头的焊接难度最大，这是因为细丝受激光照射部分吸收光能熔化后容易流走而造成断裂。此类接头要采用短焦距、大离焦量，光斑尺寸应比细丝直径大四倍左右的参数来进行焊接。以便使细丝和粗丝同时熔化，球化收缩而不致引起细丝断裂。

c. 密封焊接　脉冲激光密封焊接是以单点重叠方式进行的，其焊点重叠度与密封深度有关。

d. 异种金属的焊接　对于可以形成合金的结构，熔点及沸点分别相近的两种金属，能够形成牢固接头的激光焊参数范围较大，温度范围可选择在熔点和沸点之间。如果一种金属的熔点比另一种金属的沸点还要高得多，则这两种金属形成牢固接头的激光焊参数范围就很窄，甚至不可能进行焊接，这是由于一种金属开始熔化时另一种金属已经蒸发。在这种情况下进行焊接，可采用过渡金属来解决。

（2）脉冲激光焊焊接参数　脉冲激光焊有四个主要焊接参数。它们是：脉冲能量、脉冲宽度、功率密度和离焦量。

① 脉冲能量和脉冲宽度　脉冲激光焊时，脉冲能量决定了加热能量大小，它主要影响金属的熔化量；脉冲宽度决定焊接时的加热时间，它影响熔深及热影响区（HAZ）大小。脉冲能量一定时，对于不同材料，各存在着一个最佳脉冲宽度，此时焊接熔深最大。它主要取决于材料的热物理性能，特别是热导率和熔点。导热性好、熔点低的金属易获得较大的熔深。脉冲能量和脉冲宽度在焊接时有一定的关系，而且随着材料厚度与性质不同而变化。焊接时，激光的平均功率 P 由式(4-1)决定。

$$P = E/\Delta\tau \tag{4-1}$$

式中　P——激光功率，W；

　　　E——激光脉冲能量，J；

　　　$\Delta\tau$——脉冲宽度，s。

可见，为了维持一定的功率，随着脉冲能量的增加，脉冲宽度必须相应增加，才能获得较好的焊接质量。

② 功率密度　激光焊时功率密度决定焊接过程和机理。在功率密度较小时，焊接以传热焊的方式进行，焊点的直径和熔深由热传导所决定，当激光斑点的功率密度达到一定值（$10^6\,W/cm^2$）后，焊接过程中将产生小孔效应，形成深宽比大于 1 的深熔焊点，这时金属虽有少量蒸发，并不影响焊点的形成。但功率密度过大后，金属蒸发剧烈，导致汽化金属过多，在焊点中形成一个不能被液态金属填满的小孔，不能形成牢固的焊点。

脉冲激光焊时，功率密度由式(4-2)决定。

$$P_d = 4E/\pi d^2 \Delta\tau \tag{4-2}$$

式中　P_d——激光光斑上的功率密度，W/cm^2；

　　　E——激光脉冲能量，J；

　　　d——光斑直径，cm；

　　　$\Delta\tau$——脉冲宽度，s。

③ 离焦量 ΔF　离焦量 ΔF 是指焊接时焊接表面离聚焦激光束最小斑点的距离。也有人称之为入焦量。激光束通过透镜聚焦后，有一个最小光斑直径，如果焊件表面与之重合，则 $\Delta F = 0$，如果焊件表面在它下面，则 $\Delta F > 0$，称之为正离焦量，反之则 $\Delta F < 0$，称为负离焦量。改变离焦量，可以改变激光加热斑点的大小和光束入射状况，焊接较厚板时，采用适当的负离焦量可以获得最大熔深。但离焦量太大会使光斑直径变大，降低光斑上的功率密度，使熔深减小。离焦量的影响，在下面连续激光焊的有关部分还会进一步论述。

2. 连续激光焊焊接工艺及参数

连续激光焊所使用的焊接设备一般为 CO_2 激光器，因为它输出的功率比其他激光器高，效率也比其他激光器高，且输出稳定，所以可进行薄板精密焊及 50mm 厚板深穿入焊。CO_2 激光器广泛应用于材料的激光加工。激光焊用的 CO_2 激光器连续输出功率为数千瓦至数十千瓦（最大可有 25kW）。

（1）连续激光焊焊接工艺

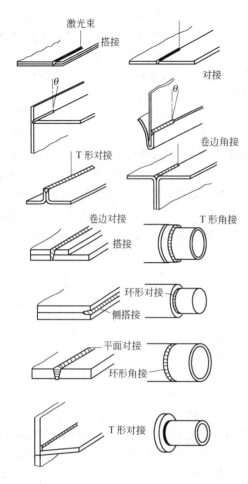

图 4-8　常见的 CO_2 激光焊接头形式

① 接头形式及装配要求　常用的 CO_2 激光焊接头形式见图 4-8。在激光焊时，用得最多的是对接接头。为了获得成形良好的焊缝，焊前必须将焊件装配良好。各类接头的装配要求见表 4-2。对接时，如果接头错边太大，会使入射激光在板角处反射，焊接过程不能稳定。薄板焊时，间隙太大，焊后焊缝表面成形不饱满，严重时形成穿孔。搭接时板间间隙过大，则易造成上下板间熔合不良。

在激光焊过程中，焊件应夹紧，以防止热变形。光斑在垂直于焊接运动方向对焊缝中心的偏离量应小于光斑半径。对于钢铁等材料，一般焊前焊件表面除锈、脱脂处理即可；在要求较严格时，可能需要酸洗，焊前用乙醇、丙酮或四氯化碳清洗。

激光深熔焊可以进行全位置焊，在起焊和收尾的渐变过渡，可通过调节激光功率的递增和衰减过程或改变焊接速度来实现，在焊接环缝时可实现首尾平滑连接。利用内反射来增强激光吸收的焊缝常常能提高焊接过程的效率和熔深。

② 填充金属　尽管激光焊适合于自熔焊，但在一些应用场合，仍需加填充金属。其优点是：能改变焊缝化学成分，从而达到控制焊缝组织，改善接头力学性能的目的。在有些情况下，还能提高焊缝抗结晶裂纹敏感性。另外，允许增大接头装配公差，改善激光焊接头准备

表 4-2　各类接头的装配要求（δ 为板厚）

接头形式	允许最大间隙	允许最大上下错边量	接头形式	允许最大间隙	允许最大上下错边量
对接接头	0.10δ	0.25δ	搭接接头	0.25δ	—
角接接头	0.10δ	0.25δ	卷边接头	0.1δ	0.25δ
T形接头	0.25δ	—			

的不理想状态。实践表明，间隙超过板厚的 3%，自熔焊缝将不饱满。图 4-9 是激光填丝焊示意图。

填充金属常常以焊丝的形式加入，可以是冷态，也可以是热态。填充金属的施加量不能过大，以免破坏小孔效应。

③ 激光焊参数及其对熔深的影响

a. 激光功率（P）　通常激光功率是指激光器的输出功率，没有考虑导光和聚焦系统所引起的损失。激光焊熔深与激光输出功率密度密切相关，是功率和光斑直径的函数。对一定的光斑直径，在其他条件不变时，焊接熔深 h 随着激光功率的增加而增加。尽管在不同的实验

条件下可能有不同的实验结果，但熔深随激光功率 P 的变化大致有两种典型的实验曲线，用公式近似地表示为：

$$h \propto Pk \qquad (4\text{-}3)$$

式中　h——熔深，mm；

P——激光功率，kW；

k——常数，$k \leqslant 1$，k 的典型实验值为 0.7 和 1.0。

图 4-10 是激光焊时熔深与激光功率的关系。图 4-11 表示不同厚度材料焊接时所需的激光功率。

b. 焊接速度(v)　在一定的激光功率下，提高焊接速度，热输入下降，焊接熔深减小，如图 4-12 所示。

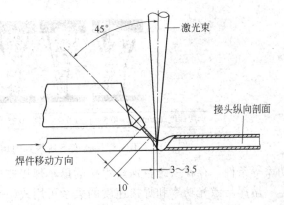

图 4-9　激光添丝示意图

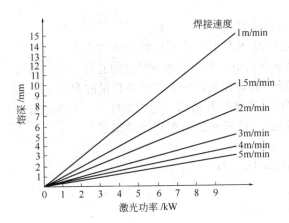

图 4-10　熔深与激光功率的关系

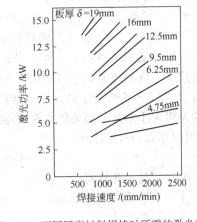

图 4-11　不同厚度材料焊接时所需的激光功率

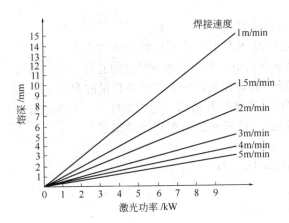

图 4-12　焊接速度对焊接熔深的影响

一般，焊接速度与熔深有下面的近似关系：

$$h \approx 1/v^r \qquad (4\text{-}4)$$

式中　h——焊接熔深，mm；

v——焊接速度，mm/s；

r——小于 1 的常数。

尽管适当降低焊接速度可加大熔深，但若焊接速度过低，熔深却不会再增加，反而使熔宽增大（图 4-13）。其主要原因是，激光深熔焊时，维持小孔存在的主要动力是金属蒸气的反冲压力，在焊接速度低到一定程度后，热输入增加，熔化金属越来越多，当金属汽化所产生的反冲压力不足以维持小孔的存在时，小孔不仅不再加深，甚至会崩溃，焊接过程蜕变为传热焊型焊接，因而熔深不会再增大。

另一个原因是随着金属汽化的增加，小孔区温度上升，等离子体的浓度增加，对激光的吸收增加。这些原因使得低速焊时，激光焊熔深有一个最大值。也就是说，对于给定的激光

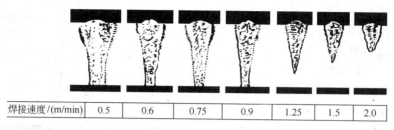

焊接速度/(m/min)	0.5	0.6	0.75	0.9	1.25	1.5	2.0

图 4-13　不同焊接速度下所得到的熔深（$P=8.7$kW，板厚 12mm）

功率等条件，存在一维持深熔焊接的最小焊接速度。

熔深与激光功率和焊接速度的关系可用式(4-5) 表示。

$$h=\beta P^{1/2} v^{-\gamma} \tag{4-5}$$

式中　h——焊接熔深，mm；

P——激光功率，W；

v——焊接速度，mm/s；

β、γ——常数，取决于激光源、聚焦系统和焊接材料。

c. 光斑直径(d_0)　指照射到焊接表面的光斑尺寸大小。对于高斯分布的激光，有几种不同的方法定义光斑直径。一种是当光子强度下降到中心光子强度 e^{-1} 时的直径；另一种是当光子速度下降到中心光子强度的 e^{-2} 时的直径，前者在光斑中包含光束总量的 60%，后者则包含了 86.5% 的激光能量，本书推荐 e^{-2} 束径，在激光器结构一定的条件下，照射到焊件表面的光斑大小取决于透镜的焦距 f 和离焦量 Δf，根据光的衍射理论，聚焦后最小光斑直径 d_0 可以用式(4-6) 计算。

$$d_0=2.44 f\lambda(3m+1)/D \tag{4-6}$$

式中　d_0——最小光斑直径，mm；

f——透镜的焦距，mm；

λ——激光波长，mm；

D——聚焦前光束直径，mm；

m——激光振动模的阶数。

由式(4-6) 可知，对于一定波长的光束，f/D 和 m 值越小，光斑直径越小。通常，焊接时为获得深熔焊缝，要求激光光斑上的功率密度高。提高功率密度的方式有两个：一是提高激光功率 P，它和功率密度成正比；二是减小光斑直径，功率密度与直径的平方成反比。因此，减小光斑直径比增加功率有效得多。减小 d_0 可以通过使用短焦距透镜和降低激光束横模阶数。低阶模聚焦后可以获得更小的光斑。对焊接和切割来说，希望激光器以基模或低阶模输出。

④ 离焦量(Δf)　离焦量不仅影响焊件表面激光光斑大小，而且影响光束的入射方向，因而对焊接熔深、焊缝宽度和焊缝横截面形状有较大影响。在 Δf 很大时，熔深很小，属于传热焊，当 Δf 减小到某一值后，熔深发生跳跃性增加，此处标志着小孔产生，在熔深发生跳跃性变化的地方，焊接过程是不稳定的，熔深随着 Δf 的微小变化而改变很大。激光深熔焊时，熔深最大时的焦点位置是位于焊件表面下方某处，此时焊缝成形也最好。在 $|\Delta f|$ 相等的地方，激光光斑大小相同，但其熔深并不同。其主要原因是壁聚焦效应对 Δf 的影响。在 $\Delta f<0$ 时，激光经孔壁反射后向孔底传播，在小孔内部维持较高的功率密度，当 $\Delta f>0$ 时，光线经小孔壁的反射传向四面八方，并且随着孔深的增加，光束是发散的，孔底处功率密度比前种情况低得多，因此熔深变小，焊缝成形也变差。图 4-14 是铝合金激光焊时，不

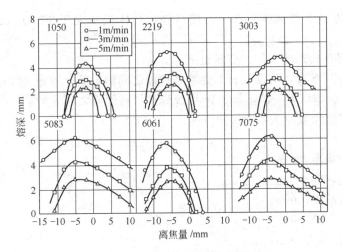

图 4-14　离焦量对焊接熔深的影响

(图中 1050、2219、3003、5083、6061、7075 为铝合金牌号)

同焊接速度下，离焦量对焊接熔深的影响。

⑤ **保护气体**　激光焊时采用保护气体有两个作用：其一是保护焊缝金属不受有害气体的侵袭，防止氧化污染，提高接头的性能；其二是影响焊接过程中的等离子体，这直接与光能的吸收和焊接机理有关。前面曾指出，高功率 CO_2 激光深熔焊过程中形成的光致等离子体会对激光束产生吸收、折射和散射等，从而降低焊接过程的效率，其影响程度与等离子体形态有关。等离子体形态又直接与焊接参数特别是焊件功率密度、焊接速度和环境气体有关。功率密度越大，焊接速度越低，金属蒸气和电子密度越大，等离子体越稠密，对焊接过程的影响也就越大。在激光焊过程中吹保护气体，可以抑制等离子体，其作用机理如下。

其一，通过增加电子与离子、中性原子三体碰撞来增加电子的复合速率，降低等离子体中的电子密度。中性原子越轻，碰撞频率越高，复合速率越高。另外，所吹气体本身的电离能要较高，才不致因气体本身的电离而增加电子密度。

氦气最轻而且电离能量高，因而使用氦气作为保护气体，对等离子体的抑制作用最强，焊接时熔深最大，氩气的效果较差。但这种差别只是在激光功率密度较高、焊接速度较低、等离子体密度大时，才较明显。在较低功率、较高焊接速度下，等离子体很弱，不同保护气体的效果差别很小。

其二，利用流动的保护气体，将金属蒸气和等离子体从加热区吹除。气体流量对等离子体的吹除有一定的影响。气体流量太小，不足以驱除熔池上方的等离子体云，随着气体流量的增加，驱除效果增强，焊接熔深也随之加大。但也不能过分增加气体流量，否则会引起不良后果和浪费，特别是在薄板的焊接时，过大的气体流量会使熔池下落形成穿孔。图 4-15

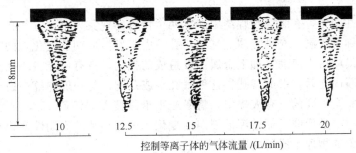

图 4-15　不同气体流量下的熔深

是在不同的气体流量下得到的熔深。由图可知，气体流量大于 17.5L/min 后，熔深不再增加。

吹气喷嘴与焊件的距离不同，熔深也不同。

（2）激光焊焊接参数、熔深及材料热物理性能之间的关系　激光焊焊接参数，如激光功率 P、焊接速度 v、熔深 h、焊缝宽度 W 以及焊接材料性质之间的关系，已有大量的经验数据。式(4-7) 是焊接参数间关系的回归方程。

$$P/vh = a + b/r \tag{4-7}$$

式中　P——激光功率，kW；

　　　v——焊接速度，mm/s；

　　　h——焊接熔深，mm；

　　　a——参数，kJ/mm^2；

　　　b——参数，kW/mm；

　　　r——回归系数。

式(4-7) 中 a、b 的值和回归系数 r 的值见表 4-3。

表 4-3　几种材料的 a、b、r 值

材　料	激光类型	$a/(kJ/mm^2)$	$b/(kW/mm)$	r
304 不锈钢	CO_2	0.0194	0.356	0.82
低碳钢	CO_2	0.016	0.219	0.81
	YAG	0.009	0.309	0.92
铝合金	CO_2	0.0219	0.381	0.73
	YAG	0.0065	0.526	0.99

四、常用金属材料的激光焊

1. 材料激光焊的焊接性

（1）激光焊的焊缝成形及特点　因为激光传热焊焊缝类似于某些常规焊接方法的接头，这里着重讨论常见的大功率 CO_2 激光深熔焊焊缝的特点。

对激光焊的熔池研究发现，熔池有周期性的变化。其主要原因是激光与物质作用过程的自振荡效应。这种自振荡的频率与激光束的参数、金属的热物理性能和金属蒸气的动力学特性有关。一般其频率为 $10^2 \sim 10^4$ Hz。而温度波动的振幅约为 $100 \sim 500$ K。由于自振荡效应，使熔池中的小孔和金属的流动现象也发生周期性的变化。当金属蒸气和等离子体屏蔽激光束时，金属蒸发也减少，作为充满金属蒸气的小孔也会缩小，底部就会被液态金属所填充。一旦解除对激光束的屏蔽，又重新形成小孔。同理，液态金属的流动速度和扰动状态也会发生周期性的变化。

熔池的周期性变化，有时会在焊缝中产生两个特有的现象。第一是气孔，若按它们的大小而言，也可以称为空洞。充满金属蒸气的小孔，由于发生周期性变化，同时熔化的金属又在它的周围从前沿向后沿流动，加上金属蒸发造成的扰动，就有可能将小孔拦腰阻断，使蒸气留在焊缝中，凝固之后，形成气孔。这种气孔（或孔洞）与一般焊缝中由于物理化学过程而产生的气孔是完全不同的。有人提出，将激光束沿焊接方向倾斜 $15°$，则可以减少甚至消除气孔的产生。第二是焊缝根部熔深的周期性变化。这与小孔的周期性变化有关，是由激光深熔焊自振荡现象的物理本质所决定的。

由于激光深熔焊的热输入是电弧焊的 $1/10 \sim 1/3$，因此凝固过程很快。特别是在焊缝的

下部，因很窄且散热情况良好，故有很高的冷却速度，使焊缝内产生细化的等轴晶。其晶粒的尺寸为电弧焊的1/3左右。从纵剖面来看，由于熔池中熔化金属从前部向后部流动的周期变化，使焊缝形成层状组织。由于周期变化的频率很高，所以层间距离很小。这些因素和激光的净化作用相同，都有利于提高焊缝的力学性能和抗裂性。

（2）金属的激光焊接性　激光焊焊接接头具有一些常规焊接方法所不能比拟的性能，这就是接头良好的抗热裂能力和抗冷裂能力。

① 抗热裂能力　热裂纹敏感性的评定标准有两个：一是正在凝固的焊缝金属所允许的临界变形速率（v_{cr}）；二是金属处于液固两相共存的"脆性温度区"（1200～1400℃）中单位冷却速度下的临界变形速率（a_{cr}）。试验结果表明，CO_2 激光焊与 TIG 焊相比，焊接低合金高强度钢时，有较大的 v_{cr} 和较低的 a_{cr}，所以焊接时热裂纹敏感性低。激光焊虽然有较高的焊接速度，但其热裂纹敏感性却低于 TIG 焊。这是因为激光焊焊缝组织晶粒较细，可有效地防止热裂纹的产生。如果焊接参数选择不当，也会产生热裂纹，图 4-16 是焊接高碳钢时的热裂纹。

② 抗冷裂能力　冷裂纹的评定指标是 24h 在试样中心不产生裂纹所加的最大载荷所产生的应力，即临界应力（σ_{cr}）。

对于低合金高强度钢，通常激光焊和电子束焊的临界应力 σ_{cr} 大于 TIG 焊，这就是说激光焊的抗冷裂纹能力大于 TIG 焊。焊接 10 钢

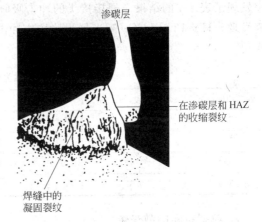

图 4-16　激光焊接高碳钢时产生的热裂纹

（低碳钢），激光焊和 TIG 焊两种焊接方法的 σ_{cr} 几乎相同。焊接含碳量较高的 35 钢，激光焊与 TIG 焊相比，有较大的冷裂纹敏感性。这是由于 35 钢的原始组织是珠光体，TIG 焊时焊接速度慢，热输入大，冷却过程中奥氏体发生高温转变，焊缝和 HAZ 的组织大都为珠光体。激光焊和电子束焊的冷却速度快，焊缝和 HAZ 是典型的奥氏体低温转变产物——马氏体。因为含碳量高，所形成的板条状马氏体具有很高的硬度（650HV），具有较高的组织转变应力，因此冷裂纹敏感性高。

合金结构钢 12Cr2Ni4A 进行 TIG 焊时，其焊缝和 HAZ 组织为马氏体加贝氏体，而激光焊时，则是低碳马氏体，两者的显微硬度相当，但后者的晶粒却细得多。高的焊接速度和较小的热输入，使激光在焊接合金结构钢等时，可获得综合性能特别是抗冷裂性能良好的低碳细晶粒马氏体，接头具有较好的抗冷裂纹能力。

③ 接头的残余应力和变形　CO_2 激光焊加热光斑小，热输入小，使得焊接接头的残余应力和变形比普通焊接方法小得多。

为了比较激光焊和 TIG 焊接头的残余应力和变形，取尺寸为 200mm×200mm×2mm 的钛合金板，用两种焊接方法沿试样中心堆焊一道焊缝。焊接参数如下。

a. TIG 焊：功率 $P=880W$，焊接速度 $v=4.5mm/s$，热输入 $q=195J/mm$。

b. 激光焊：$P=920W$，$v=11mm/s$，$q=83J/mm$。

c. 激光焊：$P=1800W$，$v=33.5mm/s$，$q=47J/mm$。焊前先标定好试样的长度和宽度，焊后分别测量接头的纵向应变和横向收缩，然后测定接头的纵向应力。

试验结果表明：b 的功率与 a 相差不多，但焊接速度却比 a 高 1 倍，因此热输入仅为 a 的1/2，激光焊接头的纵向应变和横向收缩却只是 TIG 焊的1/3。c 的热输入是 a 的1/4，

焊接速度是 a 的 9 倍，因而焊后接头的残余变形更小，纵向应变和横向收缩分别只是 TIG 焊的 1/5 和 1/6。

值得注意的是：激光焊虽有较陡的温度梯度，但焊缝中最大残余拉应力仍然要比 TIG 焊略小一些，而且激光焊焊接参数的变化几乎不影响最大残余拉应力的幅值。由于激光焊加热区域小，拉伸塑性变形区小，因此最大残余压应力比 TIG 焊减少 40%～70%，这个事实在薄板的焊接中格外重要，因为薄板经 TIG 焊后常常因为残余压应力的存在而发生波浪变形，而这种变形是很难消除的；用激光焊接薄板，则变形大大减少，一般不会产生波浪变形。激光焊残余变形和应力小，使它成为一种精密的焊接方法。

④ 冲击性能　人们在研究 HY-130 钢（美国牌号）激光焊焊接接头的冲击性能的试验中发现了表 4-4 的结果，焊接接头的冲击吸收功大于母材金属的冲击吸收功。进一步深入研究发现，HY-130 钢 CO_2 激光焊焊接接头冲击吸收功提高的主要原因之一是焊缝金属的净化作用。

表 4-4　HY-130 钢激光焊焊接接头的冲击吸收功

激光功率/kW	焊接速度/(cm/s)	试验温度/℃	焊接接头冲击吸收功/J	母材金属冲击吸收功/J
5.0	1.90	−1.1	52.9	35.8
5.0	1.90	23.9	52.9	36.6
5.0	1.48	23.9	38.4	32.5
5.0	0.85	23.9	36.6	33.9

2. 典型材料的激光焊

CO_2 激光焊的特点之一就是适用于多种材料的焊接。所有可以用常规焊接方法焊接的材料或具有冶金相容性的材料都可以用 CO_2 激光束进行焊接。尽管 CO_2 激光束波长长（10.6μm），金属表面对它的反射率高，但随着高功率 CO_2 激光器的出现和应用，人们逐渐消除了金属高反射率及等离子体造成的障碍，得到了与电子束焊类似的基于小孔效应的深熔焊。用 10～15kW 的激光功率，单道焊缝可达 15～20mm。激光焊的高功率密度及高焊接速度，使得激光焊焊缝及热影响区很窄，所引起的焊件变形小。

本节介绍几种典型材料的 CO_2 激光焊，从中可以进一步了解激光焊的特点。

（1）钢的激光焊

① 低合金高强度钢　低合金高强度钢的激光焊，只要所选择的焊接参数适当，就可以得到与母材力学性能相当的接头。HY-130 钢是一种典型的低合金高强度钢，经过调质处理，它具有很高的强度和较高的抗裂性。用常规焊接方法焊，其焊缝和 HAZ 组织是粗晶、部分细晶及原始组织的混合体，接头的韧性和抗裂性与母材相比要差得多，而且焊态下焊缝和 HAZ 金属组织对冷裂纹特别敏感。

焊后沿焊缝横向制作拉伸试样，使焊缝金属位于试样中心，拉伸结果表明激光焊和电子束焊接头强度不低于母材，塑性和韧性比焊条电弧焊和 MAG 焊接头好，接近于母材。

分别对上述四种焊接方法的焊接接头进行缺口冲击试验，结果表明，激光焊接头不仅具有较高的强度，而且有优良的韧性和抗裂性，它的动态撕裂能与母材相当，有的甚至高于母材。冲击试验后，用扫描电镜对断口进行分析发现断口呈平面应力断裂的特征，在起裂和裂纹终止处，断口较为平坦和光滑，断裂机理是微孔聚集型。结果表明，激光焊焊接接头不仅具有高的强度，而且具有良好的韧性和良好的抗裂性。其原因如下。

a. 激光焊焊缝细、HAZ 窄。在冲击试验时，裂纹并不总是沿焊缝或 HAZ 扩展，常常是扩展进母材。冲击断口的扫描电镜观察充分证明了这一点，断口上大部分区域是未受热影响的母材，因此整个接头的抗裂性，实际上很大一部分是由母材所提供。

b. 从接头的硬度和显微组织的分布来看，激光焊有较高的硬度和较陡的硬度梯度，这表明可能有较大的应力集中出现。但是，在硬度较高的区域，正对应于细小的组织，高的硬度和细小组织的共生效应使得接头既有高的强度，又有足够的韧性。而焊条电弧焊和熔化极气体保护焊则不一样，接头中硬度高的区域其组织粗大，这样则产生较大的脆性。

c. 激光焊焊缝和 HAZ 的组织主要为马氏体，这是由于它的焊接速度高、热输入小所造成的。HY-130 钢中碳的质量分数很小（约 0.1%），焊接过程中由于冷却速度快，形成低碳马氏体，这种组织的综合性能优于焊条电弧焊和熔化极气体保护焊中产生的针状铁素体和马氏体的混合物，再加上晶粒细小得多，接头性能无疑是优良的。

d. HY-130 钢激光焊时，焊缝中的有害物质元素大大减少，产生了净化效应，提高了接头韧性。

激光焊焊接 HY-130 钢体现了它焊这类低合金高强度钢的特点，类似的结果在 X-180 北极管线钢等多种材料的焊接中都能得到。

② 不锈钢　奥氏体不锈钢由于具有良好的抗腐蚀性，以及高温和低温韧性而获得广泛的应用。这类不锈钢的特点是合金元素含量高，导热性仅为低碳钢的 1/3，线膨胀系数大，为低碳钢的 1.5 倍。

对 Ni-Cr 系（300 系列）不锈钢进行焊接时，具有很高的能量吸收率和熔化效率。用 CO_2 激光焊焊接 304 不锈钢（美国牌号），在功率为 5kW、焊接速度为 1m/min、光斑直径为 0.6mm 的条件下，光的吸收率为 85%，熔化效率为 71%，由于焊接速度快，减轻了不锈钢焊接时的过热现象和线膨胀系数大的不良影响，焊缝无气孔、夹杂等缺陷，接头强度与母材相当。

不锈钢激光焊的另一个特点是，用小功率 CO_2 激光焊焊接不锈钢薄板，可以获得外观上成形良好、焊缝平滑美观的接头。

不锈钢的激光焊，可用于核电站中不锈钢管、核燃料包等的焊接，也可以用于化工等其他工业。

③ 硅钢　硅钢片是一种应用广泛的电磁材料，在轧制过程中为了保护生产线运行的连续性，需要对硅钢薄板进行焊接，但硅钢中的 Si 的质量分数高（约 3%），Si 对 α-Fe 具有强烈的固溶强化作用，使硅钢的硬度、强度增加，塑性、韧性急剧下降，而且冷轧造成的加工硬化，使强度、硬度进一步增加。硅钢的热导率仅为纯铁的 50%，热敏感性大，易发生过热使晶粒长大，而且晶粒一旦长大，就很难通过热处理使之细化。目前工业中采用了 TIG 焊，存在的主要问题是接头脆化，焊态下接头的反复弯曲次数低或者不能弯曲，因而不得不在焊后增加一道火焰退火工序。这样既增加了工艺流程复杂性，也降低了生产效率。

用 CO_2 激光焊焊接硅钢薄板中焊接性最差的 Q112B 高硅取向变压器钢（板厚 0.35mm），获得了满意的结果。硅钢焊接接头的反复弯曲次数越高，接头的塑性和韧性越好，TIG 焊、光束焊和激光焊焊接接头反复弯曲次数的比较表明，激光焊接头最为优良，焊后不经热处理即可满足生产线对接头韧性的要求。

④ 碳素钢　由于激光焊时的加热速度和冷却速度非常快，所以在焊接碳素钢时，随着含碳量的增加，焊接裂纹和缺口敏感性也会增加。

目前对民用船体结构钢 A、B、C 级的激光焊研究已趋成熟。实验用钢的厚度范围分别为：A 级 9.5～12.7mm；B 级 12.7～19.0mm；C 级 25.4～28.6mm。在其成分中，碳的质量分数均不大于 0.25%，锰的质量分数为 0.6%～1.03%，脱氧程度和钢的纯度从 A 级到 C

级递增。焊接时，使用的激光功率为 10kW，焊接速度为 0.6～1.2m/min，焊缝除 20mm 以上厚板需双道焊外均为单道焊。

力学性能试验结果表明，所有 A、B、C 级钢的焊接接头抗拉性能都很好，均断在母材处，并具有足够的韧性。

（2）铝及其合金的激光焊　铝及其合金激光焊的主要困难是它对 10.6μm 波长的 CO_2 激光束的反射率高。铝是热和电的良导体，高密度的自由电子使它成为光的良好反射体，起始表面反射率超过 90%，也就是说，深熔焊必须在小于 10% 的输入能量开始，这就要求很高的输入功率以保证焊接开始时必需的功率密度。而一旦小孔生成，它对光束的吸收率迅速提高，甚至可达 90%，从而能使焊接过程顺利进行。铝及其合金焊接时，随着温度的升高，氢在铝中的溶解度急剧增大，溶解于其中的氢成为焊缝的缺陷源。焊缝中多存在气孔，深熔焊时根部可能出现空洞，焊道成形较差。研究表明，在高功率密度、高焊接速度下，可获得没有气孔的焊缝；用 YAG 激光焊焊接 5××× 和 6××× 系列的铝合金，同时采用超声波振动，可大大降低气孔和热裂纹的产生。

铝及其合金对输入能量强度和焊接参数很敏感。要获得无缺陷的接头，必须仔细选择焊接参数，并对等离子体进行良好的控制。

铝合金激光焊时，用 8kW 的激光功率可焊透 12.7mm 厚的材料，焊透率大致为 1.5mm/kW。

（3）钛及其合金的激光焊　钛合金具有高的比强度（强度和质量比），广泛用于航空、航天工业，是制造卫星、宇宙飞船、航天飞机和现代飞机不可缺少的材料。钛合金化学活性高，在高温下易氧化，在 330℃ 时晶粒即开始长大。在进行激光焊时，正反面均必须施加惰性气体保护。气体保护范围须扩大到 400～500℃（即拖罩保护）。

钛合金对接时，焊前必须把坡口清洗干净，可先用喷砂处理，再用化学方法清洗。另外，装配要精确，间隙宽度要严格控制。激光焊焊接钛合金，焊接速度一般较高（80～100m/h），焊接深度大致为 1mm/kW。

对工业纯钛和 Ti-6Al-4V 的 CO_2 激光焊研究表明，使用 4.7kW 的激光功率，焊接板厚为 1mm 的 Ti-6Al-4V，焊接速度可达 15m/min。经 X 射线检测表明，接头致密，无气孔、裂纹和夹杂；也没有发现明显的咬边，接头的屈服强度、极限拉伸强度与母材相当，塑性不降低。

在适当的焊接参数下，Ti-6Al-4V 的接头性能与母材具有同等的弯曲疲劳强度。

Ti-6Al-4V 退火状态下的原始组织是 α＋β 相的混合物，经激光焊后，焊缝组织主要是针状的 α 马氏体（α'）。在冷却过程中，首先形成的是"一次"α' 晶粒，并在较长距离内扩展，分割未转变的 β 相；然后，被分割的 β 相转变成一系列针状"二次"α'。HAZ 组织是 α＋α' 的混合物，从焊缝到母材，α 的数量逐渐减少。

钛及其合金焊接时，氧气的溶入对接头的性能有不良影响，在激光焊时，只要使用了保护气体，焊缝中的氧就不会有显著变化。激光焊焊接高温钛合金，也可以获得强度和塑性良好的接头。

（4）耐热合金的激光焊　许多镍基和铁基耐热合金都能用 CO_2 激光焊进行焊接。激光焊焊接这类材料时，容易出现裂纹和气孔。用 2kW 快速轴向流动式激光器，对厚 2mm 的 M-152（美国牌号）合金进行焊接，最佳焊接速度为 8.3mm/s；1mm 厚的 Ni 基合金，最佳焊接速度为 34mm/s。

（5）异种金属的激光焊　在一定条件下，Cu-Ni、Ni-Ti、Cu-Ti、Ti-Mo、黄铜-铜、低碳钢-铜、不锈钢-铜及其他一些异种金属材料，都可以进行激光焊。对 Ni-Ti 焊接熔合区的金相分析表明，熔合区主要由高分散度的微细组织组成，并有少量金属间化合物分布在熔合区界面。对可伐合金（Kovar：Ni29%-Co17%-Fe54%，质量分数)-铜的激光焊发现，其接头强度为退火态铜的92%，并有较好的塑性，但焊缝金属呈化学不均匀性。

（6）非金属的激光焊　激光不仅可以焊接金属，还可以用于焊接陶瓷、玻璃、复合材料及金属基复合材料等非金属。

硅酸盐及氧化物对 CO_2 激光和YAG激光的吸收率很高，不需要很高的功率就能够熔化 Al_2O_3、Y_2O_3、ZrO_2 等。但在焊接陶瓷等非金属材料时，要注意的是：焊缝及热影响区可能会产生裂纹及气孔；熔化区和热影响区有晶粒长大的倾向；要将结晶控制所希望的晶粒。焊前预热能防止出现上面所说的缺陷。

金属基复合材料（metal matrix composites，MMCs）广泛用于航空航天和汽车工业领域。焊接MMCs的难点是脆性相的产生，以及由这些脆性相导致的裂纹和接头强度低。虽然在一定条件下可以获得满意的接头，但目前仍处于研究阶段。

第二节　电子束焊

一、概述

电子束焊一般是指在真空环境下，利用会聚的高速电子流轰击工件接缝处所产生的热能，使被焊金属熔合的一种焊接方法。电子轰击工件时，动能转变为热能。电子束作为焊接热源有两个明显的特点。

（1）功率密度高　电子束焊接时常用的加速电压范围为 30～150kV。电子束电流为 20～1000mA。电子束焦点直径约为 0.1～1mm。这样，电子束的功率密度可达 $10^6 W/cm^2$ 以上，属于高能束流。

（2）精确、快速的可控性　作为物质基本粒子的电子具有极小的质量（$9.1 \times 10^{-31} kg$）和一定的负电荷（$1.6 \times 10^{-19} C$），电子的荷质比高达 $1.76 \times 10^{11} C/kg$，通过电场、磁场对电子束可作快速而精确的控制。电子束的这一特点明显地优于激光束，后者只能用透镜和反射镜控制，速度慢。

基于电子束的上述特点和焊接时的真空条件，电子束焊接具有下列主要优缺点。

（1）优点

① 电子束穿透能力强，焊缝深宽比大。图 4-17 是等厚度电子束焊焊缝和钨极氩弧焊焊缝横断面形状的比较。目前，电子束焊缝的深宽比可达到 50：1。焊接厚板时可以不开坡口实现单道焊，比电弧焊可以节省辅助材料和能源的消耗。

② 焊接速度快，热影响区小，焊接变形小。对精加工的工件可用做最后连接工序，焊后工件仍保持足够高的精度。

③ 真空电子束焊接不仅可以防止熔化金属受到氧、氮等有害气体的污染，而且有利于焊缝金属的除气和净化，因而特别适于活泼金属的焊接。也常用电子束焊接真空密封元件，焊后元件内部保持在真空状态。

④ 电子束在真空中可以传到较远的位置上进行焊接，因而也可以焊接难以接近部位的接缝。

⑤ 通过控制电子束的偏移，可以实现复杂接缝的自动焊接。可以通过电子束扫描熔池来消除缺陷，提高接头质量。

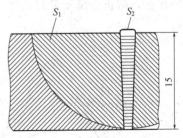

图 4-17　电子束焊缝和钨极氩弧
焊焊缝断面形状的比较

S_1—钨极氩弧焊焊缝截面 $\approx 353mm^2$；

S_2—电子束焊缝截面 $\approx 15mm^2$；

$S_1 : S_2 = 23.5 : 1$

（2）缺点

① 设备比较复杂、费用比较昂贵。

② 焊接前对接头加工、装配要求严格，以保证接头位置准确，间隙小而且均匀。

③ 真空电子束焊接时，被焊工件尺寸和形状常常受到工作室的限制。

④ 电子束易受杂散电磁场的干扰，影响焊接质量。

⑤ 电子束焊接时产生的 X 射线需要严加防护，以保证操作人员的健康和安全。

二、电子束焊接原理

1. 工作原理

电子束是从电子枪中产生的，通常电子以热发射或场致发射的方式从发射体（阴极）逸出。在 25～300kV 的加速电压作用下，电子被加速到 0.3～0.7 倍光速，具有一定的动能，经电子枪中静电透镜和电磁透镜的作用，电子会聚成功率密度高的电子束。

这种电子束撞击到工件表面，电子的动能就转变为热能，使金属迅速熔化和蒸发。在高压金属蒸气的作用下熔化的金属被排开，电子束就能继续撞击深处的固态金属，很快在被焊工件上"钻"出一个锁形小孔（见图 4-18），小孔的周围被液态金属包围，随着电子束与工件的相对移动，液态金属沿小孔周围流向熔池后部，逐渐冷却、凝固形成了焊缝。

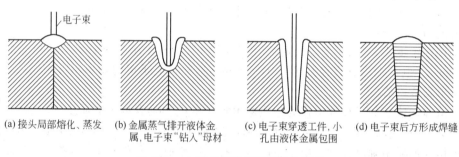

(a) 接头局部熔化、蒸发　(b) 金属蒸气排开液体金属，电子束"钻入"母材　(c) 电子束穿透工件，小孔由液体金属包围　(d) 电子束后方形成焊缝

图 4-18　电子束焊接焊缝形成的原理

电子束传送到焊接接头的热量和其熔化金属的效果与束流强度、加速电压、焊接速度、电子束斑点质量以及被焊材料的性能等因素有密切的关系。

2. 分类

电子束焊的分类方法很多，按被焊工件所处环境的真空度可分为三种：高真空电子束焊、低真空电子束焊和非真空电子束焊。

高真空电子束焊是在 10^{-4}～10^{-1} Pa 的压强下进行的。良好的真空条件，可以保证对熔池的保护，防止金属元素的氧化和烧损，适用于活性金属、难熔金属和质量要求高的工件的焊接。

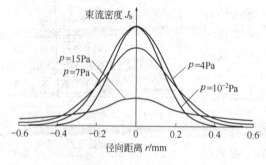

图 4-19　不同压强下电子束斑点束流密度 J_b 的分布

低真空电子束焊是在 10^{-1}～10Pa 的压强下进行的。从图 4-19 可知，压强为 4Pa 时束流密度及其相应的功率密度的最大值与高真空的最大值相差很小。因此，低真空电子束焊也具有束流密度和功率密度高的特点。由于只需抽到低真空，明显地缩短了抽真空时间，适用于批量大的零件的焊接和在生产线上使用。例如，变速器组合齿轮多采用低真空电子束焊接。

在非真空电子束焊机中，电子束仍是在高真空条件下产生的，然后穿过一组光闸、气阻和若干级预真空小室，射到处于大气压力下的工件上，由图4-19可知，在压强增加到15Pa时，由于散射，电子束功率密度明显下降。在大气压下，电子束散射更加强烈，即使将电子枪的工作距离限制在20～50mm，焊缝深宽比最大也只能达到5∶1。目前，非真空电子束焊接能够达到的最大熔深为30mm。这种方法的优点是不需真空室，因而可以焊接尺寸大的工件，生产率较高。近年来，移动式真空室或局部真空电子束焊接方法，既保留了真空电子束高功率密度的优点，又不需要真空室，因而在大型工件的焊接工程上有应用前景。

三、电子束焊接设备

电子束焊接设备通常由电子枪、工作室（亦称真空室）、真空系统、电源及电气控制系统等部分组成。

1. 电子枪

电子束焊接设备中用以产生和控制电子束的电子光学系统称为电子枪。现代电子束焊机多采用三极电子枪，其电极系统由阴极、偏压电极和阳极组成。阴极处于高的负电位，它与接地的阳极之间形成电子束的加速电场。偏压电极相对于阴极呈负电位，通过调节其负电位的大小和改变偏压电极形状及位置可以调节电子束流的大小和改变电子束的形状。

2. 供电电源

供电电源是指电子枪所需要的供电系统，通常包括高压电源、阴极加热电源和偏压电源。这些电源装在充油的箱体中，称为高压油箱。纯净的变压器油既可作绝缘介质，又可作为传热介质将热量从电器元件传送到箱体外壁。电器元件都装在框架上，该框架又固定在油箱的盖板上，以便维修和调试。

3. 真空系统

真空系统是对电子枪室和真空工作室抽真空用的。该系统中大多使用两种类型的真空泵，一种是活塞式或叶片式机械泵，也称为低真空泵，它用以将电子枪和工作室从大气压抽到10Pa左右。在低真空焊机、大型真空室或对抽气速度要求较高的设备中，这种机械泵应与双转子真空泵（亦称罗茨泵）配合使用，以提高抽速并使工作室压强降到1Pa以下。另一种是油扩散泵，用于将电子枪和工作室压强降到10^{-2}Pa以下。油扩散泵不能直接在大气压下启动，必须与低真空泵配合组成高真空抽气机组。在设计抽真空程序时应严格按照真空泵和机组的使用要求，否则将造成扩散泵油氧化，真空容器的污染甚至损坏真空设备等后果。还有一种是涡轮分子泵，它是抽速极高的高真空泵，又不像油扩散泵那样需要预热，同时也避免了油的污染，多用于电子枪的真空系统。

4. 工作室

工作室（亦称真空室）提供了进行电子束焊接的真空环境，同时将电子束与操作者隔离开来，防止电子束焊接时产生的X射线对人体和环境的伤害。工作室的尺寸、形状应根据焊机的用途和被加工的零件来确定。工作室应采用低碳钢板制成，以屏蔽外部磁场对电子束轨迹的干扰。工作室内表面应镀镍或作其他处理，以减少表面吸附气体、飞溅及油污等，缩短抽真空时间和便于工作室的清洁工作。

工作室的设计应满足承受大气压所必需的刚性、强度指标和X射线防护的要求。中低压型电子束焊机（加速电压等于或低于60kV）可以靠工作室钢板的厚度和合理设计工作室结构来防止X射线的泄漏。高压型电子束焊机（加速电压高于60kV）的电子枪和工作室必须设置严密的铅板防护层，铅防护层应粘接在真空室的外壁上，在外壁形状复杂的情况下，也允许在其内壁粘接铅板。在电子枪内电位梯度大的静电透镜区内，不允许在其内壁粘接铅板。

5. 电气控制系统

控制系统就是电子束焊机的操作系统，通过将上述各部分功能的组合，完成优质的焊缝，也标志着电子束焊机工业应用的成熟程度。

6. 工作台和辅助装置

工作台、夹具、转台对于在焊接过程中保持电子束与接缝的位置准确、焊接速度稳定、焊缝位置的重复精度都是非常重要的。大多数电子束焊机采用固定电子枪，让工件作直线移动或旋转运动来实现焊接。对大型真空室，也可以使工件不动，而驱动电子枪进行焊接。

四、电子束焊接工艺

1. 薄板的焊接

板厚在 $0.03\sim2.5mm$ 的零件多用于仪表、压力或真空密封接头、膜盒、封接结构、电接点等构件中。

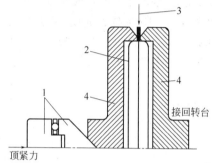

图 4-20　膜盒及其焊接夹具

1—侧顶夹具；2—工件；3—氩气；4—夹具

薄板导热性差，电子束焊接时局部加热强烈。为了防止过热，应采用夹具。图 4-20 示出薄板膜盒零件及其装配焊接夹具，夹具材料为紫铜。对极薄工件可考虑使用脉冲电子束流。

电子束功率密度高，易于实现厚度相差很大时接头的焊接。焊接时薄板应与厚板紧贴，适当调节电子束焦点位置，使接头两侧均匀熔化。

2. 厚板的焊接

目前电子束可以一次焊透300mm 的钢板。焊道的深宽比可以高达 60：1。当被焊钢板厚度在60mm 以上时，应将电子枪置于水平位置进行横焊，以利焊缝成形。电子束焦点位置对熔深影响很大，在给定的电子束功率下，将电子束焦点调节在工件表面以下，熔深的 $0.5\sim0.75$ 处电子束的穿透能力最好。根据实践经验，焊前将电子束焦点调节在板材表面以下，板厚的 $1/3$ 处，可以发挥电子束的熔透效力并使焊缝成形良好。表 4-5 示出真空度对电子束焊熔深的影响，厚板焊接时应保持良好的真空度。

表 4-5　电子束焊真空度对钢板熔深的影响

真空度/Pa	电子束工作距离/mm	电子束流/mA	加速电压/kV	焊接速度/(cm/min)	焊深/mm
$<10^{-2}$	500	50	150	90	25
10^{-2}	200	50	150	90	16
10^5	13	43	175	90	4

3. 添加填充金属

只有在对接头有特殊要求或者因接头准备和焊接条件的限制不能得到足够的熔化金属时，才添加填充金属。其主要作用如下：

①在接头装配间隙过大时可防止焊缝凹陷；

②在焊接裂纹敏感材料或异种金属接头时可防止裂纹的产生；

③在焊接沸腾钢时加入少量含脱氧剂（铝、锰、硅等）的焊丝，或在焊接铜时加入镍均有助于消除气孔。

添加填充金属的方法是在接头处放置填充金属，箔状填充金属可夹在接缝的间隙处，丝状填充金属可用送丝机构送入或用定位焊固定。

送丝机构应保证焊丝准确地送入电子束的作用范围内。送丝嘴应尽可能靠近熔池，其表面应有涂层以防金属飞溅物的沾污。应选用耐热钢来制造送丝嘴。应能方便地对送丝机构进行调节，以改变送丝嘴到熔池的距离、送丝方向以及与工件的夹角等。焊丝应从熔池前方送入。焊接时，采用电子束扫描有助于焊丝的熔化和改善焊缝成形。

送丝速度和焊丝直径的选择原则是使填充金属量为接头凹陷体积的 1.25 倍。

4. 焊接缺陷及其防治

和其他熔化焊一样，电子束接头也会出现未熔合、咬边、焊缝下陷、气孔、裂纹等缺陷。此外电子束焊缝特有的缺陷有熔深不均、长孔洞、中部裂纹和由于剩磁或干扰磁场造成的焊道偏离接缝等。

熔深不均出现在不穿透焊缝中，这种缺陷是高能束流焊接所特有的。它与电子束焊接时熔池的形成和金属的流动有密切的关系。加大小孔直径可消除这种缺陷。采用作圆形扫描的电子束的功率分布有利于消除熔深不均。改变电子束焦点在工件内的位置也会影响到熔深的大小和均匀程度。适当地散焦可以加宽焊缝，有利于消除和减小熔深不均的缺陷。

长孔洞及焊缝中部裂纹都是电子束深熔透焊接时所特有的缺陷，降低焊接速度，改进材质有利于消除此类缺陷。

五、电子束焊接的应用

1. 钢

（1）低碳钢　低碳钢易于焊接。与电弧焊相比，焊缝和热影响区晶粒细小。焊接沸腾钢时，应在接头间隙处夹一厚度为 0.2～0.3mm 的铝箔，以消除气孔。半镇静钢焊接有时也会产生气孔，降低焊速、加宽熔池也有利于消除气孔。

（2）合金钢　这些钢材电子束焊接的焊接性与电弧焊类似。经热处理强化的钢材，在焊接热影响区的硬度会下降，采用焊后回火处理可以使其硬度回升。

焊接刚性大的工件时，特别是基本金属已处于热处理强化状态时，焊缝易出现裂纹。合理设计接头使焊缝能够自由收缩，采用焊前预热、焊后缓冷以及合理选择焊接条件等措施可以减轻淬硬钢的裂纹倾向。对于需进行表面渗碳、渗氮处理的零件，一般应在表面处理前进行焊接。如果必须在表面处理后进行焊接，则应先将焊缝区的表面处理层除去。

含碳量低于 0.3％（质量分数）的低合金钢焊接时，不需要预热和缓冷。在工件厚度大，结构刚性强时需预热到 250～300℃。对焊前已进行过淬火和回火处理的零件，焊后回火温度应略低于原回火温度。轻型变速箱的齿轮大多采用电子束来焊接组合。齿轮材料是 20CrMnTi 或 16CrMn，焊前材料处于退火状态，焊后进行调质和表面渗碳处理。

合金高强度钢的含碳量（或碳当量）高于 0.30％（质量分数）时，应在退火或正火状态下焊接，也可以在淬火加正火处理后焊接。当厚板大于 6mm 时应采用焊前预热和焊后缓冷，以免产生裂纹。

对于含碳量大于 0.50％（质量分数）的高碳钢，用电子束焊接时开裂倾向比电弧低。轴承钢也可用电子束焊接，但应采用预热和缓冷。

（3）工具钢　工具钢的电子束焊接接头性能良好，生产率高。例如，4Cr5MoVSi 钢焊前 HRC 为 50，厚度为 6mm，焊后进行 550℃正火，焊缝金属的硬度 HRC 可以达到 56～57，热影响区硬度 HRC 下降到 43～46，但其宽度只有 0.13mm。

（4）不锈钢　奥氏体钢的电子束焊接接头具有较高的抗晶间腐蚀的能力，这是因为高的冷却速度可以防止碳化物析出。

马氏体钢可以在任何热处理状态下焊接，但焊后接头区会产生淬硬的马氏体组织，而且随着含碳量的增加和焊接速度的加快，马氏体的硬度将提高，开裂敏感性也较强。

沉淀硬化不锈钢的焊接接头的力学性能较好，含磷高的沉淀硬化不锈钢的焊接性差。半奥氏体钢，例如17-7PH和PH14-8Mo，焊接性很好，焊缝为奥氏体组织。降低半马氏体钢的碳含量可以降低马氏体的硬度，改善其焊接性。

2. 铝和铝合金

焊前应对接缝两侧宽度不小于10mm的表面应用机械和化学方法做除油和清除氧化膜处理。

铝合金的熔点低，焊接时，合金中一些元素汽化而产生的焊缝气孔，在高速焊时尤为明显。为了防止气孔和改善焊缝成形，对厚度小于40mm的铝板，焊速应在60～120cm/min。对40mm以上的厚铝板，焊速应在60cm/min以下。

将焊缝用电子束再熔化一次，有利于消除焊缝气孔，改善焊缝成形。填加焊丝可改善焊缝成形，补偿合金元素（Mn、Mg、Zn、Li等）的蒸发，消除焊缝缺陷。

采用高速来焊接热硬铝合金对于减小软焊缝的宽度和热影响区的宽度是有好处的。

3. 钛和钛合金

钛是一种非常活泼的金属，所以应在良好的真空条件下（$<1.33\times10^{-2}$Pa）进行焊接。氢气孔是熔化焊接钛时最常见的缺陷，预防措施是降低熔池中氢含量和保证良好的结晶条件。例如焊前接缝进行化学清洗和刮削，施加重复焊道，焊速低于80cm/min以下。用碱或碱土金属的氟化物为基的溶剂对熔池进行冶金处理对消除气孔很有效，例如将氟化钙加入熔池，可以消除30mm厚钛合金焊缝中的气孔。

TC4是一种常用的钛合金，它可以在退火或固溶加时效条件下焊接。焊后接头强度与基体金属相差无几，断裂韧性略差，疲劳强度可达到基体金属的95%。

4. 铜和铜合金

电子束焊接铜具有突出的优点，40mm厚的铜板，采用电子束焊接所需要的线能量是自动埋弧焊所需线能量的1/7～1/5，焊缝横断面积是其1/30～1/25。

焊接铜合金可能发生的主要缺陷是气孔。对于厚度为1～2mm的铜板，焊缝中不易产生气孔。对于厚度为2～4mm的铜板，焊速应低于34cm/min，才可防止产生气孔。厚度大于4mm时，焊速过慢将使焊缝成形变坏，焊缝空洞变多。增加装配间隙，焊前预热和重复施焊都是减少焊缝气孔的有效措施。

为了减少金属的蒸发，对厚度为1～2mm的铜板，电子束焦点应处在工件表面以上；对厚度大于10～15mm的铜板，可将电子枪水平放置，进行横焊。

5. 难熔金属

锆、铌、钼、钨等属难熔金属。

锆非常活泼，焊接应在真空度达1.33×10^{-2}Pa以上的无油高真空中进行。接头准备和清洗是至关重要的。焊后退火可提高接头抗冷裂和延迟破坏的能力。退火条件是在1023～1123K的温度下保温1h，随炉冷却。焊接锆所用的线能量与同厚度的钢相近。

铌的电子束焊接也应在优于1.33×10^{-2}Pa的高真空下进行。真空室的泄漏率不得超过4×10^{-4}m$^3\cdot$Pa/s。铌合金焊缝中常见的缺陷是气孔和裂纹。采用细电子束进行焊接不易产生裂纹。用散焦电子束对接缝进行预热，有清理和除气作用，有利于消除气孔。

钼合金中加入铝、钛、锆、铪、钍、碳、硼、钇或镧，能够中和氧、氮和碳的有害作用，提高焊缝韧性，钼的焊缝中常见的缺陷是气孔和裂纹。焊前仔细清洗接缝和预热有利于消除气孔。采用细电子束和加快焊速有利于消除裂纹。在焊速为 $50\sim67\mathrm{cm/min}$ 时，每毫米厚度的钼约需要 $1\sim2\mathrm{kW}$ 电子束功率。

钨及其合金对电子束焊具有良好的焊接性。接头准备和清洗是非常重要的，清洗后应进行除气处理，即在优于 $1.33\times10^{-3}\mathrm{Pa}$ 的真空度下，将工件加热到1370K，保温 1h，随炉冷却。预热是防止钨接头冷裂纹的有效措施，预热温度可选为 $700\sim1000\mathrm{K}$，只是在焊接粉末冶金钨而且焊速低于 $50\mathrm{cm/min}$ 时才不进行预热。对 W-25Re 合金预热可提高焊速 $170\sim250\mathrm{cm/min}$，并降低热裂倾向。焊后退火可降低某些钨合金焊接接头的脆性转变温度，但不能改善纯钨焊缝金属的冷脆性。

6. 异种金属

异种金属接头的焊接性取决于各自的物理化学性能。彼此可以形成固溶体的异种金属焊接性良好，易生成金属间化合物的异种金属的接头韧性差，对于难以直接焊接的异种金属，可以通过过渡材料来焊接。例如，焊接铜和钢时加入铝衬，可使焊缝密实和均匀，接头性能良好。

异种金属相互接触和受热时会产生电位差，这会引起电子束偏向一侧，应注意这一特殊现象，防止焊偏等缺陷。高铝瓷和铌的密封接头是用电子束焊接而成的，焊前将工件预热到 $1300\sim1700\mathrm{K}$，焊后退火处理。焊接难熔的异种金属时应尽量降低线能量，采用小焦斑。尽可能在固溶状态下施焊，焊后做时效处理。

六、安全防护

在操作电子束焊机时要防止高压电击、X 射线以及烟气等。

高压电源和电子枪应保证有足够的绝缘和良好的接地。绝缘试验电压应为额定电压的 1.5 倍。电子束焊接设备应装置专用地线，其接地电阻应小于 3Ω。设备外壳应用粗铜线接地。在更换阴极组件和维修时，应切断高压电源，并用放电棒接触准备更换的零件，以防电击。

电子束焊接时，大约不超过 1% 的电子束能量将转变为 X 射线辐射。我国规定对无监护的工作人员允许的 X 射线剂量不应大于 $0.25\mathrm{mR/h}$。加速电压为 60kV 以上的焊机应附加铅防护层。

应采用抽气装置将真空室排出的油气、烟尘等及时排出，设备周围应易于通风。焊接过程中不允许用肉眼直接观察熔池，必要时应配戴防护镜。

第三节　等离子弧焊接

一、等离子弧的形成及应用特性

1. 等离子弧的形成

等离子弧是电弧的一种特殊形式。它是借助水冷喷嘴的外部拘束，使电弧的弧柱区横截面受到限制，使电弧的温度、能量密度、电离度和它的流速都显著增大。这种用外部拘束条件使弧柱受到压缩的电弧就是通常所称的等离子弧。这种高温、高电离密度及高能量密度的等离子弧的获得，是以下三种压缩作用的结果。

（1）机械压缩效应　电弧在燃烧时，由于喷嘴孔径的作用使弧柱截面积受到限制，使其不能自由扩大，即电弧受到压缩，这就是机械压缩效应。

（2）热压缩效应　在焊接过程中，气体介质不断地以一定的速度和流量送给，以及喷嘴内水的作用，使得靠近喷嘴内壁的气体受到较强烈的冷却，弧柱周围的温度和电离度迅速下降，在弧柱周围靠近喷嘴孔内壁产生一层电离度趋近于零的冷气膜，迫使电流集中到弧柱中心的高温、高电离区域，从而使弧柱有效横截面进一步减小。这种作用通常称为电弧的热收缩效应。

（3）电磁压缩效应　电弧导电可看作是一束平行而且同方向的电流线通过弧柱。根据电工学原理可知，当平行导线通过方向相同的电流时会产生相互间的电磁吸引力，这种现象称为电磁压缩效应。电流密度越大，这种电磁压缩效应就越强。

2. 等离子弧的特性

（1）静态特性　等离子弧的静态特性仍然呈 U 形（图 4-21），但具有以下特点。

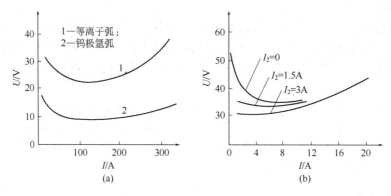

图 4-21　等离子弧的静特性
（a）转移型弧；（b）混合型弧

① 由于冷壁喷嘴的拘束作用使弧柱横截面积受到限制，弧柱电场强度增大，电弧电压明显提高，U 形特性的平直区较自由电弧明显缩小。

② 拘束孔道的尺寸和形状对静特性有明显影响，喷嘴孔径越小，U 形特性平直区域就越小，上升区域斜率增大，即弧柱电场强度增大。

③ 离子气种类和流量不同时，弧柱的电场强度将有明显变化。因此，等离子弧供电电源的空载电压应按所用等离子气种类而定。

④ 如果采用混合型等离子弧，转移弧 U 形特性下降区段斜率明显减小 [图 4-21(b)]，这是由于非转移弧的存在为转移弧提供了导电通路。因此小电流微束等离子弧常采用混合型弧，以提高其稳定性。

（2）热源特性

① 温度和能量密度　普通钨极氩弧的最高温度为 $10000 \sim 24000K$，能量密度小于 $10^4 W/cm^2$。等离子弧温度可高达 $24000 \sim 50000K$，能量密度可达 $10^5 \sim 10^6 W/cm^2$。图 4-22 为两者之对比。

等离子弧温度和能量密度的显著提高使等离子弧的稳定性和挺直度得以改善。自由电弧的扩散角约为 45°，等离子弧约为 5°左右 [图 4-22(b)]，这是因为压缩后从喷嘴口喷射出的等离子弧带电质点运动速度明显提高，最高可达 300m/s（跟喷嘴结构、离子气种类和流量有关）。

② 热源成分　普通钨极氩弧中，加热焊件的热量主要来源于阳极斑点热，弧柱辐射和热传导热仅起辅助作用。在等离子弧中，情况则有变化，弧柱高速等离子体通过接触传导和辐射带给焊件的热量明显增加，甚至可能成为主要的热量来源，而阳极热则降为次要地位。

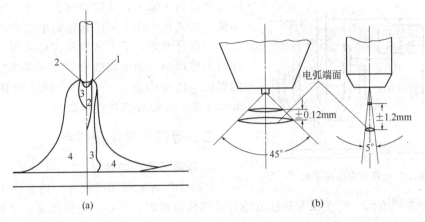

图 4-22　自由电弧和等离子弧的对比

（a）温度分布；（b）挺直度（左—自由电弧；右—等离子弧）

1—24000～50000K；2—18000～24000K；3—14000～18000K；4—10000～14000K

自由钨弧 200A，15V，40×28L/h；压缩电弧 200A，30V，40×28L/h，压缩孔径 ϕ2.4mm

3. 等离子弧的种类

等离子弧按电源供电方式的不同，可分为转移型和非转移型两种基本形式，如图 4-23 所示。若这两种电弧同时存在、同时作用，则称为联合型等离子弧。

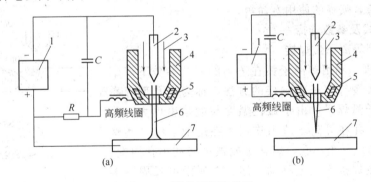

图 4-23　等离子弧的类型

（a）转移型；（b）非转移型

1—电源；2—电极；3—离子气流；4—喷嘴；5—冷却水；6—等离子弧；7—工件

（1）转移型等离子弧　电弧在电极和工件之间燃烧，水冷喷嘴不接电源，仅起冷却拘束作用。焊接时，由于电极缩入喷嘴内，等离子弧难于直接形成，因而必须先引燃引导电弧，然后使电弧转移到工件，所以称为转移型弧，如图 4-23(a) 所示。

因转移型等离子弧的阳极斑点处于工件上，所以，可直接加热工件，并可提高电弧热的有效利用率，同时转移型等离子弧具有很高的动能和冲击力。这种电弧适用于焊接、切割及粉末堆焊。

（2）非转移型等离子弧　如图 4-23(b) 所示，电源接于钨极和喷嘴之间，工件不接入焊接回路，钨极为阴极，喷嘴为阳极，此时水冷喷嘴既是电弧的电极，又起冷壁拘束作用，电弧直接在电极和喷嘴之间燃烧，形成的等离子弧被称为非转移型等离子弧，也称为等离子焰。

非转移型弧对工件的加热是间接的，传到工件上的能量较少。这种非转移型等离子弧主要用于喷涂、薄板的焊接和许多非金属材料的切割与焊接。

（3）联合型等离子弧　如图 4-24 所示，联合型等离子弧需要用两个电源分别供电。在

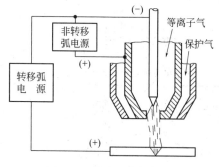

图 4-24　联合型等离子弧

联合型等离子弧中，非转移弧为维弧，而转移弧为主弧。维弧在工作中可以起稳定电弧和补充加热的作用。联合型等离子弧常应用在微束等离子弧焊接和粉末堆焊中。例如在微束等离子弧焊接时，使用的焊接电流可小至 0.1A，正是因为采用了联合型等离子弧，所以焊接过程很稳定。

二、等离子弧焊接特点

1. 等离子弧焊的特点

等离子弧焊是在钨极氩弧焊的基础上发展起来的一种新型焊接方法，它在很大程度上填补了钨极氩弧焊的不足，与钨极氩弧焊相比，它具有以下工艺特点。

① 弧柱温度高，能量密度大，加热集中，熔透能力强，可以高速施焊，生产率高。

② 等离子弧工作稳定，工艺参数调节范围宽，可焊接极薄的金属，也可完成厚板的穿孔型焊接。

③ 焊缝深宽比大，热影响区窄，焊接变形小，可以保证优良的焊接质量。

④ 由于钨极内缩至喷嘴内，不与焊件接触，所以钨极耗损小。

缺点是电源及电气控制线路较复杂，设备费用约为钨极氩弧焊的 2～5 倍，工艺参数的调节匹配较复杂，喷嘴的使用寿命短。

2. 焊接方式及参数选择

（1）穿孔型等离子弧焊接

① 基本原理　利用等离子弧在适当的工艺参数下产生的小孔效应来实现等离子弧焊接的方法，称为穿孔型等离子弧焊。等离子弧焊时，由于弧柱温度与能量密度大，将工件完全熔透，并在等离子流力作用下在熔池前缘穿透整个工件厚度，形成一个小孔，熔化金属被排挤在小孔周围，随着等离子弧在焊接方向上移动，熔化金属沿电弧周围熔池壁向熔池后方移动，于是小孔也就跟着等离子弧向前移动。稳定的小孔焊接过程是不采用衬垫实现单面焊双面一次成形的好方法，因此受到特别重视。一般大电流（100～300A）等离子弧焊大都采用这种方法（图 4-25）。由于这种

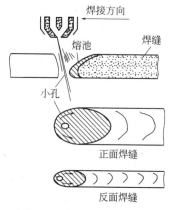

图 4-25　穿孔型等离子弧焊接

小孔效应只有在足够的能量密度下才能形成，板厚增加时所需能量密度也增加，等离子弧的能量密度难以进一步提高，所以穿孔型等离子弧焊接只能在一定板厚范围内进行。目前生产应用的板厚上限为碳钢 7mm、不锈钢 8～10mm、钛 10～12mm。

② 参数选择

a. 喷嘴结构和孔径　这是选择其他参数的前提，一般可按所需电流先确定喷嘴孔径。一定孔径的喷嘴相应有一个允许使用的电流极限值。

b. 离子气种类和流量　等离子弧焊接多用的离子气主要是氩气。但对于各种不同材料的焊接，若都采用单一的氩气并不一定都能得到最好的焊接效果。因此，根据实际需要可采用混合气体作为离子气，以得到最佳的焊接效果。如焊钛可采用（50～75）% He＋（50～25）% Ar。焊铜可采用 100% N_2 或 100% He。

离子气流量增加可使等离子流力和穿透力增大。其他条件给定时，为形成小孔效应需有

足够的离子气流量。但离子气流量不能太大或太小，太大则出现焊缝咬边甚至切割现象；太小则电弧力不足，不易产生小孔效应。离子气流量选择应根据焊接电流、焊速及喷嘴尺寸、高度等参数条件，此外，用不同种类或混合比的离子气时，流量也将是不同的。

　　c. 焊接电流　焊接电流是决定等离子弧功率的主要参数，在其他条件给定时，增大焊接电流，则等离子弧的热功率和电弧力增大，熔透能力增强。因此，焊接电流应根据焊件的材质和厚度或熔透要求首先确定。如果焊接电流过小，则形成的小孔直径过小，甚至不能形成小孔；焊接电流过大，则穿出的小孔直径也过大，熔池将出现坠落或烧穿。此外，电流过大还可能形成双弧而破坏稳定的焊接过程。同时在喷嘴结构确定的条件下，为形成稳定的穿孔焊接过程，电流有一个最小值和一个最大值。离子气流量也有一个使用范围，而且与电流是相互制约的。图 4-26(a) 为喷嘴结构、板厚和焊速等参数给定时，用实验方法在 8mm 厚不锈钢板焊接时测定的小孔焊接电流和离子气流量的参数匹配窗口。喷嘴结构不同，这个范围也不同。图中 1、2 分别为采用圆柱形喷嘴、收敛-扩散形喷嘴的离子气-电流匹配窗口，3为加填充金属可消除咬肉的区域。

　　d. 焊接速度　在其他条件给定时，焊速增加，焊缝热输入减少，穿孔直径减小。所以只能在一定焊速范围内获得小孔焊接过程。焊速太慢会造成焊缝坠落，正面咬边，反面突出太多；焊速过高则会导致小孔的消失，这不仅会使工件未焊透，而且会引起焊缝两侧咬边和出现气孔，甚至会形成贯穿焊缝的长条形气孔。对于给定的焊件，为了获得小孔焊接过程，离子气流量、焊接电流和焊接速度这三个参数应保持适当和匹配［图 4-26(b)］。

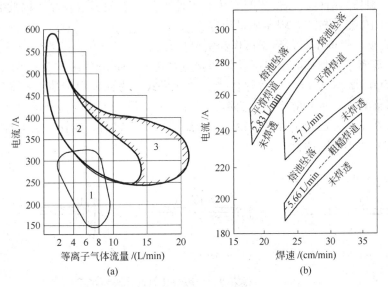

图 4-26　穿孔焊接过程匹配窗口
（a）电流-离子气流量匹配窗口；（b）电流-焊速匹配窗口

　　e. 喷嘴到工件表面距离　一般取 3～5mm，距离太大会使电弧的穿透能力降低，造成电弧不稳定；过小则易造成喷嘴沾黏飞溅物。通常大电流焊接时，距离可稍大，小电流焊接时，应选择小一些。

　　f. 保护气及其流量　在等离子弧焊接中，保护气通常与离子气相同。为了获得稳定的等离子弧和良好的保护效果，保护气应与离子气流量有一个恰当的比例。如果保护气流量不足，则起不到保护作用；保护气流量太大会造成气流的紊乱，影响等离子弧的稳定性和保护效果。

　　③ 应用　穿孔型等离子弧焊接最适用于焊接 3～8mm 不锈钢、12mm 以下钛合金、2～

6mm 低碳或低合金钢以及铜、黄铜、镍基合金的对接缝。这一厚度范围内可不开坡口，不加填充金属，不用衬垫的条件下实现单面焊双面成形。厚度大于上述范围时可采用 V 形坡口多层焊，但钝边可增加到 5mm 左右，这样就可以比钨极氩弧焊明显减少焊接层数和节省填充金属。因此是一种值得推广的厚板单面焊打底方法。为了保证穿孔型焊接过程的稳定性，装配必须严加控制。添加填充焊丝可以降低对装配精度的要求。

（2）熔透型等离子弧焊接　这种焊接方法是在焊接过程中，只熔透焊件而不产生小孔效应的等离子弧焊接方法。当等离子弧的离子气流量减小，穿孔效应消失时，等离子弧仍可进行对接、角接焊。在焊接过程中等离子弧的穿透能力较低不产生小孔，而主要靠熔池的热传导实现熔透。这种熔入型等离子弧焊接方法基本上跟钨极氩弧焊相似，适用于薄板、多层焊缝的盖面及角焊缝，可填加或不加填充焊丝，也适合于铜及铜合金的焊接。优点是焊接速度较快。

（3）微束等离子弧焊接　微束等离子弧焊采用了联合型等离子弧，这样在焊接过程中就一直存在着维弧，即使焊接电流很小，甚至小到零点几安培，仍能维持等离子弧稳定地燃烧。维弧的引燃常采用高频引弧或接触引弧。微束等离子弧焊接需采用具有陡降外特性的电源，使电流保持恒定而不受弧长变化的影响。

微束等离子弧具有以下特点。

① 小电流时电弧仍能保持稳定。

② 焊件变形量和热影响区均比钨极氩弧焊小。

③ 电弧呈细长的圆柱状，弧长的变化对工件加热状态的影响较小，因此它对喷嘴至工件间距离变化的敏感性较小，焊接质量稳定。

④ 设备简单，焊枪小巧，易于操作和实现自动化。

采用微束等离子弧焊接方法已成功地焊接直径为 0.01mm 的细丝及 0.01～0.8mm 的薄板。图 4-27 为 0.025～0.5mm 薄件焊接接头设计形式。为保证焊接质量，应采用精密的装焊夹具，以保证装配质量和防止焊接变形。工件表面的清洁工作应给予特别重视。微束等离子弧焊接方法在工业上已用于焊接薄钢带、薄壁管、薄壁容器、硅管、手术器械等，此外还可用于工件表面微小缺陷的修补。

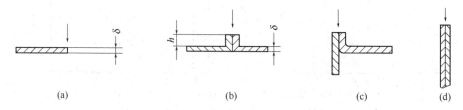

（a）　　　　　　　　　　　（b）　　　　　　　　　（c）　　　　　（d）

图 4-27　微束等离子弧焊接时的接头形式

$h=2\sim5\delta；\delta=0.025\sim1mm$

三、等离子弧焊工艺

1. 接头形式

用于等离子弧焊的通用接头形式为 I 形坡口、单面 V 形和 U 形坡口以及双面 V 形和 U 形坡口。这些坡口形式用于从一侧或两侧进行对接接头的单道焊或多道焊。除对接接头外，等离子弧焊也适合于焊接角焊缝和 T 形接头，而且具有良好的熔透性。

厚度大于 1.6mm 但小于表 4-6 所列厚度值的工件，可不开坡口，采用小孔法单面一次焊成。

表 4-6　一次焊透的厚度

材　　料	不锈钢	钛及钛合金	镍及镍合金	低合金钢	低碳钢
焊接厚度范围/mm	≤8	≤12	≤6	≤7	≤8

注：不加衬垫，单面焊双面成形。

对于厚度较大的工件，需要开坡口对接焊时，与钨极氩弧焊相比，可采用较大的钝边和较小的坡口角度。第一道焊缝采用穿孔法焊接，填充焊道则采用熔透法完成。

焊件厚度如果在 0.05～1.6mm 之间，通常使用熔透法焊接。厚度小于 0.25mm，对接接头则需要卷边。

2. 穿孔型焊接的起弧

板厚小于 3mm 的纵缝和环缝，可直接在焊件上起弧，建立小孔的地方一般不会产生缺陷。但厚度较大时，由于焊接电流较大，起弧处容易产生气孔、下凹等缺陷。对于纵缝，可采用引弧板来解决这个问题，即先在引弧板上挖掘小孔，然后再过渡到工件上去。但环缝无法用引弧板，必须采用焊接电流、离子气流量斜率递增控制法在工件上起弧。电流及离子气流量变化过程如图 4-28 所示。这样起弧，从母材开始熔化到形成小孔，能形成一个圆滑的过渡。

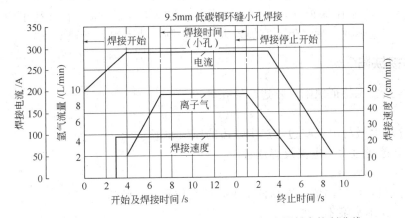

图 4-28　厚板环缝穿孔型焊接电流及离子气流量斜率控制曲线

3. 穿孔型焊接的中止

厚板纵缝，用引出板将小孔闭合在引出板上。厚板环缝则如同起弧一样，采用斜率递减控制法，逐渐减小电流和离子气流量来闭合小孔。电流和离子气流量变化过程如图 4-28 所示。

4. 等离子焊接的双弧问题

在采用转移弧时，由于某些原因，有时除了在钨极和工件之间燃烧的等离子弧外，还会另外产生一个在钨极-喷嘴-工件之间燃烧的串列电弧，这种现象谓之双弧，如图 4-29 所示。

双弧形成后，主弧电流降低，正常的焊接或切割过程被破坏，严重时将导致喷嘴烧毁。

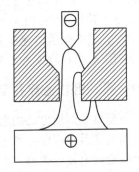

5. 防止产生双弧的措施

① 正确选择电流和离子气流量。

② 喷嘴孔道不要太长。

③ 电极和喷嘴应尽可能对中。

图 4-29　双弧现象

④ 电极内缩量不要太大。

⑤ 喷嘴至工件的距离不要太近。

⑥ 加强对喷嘴和电极的冷却。

⑦ 减小转弧时的冲击电流

6. 等离子弧焊气体选择

等离子弧焊时，除了焊枪压缩喷嘴输送离子气外，还要向焊枪保护气罩输送保护气，以充分保护焊接熔池不受大气污染。

应用最广的离子气是 Ar，适用于所有金属。为了增加输入工件的热量，提高焊接生产率以及改善接头质量，针对不同金属，可在 Ar 中分别加入 H_2、He 等气体。例如焊接不锈钢和镍合金，在 Ar 中加入 $\varphi(H_2) = 5\% \sim 7.5\%$（含 H_2 量过多，会引起气孔或裂纹。穿孔法焊接时，焊薄工件，混合气体中允许的含 H_2 量可比焊厚板工件略高些）。焊接钛和钛合金，则在 Ar 中加入 $\varphi(He) = 50\% \sim 75\%$。焊接铜，甚至可采用 $\varphi(He) = 100\%$。

大电流等离子弧焊，离子气和保护气体相同。如果两者成分不同，将影响等离子弧的稳定性。

小电流等离子弧焊，一律采用 Ar 作离子气。这样非转移弧容易引燃和燃烧稳定。至于保护气体，其成分可以和离子气相同，也可以不同。有时在焊接低碳钢和低合金钢这类金属时，可采用 $Ar + CO_2$ 作保护气，$\varphi(CO_2) = 5\% \sim 20\%$，加入 CO_2 后有利于消除焊缝内气孔，并能改善焊缝表面成形，但不宜加入太多，否则熔池下塌，飞溅增加。

四、焊接缺陷

等离子焊接常见特征缺陷有咬边、气孔等。

1. 咬边

不加填充丝时最易出现咬边，产生咬边的原因如下。

① 离子气流量过大，电流及焊速过高。

② 焊枪向一侧倾斜。

③ 装配错边，坡口两侧边缘高低不平，则高位置一边咬边。

④ 电极与压缩喷嘴不同心。

⑤ 采用多孔喷嘴时，两侧辅助孔位置偏斜。

⑥ 焊接磁性材料时，电缆连接位置不当，导致磁偏吹，造成单边咬边。

2. 气孔

等离子焊接的气孔常见于焊缝根部。引起气孔的原因如下。

① 焊接速度过高。在一定的焊接电流、电压下，焊接速度过高会引起气孔。穿孔焊接时甚至产生贯穿焊缝方向的长气孔。

② 其他条件一定，电弧电压过高。

③ 填充丝送进速度太快。

④ 起弧和收弧处工艺参数配合不当。

五、铝合金穿孔型等离子弧立焊

受常规焊接方法的思维惯性影响，早期穿孔型等离子弧焊是以平焊形式出现的。人们在长期的实践过程中逐渐发现，立焊方式不仅可以使焊件可焊厚度增加，更重要的是使焊缝成形稳定性有显著提高。因此，立焊位置焊接工艺的采用（见图 4-30），使铝合金孔型等离子弧焊迈出了坚实的一大步。

由于穿孔型等离子弧立焊可实现中厚板的单面一次焊双面同时自由成形，并且气孔和夹渣少、焊接变形小、生产率高、成本低，因而成为航天工业中重大铝合金焊接产品的首选焊接方法。但是，铝合金穿孔型等离子弧焊在拥有能量密度高、加热范围小和穿透力大等优点的同时，也存在焊缝成形稳定性（或再现性）差的缺点，原因如下。

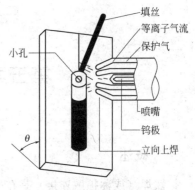

图 4-30　穿孔型等离子
弧立焊示意图

① 要保证铝合金熔池金属的良好流动性，就必须采用在焊件为负的反极性期间内去除氧化膜的交流焊方法，但却会使钨极烧损严重，造成电弧燃烧不稳定。

② 必须对交流等离子弧采用稳弧措施，这不仅增加设备的复杂程度，且易产生双弧。

③ 由于等离子弧对焊件背面的氧化膜几乎没有清理作用，因此，穿孔熔池背面液态金属的流动会受到焊件背面氧化膜的影响。

④ 由于铝合金的比热容、热导率和溶解热大，使得为提高焊缝成形稳定性而在焊接钢材时所采用的"一脉一孔"的低频脉冲穿孔型等离子弧焊不能很好地应用于铝合金焊接。

从焊接工艺角度看，铝合金穿孔型等离子弧焊焊缝成形的稳定性主要取决于四个方面：a. 由焊接电源和焊枪以及铝合金材料所决定的等离子弧性能；b. 穿孔熔池金属的流动性；c. 反映穿孔熔池行为特征信号的提取；d. 焊缝成形稳定性的控制。

目前，美国国家航空和航天管理局（NASA）在对上述四个方面进行大量研究工作的基础上，采用变极性等离子弧焊工艺（VPPAW）为核心的焊接技术和设备，成功地实现了厚板铝合金构件的焊接。但是，由于此项技术的敏感性以及我们自身在理论研究方面的欠缺，严重制约了我国在这一世界前沿领域的发展。

目前，变极性等离子弧立焊已成功地应用于航天飞机外燃料箱、船用液化石油储罐、火箭及导弹壳体等重大铝合金构件的焊接生产。由于它的独特优越性以及随着此项技术的不断进步与发展，将在铝合金焊接构件的生产中发挥越来越重要的作用。

第五章 其他焊接方法

第一节 扩 散 焊

一、概述

扩散焊（或称扩散连接）是在一定的温度和压力下使待焊表面相互接触，通过微观塑性变形或通过在待焊表面上产生的微量液相而扩大待焊表面的物理接触，然后，经较长时间的原子相互扩散来实现结合的一种焊接方法。

扩散连接时，首先必须要使待连接母材表面接近到相互原子间的引力作用范围。图 5-1 为原子间作用力与原子间距的关系示意图。可以看出，两个原子充分远离时，其相互间的作用引力几乎为零，随着原子间距离的不断靠近，相互引力不断增大。当原子间距约为金属晶体原子点阵平均原子间距的 1.5 倍时，引力达到最大。如果原子进一步靠近，则引力和斥力的大小相等，原子间相互作用力为零，从能量角度看此状态最稳定。这时，自由电子成为共有，与晶格点阵的金属离子相互作用形成金属键，使两材料间形成冶金结合。通过上述过程和机理来实现连接的方法即为扩散连接。

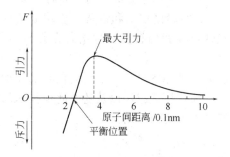

图 5-1 原子间作用力与原子间距的关系

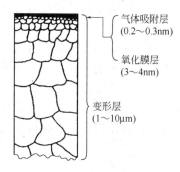

图 5-2 固体金属的表面结构

但由于实际的材料表面不可能完全平整和清洁，因而实际的扩散连接过程要比上述过程复杂得多。固体金属的表面结构如图 5-2 所示，除在微观上表面呈凹凸不平外，最外层表面还有 $0.2 \sim 0.3nm$ 的气体吸附层，主要是水蒸气、O_2、CO_2 和 H_2S。在吸附层之下为 $3 \sim 4nm$ 厚的氧化层，由氧化物的水化物、氢氧化物和碳酸盐等组成。在氧化层之下是 $1 \sim 10\mu m$ 的变形层。

也就是说，不管进行怎样的精密加工和严格的清洗，实际的待连接表面总是存在微观凹凸、加工硬化层、气体吸附层，有机物和水分吸附层以及氧化物层。再有，两母材在连接表面的晶体位向不同，不同材料的晶体结构也不相同。这些因素都会影响到连接过程及连接机理。

扩散连接时，通过对连接界面加压和加热，使得表面的氧化膜破碎、表面微观凸出部位发生塑性变形和高温蠕变，因此，在若干微小区域出现金属之间的结合。这些区域进一步通过连接表面微小凸出部位的塑性变形、母材之间发生的原子相互扩散得以不断扩大，当整个连接界面均形成金属键结合时，也就最终完成了扩散连接过程。

与其他焊接方法相比较，扩散焊有以下一些优点。

① 接头质量好　扩散焊接头的显微组织和性能与母材接头接近或相同。扩散焊主要工艺参数易于控制，批量生产时接头质量较稳定。

② 零部件变形小　因扩散焊时所加压力较低，宏观塑性变形小，工件多数是整体加热，随炉冷却，故零件变形小，焊后一般无需进行机加工。

③ 可一次焊接多个接头　扩散焊可作为部件的最后组装连接工艺。

④ 可焊接大断面接头　在大断面接头焊接时所需设备的吨位不高，易于实现。采用气体压力加压扩散焊时，很容易对两板材实施叠合扩散焊。

⑤ 可焊接其他焊接方法难于焊接的工件和材料　对于塑性差或熔点高的同种材料，对于相互不溶解或在熔焊时会产生脆性金属间化合物的那些异种材料，对于厚度相差很大的工件和结构很复杂的工件，扩散焊是一种优先选择的方法。

⑥ 与其他热加工、热处理工艺结合可获得较大的技术经济效益　例如，将钛合金的扩散焊与超塑成形技术结合，可以在一个工序中制造出刚度大、重量轻的整体钛合金结构件。

扩散焊缺点是：

① 零件待焊表面的制备和装配要求较高；

② 焊接热循环时间长，生产率低；

③ 设备一次性投资较大，而且焊接工件的尺寸受到设备的限制；

④ 接头连接质量的无损检测手段尚不完善。

二、扩散焊原理

1. 扩散连接机理

研究表明：扩散连接过程主要受扩散控制。故从冶金理论来看，扩散现象具有最重要的意义。根据原子扩散的途径，金属系的扩散通常可分为三个不同的过程，即体积扩散、晶界扩散和表面扩散，而且每种扩散又具有不同的扩散系数。晶界扩散和表面扩散的速率高于体积扩散的速率。但是，因为这些区域内的原子数量少，所以它们对整个扩散过程的作用也小。目前已提出的有关扩散连接的机理有以下四种。

① 原子穿过原始界面运动使界面结合，这种结合是通过体积扩散实现的。

② 界面发生再结晶和晶粒长大，从而形成穿过原始界面的新的晶粒组织。曾有人指出，再结晶时金属的屈服强度实际上等于零。因此，施加很小的压力或不加压力都可以通过变形达到界面的紧密接触，这就使表面原子贴靠得非常紧密而完成界面的冶金结合。

③ 表面扩散和烧结作用使界面迅速生长在一起。

④ 表面薄膜或氧化物被基体溶解，从而消除了阻止形成冶金结合的因素，在没有干扰膜存在的情况下，能自然形成冶金结合。

实际上把体积扩散简化为由于原子穿过原始界面运动而促进界面结合的概念是不妥当的。从理论上看，在穿过界面的原子间距约等于其点阵常数前，不可能发生体积中的原子置换。当原始界面接近这种状态时，就变成了晶界。

从上述讨论看出，要提出一个适用于所有扩散连接的简单通用模型是十分困难的，由于连接方法、材料和实验条件的不同，扩散连接机理可能是一种，也可能是冶金和机械等几种机理的综合，只能确定何种机理起主导作用。为了便于分析与研究，通常把扩散连接分为三个阶段进行讨论：第一阶段为塑性变形使连接表面接触；第二阶段为扩散、晶界迁移；最后阶段为界面和孔洞消失。

（1）塑性变形使连接表面接触　扩散连接时，材料表面通常是进行机械加工后再进行研

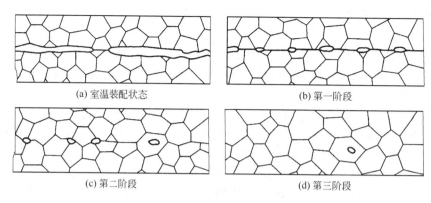

图 5-3　扩散连接过程三阶段示意图

磨、抛光（包括化学抛光）和清洗，加工后材料表面在微观上仍然是粗糙的，存在许多 $0.1 \sim 5\mu m$ 的微观凹凸，且表面还常常有氧化膜覆盖。将这样的固体表面相互接触，在不施加任何压力的情况下，只会在凸出的顶峰处出现接触，如图 5-3（a）所示。初始接触区面积的大小与材料性质、表面加工状态以及其他许多因素有关。尽管初始接触点的数量可能很多，但实际接触面积通常只有名义面积的 $1/100000 \sim 1/100$，且很难达到金属之间的真实接触。即使在这些区域形成金属键，整体接头的强度仍然很低。因此，只有在高温下通过对连

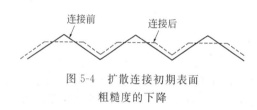

图 5-4　扩散连接初期表面
粗糙度的下降

接体施加压力，才能使表面微观凸出部位发生塑性变形，氧化膜破坏，使材料间紧密接触面积不断增大，直到接触面积可以抵抗外载引起的变形，这时局部应力低于材料的屈服强度，如图 5-3（b）所示。图 5-4 反映出在扩散连接初期，随着塑性变形的进行表面粗糙度下降导致紧密接触面积增大。

在金属紧密接触后，原子相互扩散并交换电子，形成金属键连接。由于开始时连接压力仅施加在极少部分初始接触的凸起处，故压力不大即可使这些凸起处的压应力达到很高的数值，超过材料的屈服极限而发生塑性变形。但随着塑性变形的发展，接触面积迅速增大，一般可达连接表面积的 $40\% \sim 75\%$，使其所受的压应力迅速减小，塑性变形量逐渐减小。以后的接触过程主要依靠蠕变进行，最后可达到 $90\% \sim 95\%$。剩下的 5% 左右未能达到紧密接触的区域逐渐演变成界面孔洞，其中大部分能依靠进一步的原子扩散而逐渐消除。个别较大的孔洞，特别是包围在晶粒内部的孔洞有时经过很长时间（几小时至几十小时）的保温扩散也不能完全消除而残留在连接界面区，成为连接缺陷。

因此，焊接表面应尽可能光洁平整，以减少界面孔洞。该阶段对整个扩散连接十分重要，为以后通过扩散形成冶金连接创造了条件。尽管达到的紧密接触的面积越多越好，但必须认识到不能完全靠增大连接压力，提高连接温度，产生宏观塑性变形来实现。

（2）扩散、晶界迁移　与第一阶段的变形机制相比，该阶段中扩散的作用就要大得多。连接表面达到紧密接触后，由于变形引起的晶格畸变、位错、空位等各种缺陷大量堆集，界面区的能量显著增大，原子处于高度激活状态，扩散迁移十分迅速，很快就形成以金属键连接为主要形式的接头。由于扩散的作用，大部分孔洞消失，而且也会产生连接界面的移动。关于孔洞消失的机制阐述如下。

借助扩散和物质传递使孔洞闭合的模型示于图 5-5。从图可见，物质传递有多种途径，其中机制 2 为从表面源至颈部的表面扩散；机制 3 为从表面源至颈部的体积扩散；机制 4 为

从表面源蒸发并在颈部沉积；机制 5 为从界面至颈部的晶界扩散；机制 6 为从界面至颈部的体积扩散。机制 2～4 的驱动力是由于表面曲率的差异，物质从低曲率点向高曲率区传输，这时，孔洞从椭圆状变为圆形。当孔洞的长短轴之比等于 1 时，这些机制就不再起作用。机制 1 和机制 7 分别为塑性变形和强化蠕变使孔洞闭合。凸面的微观蠕变能加速孔洞的闭合，这种闭合过程包括：孔洞高度的变化；孔洞的闭合，即凸度下降，多余的物质移向孔洞，从而增大连接面积。

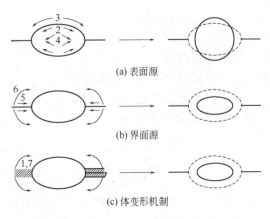

(a) 表面源

(b) 界面源

(c) 体变形机制

图 5-5　扩散连接过程中物质传递机制示意图

该阶段通常还会发生越过连接界面的晶粒生长或再结晶以及晶界迁移，使第一阶段建成的金属键连接变成牢固的冶金连接，这是扩散连接过程中的主要阶段，如图 5-3（c）所示。但这时接头组织和成分与母材差别较大，远未达到均匀化的状况，接头强度并不很高。因此，必须继续保温扩散一定时间，完成第三阶段，使扩散层达到一定深度，以获得高质量的接头。

（3）界面和孔洞消失　通过继续扩散，进一步加强已形成的连接，扩大连接面积，特别是要消除界面、晶界和晶粒内部的残留孔洞，使接头组织与成分均匀化，如图 5-3（d）所示。在这个阶段中主要是体积扩散，速度比较缓慢，通常需要几十分钟到几十小时，最后才能达到晶粒穿过界面生长，原始界面完全消失。

由于需要时间很长，第三阶段一般难以进行彻底。只有当要求接头组织和成分与母材完全相同时，才不惜时间来完成第三阶段。如果在连接温度下保温扩散引起母材晶粒长大，反而会降低接头强度，这时可以在较低的温度下进行扩散，但所需时间更长。

上述三个阶段是扩散连接过程的主要特征，但实际上这三个阶段并不是截然分开、依次进行的。实验结果表明，这三个阶段是彼此交叉和局部重叠的，很难确定其开始与终止时间，之所以分为三个阶段，主要是为了便于分析与研究。

2. 扩散连接模型

人们为了更精确地描述扩散连接机理，提出了各种各样的扩散连接模型。如 Hamilton 模型，仅考虑初始阶段的塑性变形，未考虑以后的扩散作用。在 Allen 和 White 的模型中，他们提出假设：无蠕变发生；孔洞收缩时，形状不变化；仅沿接合界面发生晶界扩散；在表面无杂质污染。然而，Hill 和 Wallach 的分析表明：在连接的最后阶段，蠕变是非常重要的。蠕变的程度及晶界扩散都与该连接温度下的晶粒长大行为有关，并且，接合界面附近的晶粒尺寸影响孔洞的收缩。

在上述的模型中，孔洞的形状将影响其结果的准确。在 Allen 和 White 的模型中，孔洞为圆柱体，而根据连接中不同阶段的 SEM 照片可知：孔洞的纵横比 [H（高）/L（长）] 很小，并且形状十分复杂。对此，Hill 和 Wallach 提出椭圆形的孔洞。在此条件下，主要的扩散机理将与孔洞的 H/L 的大小有关。

根据 Hill 和 Wallach 的分析，塑性屈服引起的接合长度为：

$$L_{\text{yield}} = \frac{3^{1/2}(pb-\gamma)}{2\sigma_y\left(1+\dfrac{r_c}{L_{\text{yield}}}\right)\ln\left(1+\dfrac{L_{\text{yield}}}{r_c}\right)} \qquad (5\text{-}1)$$

式中　p——施加的压力；

　　　σ_y——屈服应力；

　　　γ——表面能；

　　　b——模型中单元胞的宽度；

　　　r_c——椭圆主半轴上曲线的半径。

扩散连接模型中单元胞如图 5-6 所示。

图 5-6　扩散连接模型中单元胞的定义

在第二阶段，机理 2～4 对接合长度的贡献为：

$$\Delta L_i = \frac{\Delta H_i c}{H} \tag{5-2}$$

式中　ΔL_i——接合长度变化率；

　　　ΔH_i——单元胞高度的变化率，与接合温度有关；

　　　c——椭圆的主半轴；

　　下标 i——扩散接合机理 2～4。

界面作用引起的接合长度为：

$$\Delta L_i = -\frac{\Delta H_i}{H}\left[b\left(\frac{4}{\pi}-1\right)+L\right] \tag{5-3}$$

式中　L——总的接合长度；

　　　b——单元胞宽度；

　　下标 i——扩散接合机理 5～7。

则所有机理引起的接合长度相加，就获得总的接合长度，即：

$$L = L_{yield} + \sum_i \Delta L_i \tag{5-4}$$

该模型虽能预测接合长度与接合时的温度、压力、时间的关系，但很难用实验进行验证。总之，优质接头的形成主要与空洞的闭合有关，此外，两种母材之间的内扩散也是重要的。

3. 连接过程中表面氧化膜的行为

研究表明：铝和铝合金的扩散连接，一般都比较困难，接头的强度也较低。通过表面分析已认识到，铝及铝合金表面氧化膜的存在严重阻碍了扩散连接过程的进行。图 5-2 表明，在材料的表面总是存在一层氧化膜，因此，实际上材料在扩散连接初期均为表面氧化物之间的相互接触。那么在随后的连接过程中，表面氧化膜的去向实际上对扩散连接质量具有很大的影响，大量的试验结果均证实了这个观点。

关于氧化膜的去向，一般认为是在连接过程中首先发生分解，然后向母材中扩散和溶解。例如，扩散连接钛或钛合金时，由于氧在钛中的固溶度和扩散系数大，所以氧化膜很容易通过分解、扩散、溶解机制而消除。但铜和钢铁材料中氧的固溶度较小，氧化膜就较难向金属中溶解。这时，氧化膜会在连接过程中聚集形成夹杂物，夹杂物数量随连接时间增加逐步减少。这类夹杂物常常能在接头拉断的断口上观察到，如图 5-7 所示。扩散连接铝时，由于氧在铝中几乎不溶，因此，氧化膜在连接前后几乎没有变化。

氧化膜的行为一直是扩散连接研究的重点问题之一。不同材料的表面氧化膜扩散连接过

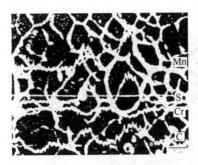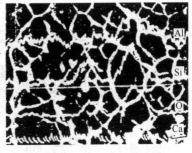

图 5-7　不锈钢扩散连接接头断口表面的夹杂物（白线为分析位置）
$T = 1100℃$，$t = 64min$，$p = 6MPa$

程中的行为是不同的。总结归纳氧化膜的行为特点，可将材料分为三种类型，其特征如图 5-8 所示。

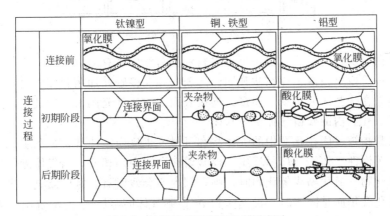

图 5-8　扩散连接过程氧化膜的行为

（1）钛、镍型　这类材料扩散连接，氧化膜可迅速通过分解、向母材溶解而去除，因而在连接初期氧化膜即可消失。如镍表面的氧化膜为 NiO，1427K 时氧在镍中的固溶度为 0.012%，5nm 厚的氧化膜在该温度只要几秒即可溶解，钛也属此类。这类材料的氧化膜在不太厚的情况下一般对扩散连接过程没有影响。

（2）铜、铁型　由于氧在基体金属中溶解度较小，所以表面的氧化膜在连接初期不能立即溶解，界面上的氧化物会发生聚集，在空隙和连接界面上形成夹杂物，随连接过程进行通过氧向母材的扩散，夹杂物数量逐步减少。铜、铁和不锈钢均属此类。母材为钢铁材料时，夹杂物主要是钢中所含的 Al、Si 和 Mn 等元素的氧化物及硫化物。

（3）铝型　这类材料的表面有一层稳定而致密的氧化膜，它们在基体金属中几乎不溶，因而在扩散连接中不能通过溶解、扩散机制消除。但可以通过微区塑性变形使氧化膜破碎，露出新鲜金属表面，但能实现的金属之间的连接面积仍较小。通过用透射电镜对铝合金扩散连接进行深入系统的研究发现，6063 铝合金扩散连接时氧化膜为粒状 AlMgO，$w(Mg) = 1\% \sim 2.4\%$ 时，就会形成 MgO。为了克服氧化膜的影响，可以在真空连接过程中用高活性金属如镁将铝表面的氧化膜还原，或采用超声波振动的方法使氧化膜破碎以实现可靠的连接。

氧化膜的行为近年来主要是采用透射电子显微镜进行研究。此外，还可根据电阻变化来研究扩散连接时氧化膜行为、连接区域氧化膜的稳定性以及紧密接触面积的变化。

4. 孔洞内气体的行为

扩散连接后未能消除的微小界面孔洞中还残留有气体，图 5-9 总结了在不同保护气氛中

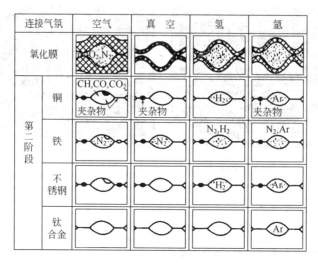

图 5-9　各种气氛中连接界面空隙中的残留气体

扩散连接时孔洞内所含的主要气体，可见材料种类对气体也有影响。

其中，第一阶段是指两个存在微观凹凸的表面相互接触并加热和加压时，凸出部分首先发生塑性变形，在一些区域实现了连接。连接表面之间显然充满了保护气氛，这样，随着连接过程的进行，孔洞内的残留气体就被封闭。

第二阶段是指被封闭在孔洞中的气体将和母材发生反应，使其含量和组成发生变化。如前所述，氩气等惰性气体不与母材反应，仅残留在孔洞中。相反，当气体能与母材发生反应时，如形成氧化物、氮化物或氢化物时，则孔洞内不会残留氧、氮以及氢。当气体与母材反应，但不形成化合物而是固溶时，设气体为 A_2，则气体向金属 M 的溶解反应为

$$A_2 \rightarrow 2[A] \tag{5-5}$$

最终溶解反应达到平衡时孔洞内气体分压 p_{A_2} 可表示为：

$$p_{A_2} = \alpha_A^2 \exp(\Delta G^\ominus / RT) \approx s_A^2 \exp(\Delta G^\ominus / RT) \tag{5-6}$$

式中　α_A——溶解在金属中组元的活度；

　　　$\Delta G^\ominus$——反应式(5-5)的标准自由能变化；

　　　s_A——气体在金属中的溶解度。

真空扩散连接时，孔洞中也会有气体残存。例如，母材为铁（Fe）时，由于其中有固溶氮存在，尽管是在真空进行扩散连接，但固溶在母材中的氮会向孔洞扩散，使得孔洞中氮分压大大增加。与氮类似，因大多数材料也能固溶氢，所以在孔洞中也发现少量氢的存在。

三、扩散焊工艺

扩散连接工艺主要包括温度、压力、时间、真空度以及焊件表面处理和中间层材料的选择等，这些因素对扩散连接过程及接头质量有极其重要的影响。

1. 连接温度

温度是扩散连接极其重要的工艺参数之一，其原因如下。

① 温度是最容易控制和测量的工艺参数。

② 在任何热激活过程中，温度递增引起动力学过程的变化比其他参数大得多。

③ 扩散连接的所有机理都对温度敏感。连接温度的变化会对连接初期表面凸出部位的塑性变形、扩散系数、表面氧化物向母材内的溶解以及界面孔洞的消失过程等产生显著影响。

④ 连接温度决定了母材的相变、析出以及再结晶过程。此外，材料在连接加热过程中由于温度的变化伴随着一系列物理的、化学的、力学的和冶金方面的性能变化，而这些变化都要直接或间接地影响到扩散连接过程及接头质量。

从扩散规律可知，扩散系数 D 与温度为指数关系，即：

$$D = D_0 \exp\left(-\frac{Q}{RT}\right) \tag{5-7}$$

式中 D_0——扩散常数；

R——气体常数；

Q——扩散激活能；

T——温度。

由式(5-7)可知：温度越高，扩散系数越大。同时，温度越高，金属的塑性变形能力越好，连接表面达到紧密接触所需的压力越小。从这两方面考虑，似乎连接温度越高越好。但是，加热温度的提高受到被焊材料的冶金物理特性方面的限制，如再结晶、低熔共晶和中间金属化合物的生成等。此外，提高加热温度还会造成母材软化及硬化，要特别注意。因此，不同材料组合的连接接头，应根据具体情况，通过实验来选定连接温度。

应该指出，选择连接温度时必须同时考虑连接时间和压力的大小，而不能单独确定。温度-时间-压力之间具有连续的相互依赖关系，一般温度升高能使强度提高，增加压力和延长时间也可提高接头的强度。连接温度的选择还要考虑母材成分、表面状态、中间层材料以及相变等因素。从大量研究试验结果看，由于连接引起的变形量很小，因而在实用连接时间范围内大多数金属和合金的扩散连接温度范围一般为 $T_L \approx (0.6 \sim 0.8)T_m$（$T_m$ 为母材金属的熔点，异种材料连接时 T_m 为熔点较低的母材的熔点），该温度范围与金属的再结晶温度基本一致，故扩散连接也可称为再结晶连接。

一些金属材料的连接温度与熔化温度的关系见表 5-1，不同接头组合的最佳连接温度见表 5-2。

表 5-1   金属和合金的扩散连接温度与熔化温度关系

被连接材料	扩散连接温度 T/K	熔化温度 T_m/K	T/T_m
铜	433	1356	0.32
钛	811	2088	0.39
1045 钢	1073（$p=50MPa$）	1763	0.61
1045 钢	1372（$p=10MPa$）	1763	0.78
Nimonic25	1373	1623	0.84
S47 不锈钢	1472（$p=14MPa$）	1727	0.85
铌	1422	2688	0.53
钽	1589	3269	0.49

表 5-2   金属和合金不同组合的最佳扩散连接规范

被连接金属	连接温度 T/K	连接压力 p/MPa	连接时间 t/min	熔化温度 T_m/K	T/T_m
铝＋可伐合金	723	1～2	5	913	0.8
铝＋铜	723	3	8	913	0.8
铜＋铜	1153	56	8	1356	0.84
铜＋可伐合金	1123	3	10	1356	0.83
铜＋45 号钢	1123	5	10	1356	0.83
钼＋铌	1673	10	20	2743	0.61
钼＋钨	2173	20	30	2898	0.75

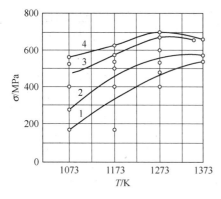

图 5-10　接头强度与连接温度的关系

1—$p=5\text{MPa}$；2—$p=10\text{MPa}$；

3—$p=20\text{MPa}$；4—$p=50\text{MPa}$；

温度对接头强度的影响见图 5-10，连接时间为 5min。由图可见，随着温度的提高，接头强度迅速增加，但随着压力的继续增大，温度的影响逐渐缩小。如压力 p 为 5MPa 时，1273K 的接头强度比 1073K 大一倍多，而压力 p 为 20MPa 时，1273K 的接头强度比 1073K 的只增加了约 0.4 倍。此外，温度只能在一定范围内提高接头的强度，过高反而使接头强度下降（图 5-10 中曲线 3、4），这是由于随着温度的增高，母材晶粒迅速长大及其他变化的结果。

温度对接头质量的影响可用图 5-11 所示的工业纯钛扩散连接接头金相组织的变化加以说明。连接温度 1033K 时，接头界面十分明显，大小不等的界面孔洞分布在界面上，没有晶粒穿越界面生长；1089K 时，界面孔洞明显减少，晶粒开始穿越界面生长，局部地区界面已消失；1116K 时，晶粒继续生长，大部分界面已消失，但残留下一些断续的界面孔洞；1143K 时，界面已完全消失，但在一些晶粒内部仍残存了一些孔洞。这些孔洞只有通过长时间的扩散才能消除，其中较大的将无法消除而残留晶内成为缺陷。

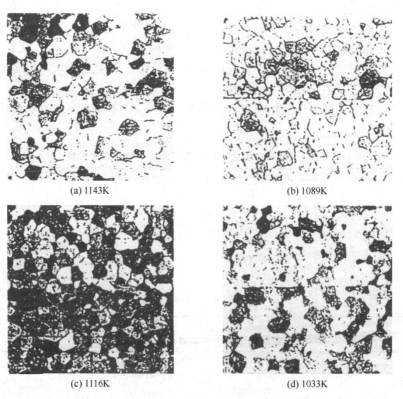

(a) 1143K　　　　　　　　(b) 1089K

(c) 1116K　　　　　　　　(d) 1033K

图 5-11　不同连接温度下工业纯钛真空扩散连接接头组织（×250）

压力为 7MPa，真空度 10^{-3}Pa，时间 60min

总之，扩散连接温度是一个十分关键的工艺参数。选择时可参照已有的研究试验结果，在尽可能短的时间内、尽可能小的压力下达到良好的冶金连接，而又不损害母材的性能。

2. 连接压力

压力也是扩散连接的重要参数，同温度和时间相比，压力是一个不易控制的工艺参数。对任何给定的时间-温度值来说，提高压力必然获得较好的连接，但扩散连接时加压必须保证不引起宏观塑性变形。加压的作用如下：

① 连接初期促使连接表面微观凸起部分产生塑性变形；

② 使表面氧化膜破碎并使金属直接接触实现原子间的相互扩散；

③ 使界面区原子激活，加速扩散与界面孔洞的弥合及消除；

④ 防止扩散孔洞的产生。

所以，压力越大、温度越高，紧密接触的面积也越大。但不管压力多大，在扩散连接第一阶段不可能使连接表面达到100%的紧密接触状态，总有一小部分演变为界面孔洞。所谓界面孔洞就是由未能达到紧密接触的凹凸不平部分交错而构成的孔洞。这些孔洞不但损害接头性能，而且还像销钉一样，阻碍着晶粒的生长和晶界穿过界面的推移运动。在第一阶段形成的孔洞，如果在第二阶段仍未能通过蠕变而弥合，则只能依靠原子扩散来消除，这样就需要很长的时间，特别是消除那些包围在晶粒内部的大孔洞更是十分困难。因此，在加压变形阶段，一定要设法使绝大部分表面达到紧密接触。压力的另一个重要作用是，在连接某些异种金属材料时，防止扩散孔洞的产生。

为了防止连接构件产生过度塑性变形和蠕变以实现精密连接，有时仅在连接开始时施加压力或短时提高温度以促进塑性变形。

目前扩散连接规范中应用的压力范围很宽，最小只有0.07MPa（瞬时液相扩散焊），最大可达350MPa（热等静压扩散连接），而一般常用压力约为3～10MPa。通常扩散连接时存在一个临界压力，即使实际压力超过该临界压力，接头强度和韧性也不会继续增加，如图5-12所示。连接压力与温度和时间的关系非常密切，所以获得优质连接接头的压力范围很大。但在实际工作中选择压力还必须考虑接头几何形状和设备条件的限制。从经济和加工方面考虑，一般降低连接压力有利。

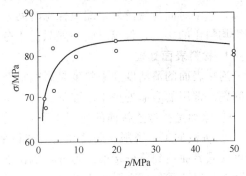

图 5-12 高速钢扩散连接压力与
连接强度的关系

在连接同类材料时，压力的主要作用是在第一阶段使连接表面紧密接触，而在第二和第三阶段压力的作用就不明显了，甚至完全可以撤去。有试验表明：在连接过程的第二和第三阶段撤去压力，结果并未发现对接头质量有不良的影响。异种材料连接时，压力显得格外重要。

3. 连接保温时间

扩散连接所需的保温时间与温度、压力、中间扩散层厚度和对接成分及组织均匀化的要求密切相关，也受材料表面状态和中间层材料的影响。原子扩散走过的平均距离（扩散层深度）与扩散时间的平方根成正比，异种材料连接时常会形成金属间化合物等反应层，反应层厚度也与扩散时间的平方根成正比，即抛物线定律，则

$$x = k\sqrt{t} \tag{5-8}$$

式中　x——扩散层深度或反应层厚度，cm；

t——扩散连接时间，s；

k——常数，$\text{cm/s}^{1/2}$。

因此，要求接头成分均匀化的程度越高，保温时间就将以平方的速度增长。扩散连接接头强度与保温时间的关系如图 5-13 所示。与压力的影响相似，也有一个临界保温时间。开始连接的最初几分钟内，接头强度随时间的增大而增大，待 6～7min 后，接头强度即趋于稳定，不再明显增高。相反，时间过长还常常会导致接头脆化。接头的塑性、延伸率和冲击韧性与保温扩散时间的关系与此相似。因此，扩散连接时间不宜过长，特别是异种金属连接形成脆性金属间化合物或扩散孔洞时，就要避免连接时间超过临界连接时间。

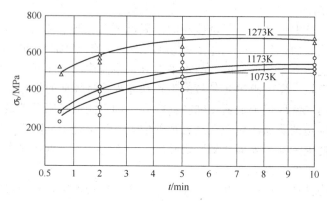

图 5-13 真空扩散连接强度与时间的关系（压力 20MPa，结构钢）

实际扩散连接工艺中保温时间从几分钟到几小时，甚至长达几十小时。但从提高生产率考虑，保温时间越短越好，缩短保温时间，必须相应提高温度与压力。对那些不要求成分与组织均匀化的接头，保温时间一般只需十分钟到半小时。

4. 材料表面处理

连接表面的清洁度和平整度是影响扩散连接接头质量的重要因素。下面首先讨论表面清洁问题。常用的表面处理手段如下。

① 除油是扩散连接前的通用工序。一般采用酒精、三氯乙烯、丙酮等。

② 机械加工、磨削、研磨和抛光获得所需要的平直度和光滑度，以保证不用大的变形就可使其界面达到紧密接触。另外，机械加工使材料表面产生塑性变形，导致材料再结晶温度降低，但这种作用有时不明显。

③ 采用化学腐蚀或酸洗，清除材料表面的非金属膜，最常见的是氧化膜。对不同的材料来说，适用的化学溶剂不同。

④ 有时也可采用真空烘烤以获得洁净的表面。是否采用真空烘烤，在很大程度上取决于材料及其表面膜的性质。实际上真空烘烤不易分解钛、铝或含大量铬的一些合金表面上的氧化物。但在高温下可以溶解一些基体材料上黏附的氧化物。真空烘烤容易清除有机膜、水膜和气膜。

不管材料表面经过如何精心的清洗（包括酸洗、化学抛光、电解抛光、脱脂和清洗等），也难以避免氧化层和吸附层引起的污染，此外，表面上还常常会存在加工硬化层。虽然加工硬化层内晶格发生严重畸变，晶体缺陷密度很高，使得再结晶温度和原子扩散激活能下降，有利于扩散连接过程的加速，但表面加工硬化层会严重阻碍微观塑性变形。对那些氧化层影响严重的金属应避免用机械方法来加工表面，或应在加工之后再用化学侵蚀与剥离，将氧化层去除。根据理论计算，即使在低真空条件下，清洁金属的表面瞬间就会形成单分子氧化层或吸附层。因此，为了尽可能使扩散连接表面清洁，可在真空或保护气氛中对连接表面进行离子轰击或进行辉光放电处理。此外，采用能与母材金属发生共晶反应的金属作中间层进行扩散连接，也有助于氧化膜和污染层的去除。

表面处理的要求还受连接温度和压力的影响。随着连接温度和压力的提高，对表面的要求就越来越低。一般为了降低连接温度或压力，才需要制备较洁净的表面。异种材料连接时，表面平整度也与材料组配有关，一般来讲，在连接温度下较硬的金属的表面平整度更为重要。例如，铝和钛扩散连接时，借助钛表面凸出部位来破坏铝表面的氧化膜，并形成金属之间连接。因此，这时钛合金表面凸出部位的高度和形状就十分重要。

通过不同粗糙度表面的扩散连接试验发现，随着粗糙度的降低，铜的扩散连接接头强度和韧性均得到提高。采用金刚石工具对连接表面进行纳米加工，由于试件表面十分平整，可使连接温度降低 200℃。

5. 中间层材料

为能促进扩散连接过程的进行，降低扩散连接温度、时间、压力，提高接头性能，扩散连接时常会在待连接材料之间插入中间层。有关中间层的研究是扩散连接的一个重要方面。使用中间层时，就改变了原来的连接界面性质，使连接均成为异种材料之间的连接。中间层可采用箔、粉末、镀层、蒸镀膜、离子溅射和喷涂层等多种形式。过厚的中间层连接后会以层状残留在界面区，有时会影响到接头的物理、化学和力学性能。因此，通常中间层厚度不超过 $100\mu m$，且应尽可能使用小于 $10\mu m$ 的中间层。但为了抑制脆性金属间化合物的生成，有时也会故意加大中间层厚度使其以层状残留在连接界面，起到隔离层的作用。

中间层的选择从 5 方面考虑，也就是说，合适的中间层上有如下的效果。

① 促进原子扩散，降低连接温度，加速连接过程。

② 异种材料连接时，抑制脆性金属间化合物的形成。

③ 使用比母材软的金属作为中间层，借助其塑性变形，促进连接界面的紧密接触。

④ 借助中间层材料与母材的合金化，如固溶强化和析出强化，提高接头强度。

⑤ 连接热膨胀系数相差大的异种材料时，中间层能缓和接头冷却过程中形成的巨大残余应力。

一般来说，中间层材料是比母材金属低合金化的改型材料，以纯金属应用较多。例如，非合金化的钛常用做钛合金的中间层。含铬的镍基高温合金扩散连接用纯镍作中间层。含快速扩散元素的中间层也可使用，如含铍的合金可用于镍合金的扩散连接，以提高接头形成速率。合理地选择中间层材料是扩散连接重要的工艺之一。

中间层的厚度对接头性能有很大的影响。研究表明：用 Cu、Ni 等软金属或合金扩散连接各种高温合金时，接头的性能取决于中间层的相对厚度 x，相对厚度 x 为中间层厚度与试件直径的比值。中间层相对厚度小时，由于变形阻力大，使表面物理接触不良，接头性能差；只有中间层的相对厚度为某一最佳时，才可以得到理想的接头性能。如对于 жс6y 高温合金，镍箔厚度在 $0.05\sim0.5mm$ 之间变化，试件尺寸为 $\phi12.5mm$，得到接头强度与镍箔相对厚度的关系如图 5-14 所示。在 1363K，当 x 为 0.05 时，虽然中间层有较大的塑性变形，但在母材上出现破坏，形成强度最大值；当 x 小于 0.05 时，则可能出现脆性破坏，认为是 x 值太小。中间层材料和相对厚度对高温合金接头的高温性能也有影响。试验表明：用镍作中间层接头的高温性能比母材差，接头的高温持久强度要低于不加镍中间层的。如果用镍合金作中间层，则可以改善接头的高温性能。中间层的相对厚度对高温性能同样存在一最佳值。图 5-14 为 жс6y 高温合金接头强度与镍层相对厚度的关系。图 5-15 为用 Ni80-Co20 合金作中间层时，相对厚度对接头性能的影响。

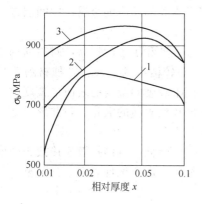

图 5-14　жс6у 合金接头强度与
镍层相对厚度的关系

$p=20MPa$；1—1323K；
2—1363K；3—1403K

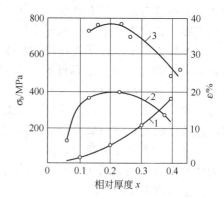

图 5-15　用 Ni80-Co20 合金作中间层时
接头性能与相对厚度的关系

$T=1393K$；$p=30MPa$；$t=20min$；
1—焊接时接头的变形；2—1173K 时
接头的强度；3—293K 接头的强度

第二节　摩　擦　焊

　　摩擦焊是在压力作用下，通过待焊界面的摩擦使界面及其附近温度升高，材料的变形抗力降低、塑性提高、界面的氧化膜破碎，伴随着材料产生塑性变形与流动，通过界面上的扩散及再结晶冶金反应而实现连接的固态焊接方法。

一、摩擦焊原理及特点

1. 摩擦焊原理

　　图 5-16 是摩擦焊的基本形式，两个圆断面的金属工件摩擦焊前，工件 1 夹持在可以旋转的夹头上，工件 2 夹持在能够向前移动加压的夹头上。焊接开始时，工件 1 首先以高速旋转，然后工件 2 向工件 1 方向移动、接触，并施加足够大的摩擦压力，这时开始了摩擦加热

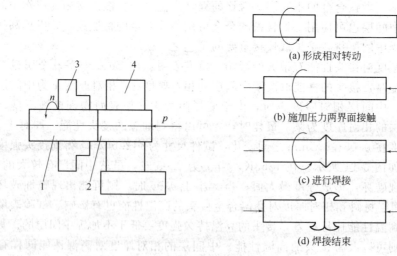

图 5-16　摩擦焊原理示意图
1，2—工件；3—旋转夹头；4—移动夹头

过程，摩擦表面消耗的机械能直接转换成热能。摩擦一段时间后，接头金属的摩擦加热温度达到焊接温度，立即停止工件 1 的转动同时工件 2 向前快速移动，对接头施加较大的顶锻压力，使其产生一定的顶锻变形量。压力保持一段时间后，松开两个夹头，取出焊件，全部焊接过程结束。通常全部焊接过程只要几秒到几十秒的时间。

在整个焊接过程中，摩擦界面温度一般不会超过材料熔点，所以摩擦焊属于固相焊接。

同种材质摩擦焊时，最初界面接触点上产生犁削-黏合现象。由于单位压力很大，黏合区增多。继续摩擦使这些黏合点产生剪切撕裂，金属从一个表面迁移到另一个表面。界面上的犁削-黏合-剪切撕裂过程进行时，摩擦力矩增加使界面温度升高。当整个界面上形成一个连续塑性状态薄层后，摩擦力矩降低到一最小值。界面金属成为塑性状态并在压力作用下不断被挤出形成飞边，工件轴向长度也不断缩短。

异种金属的结合机理比较复杂，除了犁削-黏合-剪切撕裂物理现象外，金属的物理与力学性能、相互间固溶度及金属间化合物等，在结合机理中都会起作用。焊接时由于机械混合和扩散作用，在结合面附近很窄的区域内有可能发生一定程度的合金化。这一薄层的性能对整个接头的性能会有重要影响。机械混合和相互镶嵌对结合也会有一定作用。这种复杂性使得异种金属的摩擦焊接性很难预料。

摩擦焊工艺方法目前已由传统的几种形式发展到 20 多种，极大扩展了摩擦焊的应用领域。常用的摩擦焊工艺有连续驱动摩擦焊、惯性摩擦焊、线性摩擦焊、搅拌摩擦焊等。焊件的形状由典型的圆截面扩展到非圆截面（线性摩擦焊）和板材（搅拌摩擦焊），所焊材料由传统的金属材料拓宽到粉末合金和异种材料领域。

连续驱动摩擦焊是一工件固定不转，另一工件被驱动机械驱动到恒定转速 n。在不转动的工件上施以轴向压力 p_1 推向转动工件。两工件相接触，焊接过程开始，转速仍保持不变。经过一定时间，界面温度达到材料锻造范围，转动工件脱开驱动并制动，转速从 n 降至零。在制动过程中轴向压力常增大至 p_2 使界面金属产生顶锻，并保持到工件冷却。在顶锻过程中界面热塑性材料被挤出界面形成飞边。连续驱动摩擦焊典型特征曲线如图 5-17 所示。

惯性摩擦焊是在焊接过程开始前输入焊接所需的全部机械能。一工件固定不转，转动的工件装在带有可更换的飞轮组的转动夹具上，整个转动部分被驱动到 n_0 后脱开驱动。使两工件接触并施加轴向压力 p，焊接过程开始。飞轮的能量通过工件结合面上的摩擦迅速消耗，转速减至零，焊接结束。在转动停止前摩擦扭矩有一个急剧上升现象。惯性摩擦焊一般是在恒定压力下完成的。惯性摩擦焊典型的特性曲线如图 5-18 所示。Ⅰ阶段为焊接开始，界面接触并出现较小的扭矩峰值，Ⅱ阶段是以扭矩平稳为特征的加热阶段，Ⅲ阶段是焊接即将结束，其特征是出现较大的扭矩峰值。

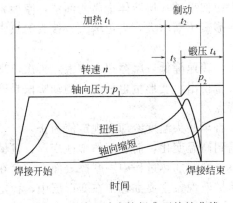

图 5-17　连续驱动摩擦焊典型特性曲线

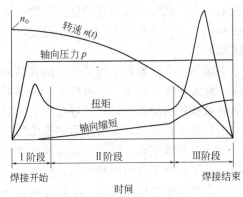

图 5-18　惯性摩擦焊典型特征曲线

2. 摩擦焊的特点

（1）摩擦焊的优点

① 接头质量高　摩擦焊属固态焊接。正常情况下，接合面不发生熔化，焊合区金属为锻造组织，不产生与熔化和凝固相关的焊接缺陷；压力与扭矩的力学冶金效应使得晶粒细化、组织致密、夹杂物弥散分布。不仅接头质量高，而且再现性好。

② 适合异种材质的连接　对于通常认为不可组合的金属材料诸如铝-钢、铝-铜、钛-铜等都可进行焊接。一般来说，凡是可以进行锻造的金属材料都可以进行摩擦焊接。

③ 生产效率高，尺寸精度高，设备易于机械化、自动化，操作简单，环境清洁，节能省电。

（2）摩擦焊的缺点与局限性

① 对非圆形截面焊接较困难，所需设备复杂；对盘状薄零件和薄壁零件，由于不易夹固，施焊也很困难。

② 焊机的一次性投资较大，大批量生产时才能降低生产成本。

二、摩擦焊接过程分析

1. 焊接过程

摩擦焊接过程是，焊接表面金属在一定的空间和时间内，金属状态和性能发生变化的过程。连续驱动摩擦焊特性曲线如图 5-17 所示，摩擦焊接过程的一个周期，可分成摩擦加热过程和顶锻焊接过程两部分。

摩擦开始时，由于工件摩擦焊接表面不平，以及存在氧化膜、油锈、灰尘和吸附气体，使得摩擦系数很大，随着摩擦压力逐渐增大，摩擦加热功率慢慢增加，使凹凸不平的表面迅速产生塑性变形和机械挖掘现象。塑性变形破坏了摩擦表面金属晶粒，成为一个晶粒细小的变形层。沿变形层附近的母材也顺摩擦方向产生塑性变形。金属相互压入部分的挖掘，使摩擦表面出现同心圆痕迹，这样又增大了塑性变形。

摩擦压力增大，摩擦破坏了焊接金属表面，使纯净的金属接触，接触面积也增大，而焊接表面温度的升高，使金属的强度有所下降，塑性和韧性却有很大提高，这些因素都使摩擦系数增大，摩擦加热功率迅速提高，扭矩也出现一个峰值。焊接表面温度继续升高时，金属的塑性增高，但强度和韧性都显著下降，摩擦加热功率也迅速降低到稳定值。这一过程中，摩擦表面的机械挖掘现象减少，振动降低，表面逐渐平整，开始产生金属的黏结现象。高温塑性状态的金属颗粒互相焊合后，又被工件旋转的扭力矩剪断，并彼此过渡。

摩擦功率或扭矩稳定后，摩擦表面的温度继续升高，这时金属的黏结现象减少，分子作用现象增强。此时金属强度极低，塑性很大，摩擦表面似乎被一层液体金属所润滑，摩擦系数很小，各工艺参数的变化也趋于稳定，只有摩擦变形量不断增大，飞边增大，接头的热影响区增宽。

主轴和工件开始停车减速后，随着轴向压力增大，转速降低，摩擦扭矩增大，再次出现峰值，称为后峰值扭矩。同时接头中的高温金属被大量挤出，变形量也增大。制动阶段是摩擦加热过程和顶锻焊接过程的过渡阶段，具有双重特点。

主轴停止旋转后，顶锻压力仍要维持一段时间，直至接头温度冷却到规定值为止。

总之，在摩擦焊接过程中，金属摩擦表面从低温到高温变化，而表面的塑性变形、机械挖掘、黏结和分子作用四种摩擦现象连续发生。在整个摩擦加热过程中，摩擦表面上都存在着一个高速摩擦塑性变形层。摩擦焊的发热、变形和扩散现象主要都集中在变形层中，稳定摩擦时变形层金属在摩擦扭矩和轴向压力的作用下，从摩擦表面挤出形成飞边，同时又被附近高温区的金属所补充，始终处于动平衡状态。在制动和顶锻焊接过程中，摩擦表面的变形层和高温区金属被部分挤碎排出，焊缝金属经受锻造，形成了良好的焊接接头。

2. 摩擦焊热源的特点

摩擦焊的热源就是金属摩擦焊接表面上的高速摩擦塑性变形层。它是以两工件摩擦表面为中心的金属质点，在摩擦压力和摩擦扭矩的作用下，沿工件径向与切向力的合成方向做相对高速摩擦运动的塑性变形层。这个变形层是把摩擦的机械功率转变成热能的发热层。由于它的温度最高，能量集中，又能产生在金属的焊接表面，所以加热效率很高。作为一个焊接热源，主要参数是功率和温度。

摩擦焊热源的功率和温度不仅取决于焊接工艺规范参数，还受到焊接工件材料、形状、尺寸和焊接表面准备情况的影响。摩擦焊热源的最高温度接近或等于焊接金属的熔点。异种金属摩擦焊时，热源温度不超过低熔点金属的熔点，这对保证焊接质量和提高焊接过程的稳定性起了很大作用。不同材料和直径的工件在不同转速和摩擦压力下焊接时，摩擦焊接表面的稳定温度列于表5-3。

表 5-3 摩擦焊接表面的稳定温度

试件编号	被焊材料	试件直径/mm	转速/(r/min)	摩擦压力/MPa	被焊材料熔点/℃	实际表面温度/℃
1	45 钢	15	2000	10	1480	1130
2	45 钢	80	1750	20	1480	1380
3	铜＋铝	10	2000	90	660	580
4	铜＋铝	10	2000	140	660	660
5	铜＋铝	10	3000	90	660	580
6	铜＋铝	10	3000	140	660	660
7	钢＋铝	10	3000	140	660	660
8	钢＋铜	16	2000	24	1083	1030
9	钢＋铜	28	1750	16	1083	1080
10	钢＋铜	28	1750	24	1083	1080
11	钢＋铜	28	1750	32	1083	1080

金属焊接表面的摩擦不仅产生热量，而且还能破坏和清除表面的氧化膜。变形层金属的封闭、挤出和不断被高温区金属更新，可以防止焊口金属的继续氧化。顶锻焊接后，部分变形层金属像填料一样留在接头中会影响焊接质量。

三、摩擦焊焊接规范

1. 连续驱动摩擦焊规范参数

连续驱动摩擦焊主要工艺参数有转速、摩擦压力、摩擦时间、停车时间、顶锻时间、顶锻压力和顶锻变形量等。这些参数取决于工件的横截面积、金属的熔点和热导率以及热循环过程中冶金性能的变化（特别是在异种金属焊接时）等因素。

（1）转速和摩擦压力 摩擦焊接过程的加热来源于摩擦能，其加热功率为：

$$\eta = K_f p n \mu R^3 \qquad (5-9)$$

式中 R——焊件的工作半径，mm；

n——主轴转速，r/min；

p——摩擦压强，MPa；

μ——摩擦系数，其值在摩擦过程中是变化的，数值在 0.2～2 之间；

K_f——常数。

由式(5-9)可见：焊件直径越大，所需的摩擦加热功率也越大；焊件直径确定时，所需摩擦加热功率将取决于主轴转速和摩擦压力。实验研究表明，只有摩擦面的平均线速度足够高时，才能把焊件结合面加热到焊接温度。对于实心圆断面焊件，可以取 2/3 半径处的摩擦线速度为平均线速度。对于低碳钢摩擦焊，实验证明应使其平均摩擦线速度为

$$\bar{v}_f = \frac{4}{3}\pi nR \geqslant 0.3\,\mathrm{m/s} \tag{5-10}$$

实际平均摩擦线速度的选用范围为 0.6～3.0m/s。

必须注意，只有在一个恰当的转速数值范围内，摩擦焊接过程才会在端面形成一个贯穿整个端面深度的深塑区，这时，其外面覆盖着一层挤压变形层，使结合面免受空气侵入。转速过高，深塑区将减小并移向轴心区，挤压变形阻力增大，轴向缩短、速度减小，高温黏滞状金属难以向外流动，形成图5-19(c) 所示沿端面两侧对称的落翅状飞边，同时变形层金属变薄而不能封闭接口，使其易受氧化。

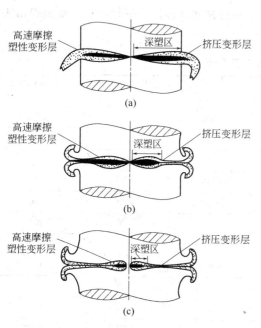

图 5-19　主轴转速高时产生的不良影响

（2）摩擦时间　在摩擦压强 p 和主轴转速 n 确定的前提下，适当的摩擦时间是获得结合面均匀加热温度和恰当变形量的条件，这时接头区沿轴向有一层恰当厚度的变形层及高温区，但飞边较小，而在随后的顶锻阶段能产生足够大的轴向变形量，变形层沿结合面径向有足够扩展，形成粗大、不对称封闭圆滑的飞边，如图 5-19(a) 所示。

对于同一个焊件，n、p、t 的参数条件不是唯一的。当 n 较低、p 较大时，t 可以较短，只需几秒钟；而当 n 高、p 较小时，t 将较长，例如可达 40s。显然，对于小焊件宜尽可能采用短时间参数，大端面焊件则只可用弱参数。此外，不同材质的焊件，t 的匹配条件也不一样，例如高合金钢摩擦焊，摩擦压力和时间都应增加。

（3）摩擦变形量　摩擦变形量与转速、摩擦压力、摩擦时间、材质的状态和变形抗力有关，要得到牢靠的接头，必须有一定的摩擦变形量，通常选取的范围为 1～10mm。

（4）停车时间及顶锻延时　一般应在制动停车 0.1～1s 后进行顶锻，其间转速降低，摩擦阻力和摩擦扭矩增大，轴向缩短速度也增大。调节顶锻延时则可以调整后峰值扭矩及变形层厚度。

（5）顶锻压力及顶锻变形量　顶锻是为了挤碎和挤出变形层中氧化了的金属和其他有害杂质，并使接头区金属得到锻压、结合紧密、晶粒细化、性能提高。顶锻变形量是锻压程度的主要标志。

顶锻压力大小取决于焊件材质、温度及变形层厚度，也跟摩擦压力有关。材质高温强度高、接头区温度低或变形层较薄时，顶锻压力应取大一些。一般顶锻压力宜为摩擦压力的

2～3 倍，顶锻速度宜为 10～40mm/h。

2. 惯性摩擦焊工艺参数

主要有三项参数，飞轮转动惯量、飞轮初速、轴向压力。前两项参数决定焊接的总能量，压力的大小一般取决于被焊材质和焊接界面的面积。

（1）飞轮转动惯量　取决于飞轮的形状、直径、质量（包括飞轮、卡爪、轴承和传动部件）。在焊接循环的任一瞬间，其能量可确定为

$$E = 54.7 \times 10^{-4} In^2 = 54.7 \times 10^{-4} Wr^2 n^2 \tag{5-11}$$

式中　I——惯性矩，$kg \cdot m^2$，$I = Wr^2$；

　　　W——飞轮系统的质量，kg；

　　　r——回转半径，m；

　　　n——瞬时转速，r/min。

飞轮惯量大，产生的顶锻作用亦大。大的低速飞轮产生的锻造量大于小的高速飞轮，尽管动能量是相同的。能量的大小将明显影响飞边的尺寸和形状。在初始速度和轴向压力一定时，增加飞轮惯量，焊接总能量增加，焊接时间增长，界面上热塑状金属被挤出的量增加，焊接飞边增大。

（2）飞轮初速　钢与钢焊接时，推荐的范围是 2.5～7.6m/s。如果速度太低，界面加热不匀，中心部位的热量将不足以使整个截面形成结合，毛刺粗糙不匀，飞边亦少。当初速高于 6m/s 时，焊缝呈鼓形，中心处比外围厚。

速度对塑性区的宽度影响较大，速度增加，焊缝及热影响区的宽度加大，接头的冷却速度变小，引起不同的组织转变。

（3）轴向压力　轴向压力控制着焊接周期时间，对焊接界面的能量输入有直接影响。它的作用一般与速度变化的影响相反。轴向压力增大，界面相对运动功耗增大，界面热塑性金属挤出量增多，飞边量增多，焊接热影响区变窄。压力降低，热影响区增宽。压力过高导致接头中心结合不良。

四、影响材料摩擦焊接性的因素

材料的摩擦焊接性是指形成和母材等强度、等塑性摩擦焊接头的能力。表 5-4 是影响材料摩擦焊接性的因素。对于不适宜摩擦焊的同种或异种材质，可采用过渡材料进行连接。材

表 5-4　影响材料摩擦焊接性的因素

特　性	对焊接性的影响
互溶性	两种材料是否互相溶解和相互扩散，同种材料通常比异种材料更易焊接
氧化膜	被焊材料表面上的氧化膜是否容易破碎
力学与物理性能	高温强度高，塑性低，导热好的材料较难焊接 异种材料的性能差别太大，不容易焊接
碳当量	碳当量高的，淬透性好的钢材往往不太容易焊接
高温活性	材料高温的氧化倾向大时，以及某些活性金属难以焊接
脆性相的产生	凡是形成脆性合金的异种金属，须降低焊接温度，或减少加热时间
摩擦系数	摩擦系数低的材料，则摩擦加热效率低，难于焊接
材料脆性	脆性材料，难于焊接

料的摩擦焊接性也随着工艺的发展而变化,有些原来不能焊接的同种或异种材料,随着新工艺的出现而变为可焊材质。

五、摩擦焊接头的缺陷及检测

1. 摩擦焊接头中的缺陷

摩擦焊是固相连接,接头中不会出现与熔化、凝固有关的缺陷,但当材料焊接性差、焊接参数不当或表面清理不好时,在摩擦焊连接界面上也会出现一些"非理想结合"的缺陷,如裂纹、未焊合、夹杂、金属间化合物、错叠等,这些缺陷一般具有二维、平面、弥散分布的特征。

(1)"灰斑"缺陷 "灰斑"是一种焊接缺陷在断口上的表现形式,它在断口上一般表现为暗灰色平斑状,无金属光泽一般为近似圆形、椭圆形或长条形,与周围金属有明显的分界,无显著塑性变形,具有明显的沿焊缝断裂的特征。微观上看,"灰斑"是从焊合区破碎或未破碎的夹杂物与基体金属的界面为空穴形成核心,在外力作用下不断扩展,最终聚合成密集细小的浅韧窝,在宏观上表现为脆性断裂。

根据扫描电镜分析和X射线能谱分析,"灰斑"缺陷系由以 Si、Mn 为主的低塑性物质组成。一般认为其形成机理为:由于焊接部位母材内部存在的一些夹杂物,在摩擦加热、顶锻加压时被碎化而进入焊接面,但又未被完全挤出,从而形成"灰斑"。

(2)焊接裂纹 摩擦焊接头上的裂纹主要出现在焊合区边缘飞边缺口部位、焊合区内部、近缝区及飞边上。飞边缺口裂纹沿焊合区向内扩展,其产生与材料的淬硬性及焊接参数有关。有限元分析表明,当焊合区两侧塑性区较宽、顶锻压力过大时,会在焊合区周边部位产生较大的拉应力,这是形成飞边缺口裂纹的主要原因。异种材料焊接时可能在焊合区内部产生裂纹。脆性材料(陶瓷)或易淬硬材料(高速钢)与其他异种材料焊接时,在焊后或热处理后会产生由飞边缺口部位起裂,并向脆性材料一侧近缝区内部扩展的环状裂纹,这类裂纹的产生与焊接接头内部的残余应力分布及焊接过程中脆性材料的损伤有关。飞边裂纹是指飞边上沿径向或环向开裂的裂纹,其产生的原因主要是焊合区温度不当(过高或过低),飞边金属塑性低以及焊接变形速度(特别是顶锻速度)过快。通过改变焊接转速及顶锻速度可以有效防止飞边裂纹的产生。

(3)未焊合 未焊合一般产生于焊接接头的焊合面上,其表面宏观特征呈氧化颜色,在断口上表现为摩擦变形特征及其上分布的氧化物层,氧化物主要是焊接过程中在高温形成的氧化铁。另外,结合表面上的氧化物、油污、杂质及凹坑等也会在焊合表面上造成"未焊合"缺陷。它的产生与摩擦加热不足、顶锻压力过小及原始表面状态等因素有关。

另外,摩擦焊接头中还会出现焊缝脱碳、过热组织、淬火组织等缺陷。

2. 摩擦焊接头的无损检测

摩擦焊接头中出现非理想结合的缺陷时,会使接头的抗断能力下降几倍甚至几十倍。如当"灰斑"面积为 $20\% \sim 30\%$ 时,焊合区冲击功可下降 $70\% \sim 80\%$,疲劳寿命下降 $25\% \sim 50\%$。因此,对摩擦焊接头进行无损检测,对于保证焊件的性能与安全是非常重要的。

由于摩擦焊焊接缺陷具有二维、弥散和近表面分布的特征,故应采用高聚焦性能和高分辨力的无损检测技术。目前摩擦焊接头的无损检测主要以超声波和渗透检测技术为主,再辅以视觉检查。表5-5给出了检验摩擦焊接头常用的方法及适用的范围。

表 5-5　检验摩擦焊接头常用的方法及适用的范围

	检 验 方 法	裂纹	未焊合	夹杂	金属间化合物	错叠	力学性能	硬度	化学成分	焊合区及热影响区位置
无损检测	超声波	✓	✓	✓						
	磁粉	✓	✓	✓						
	X射线	✓				✓				
	(荧光)渗透	✓	✓	✓						
	渗漏(气密性)	✓								
	目测	✓	✓			✓				✓
	表面腐蚀	✓								✓
	加压或加载检验	✓	✓							
	声发射	✓		✓						
	涡流	✓		✓						
	测量尺寸					✓				✓
破坏检验	弯曲	✓	✓	✓	✓		✓			
	拉伸	✓	✓				✓			
	扭转	✓	✓				✓			
	冲击	✓					✓			
	剪切	✓					✓			
	疲劳	✓	✓				✓			
	硬度						✓	✓		✓
	断口	✓	✓							✓
	金相								✓	✓
	成分分析			✓	✓				✓	

第三节　钎　焊

钎焊属于固相连接，它与熔焊方法不同，钎焊时母材不熔化，采用比母材熔化温度低的钎料，加热温度采取低于母材固相线而高于钎料液相线的一种连接方法。当被连接的零件和钎料加热到钎料熔化，利用液态钎料在母材间隙中润湿、毛细流动、填缝与母材相互溶解和扩散而实现零件间的连接。

同熔焊方法相比，钎焊具有以下优点：

① 钎焊加热温度较低，对母材组织和性能的影响较小；

② 钎焊接头平整光滑，外形美观；

③ 焊件变形较小，尤其是采用均匀加热（如炉中钎焊）的钎焊方法，焊件的变形可减小到最低程度，容易保证焊件的尺寸精度；

④ 某些钎焊方法一次可焊成几十条或成百条钎缝，生产率高；

⑤ 可以实现异种金属或合金、金属与非金属的连接。

但是，钎焊也有它本身的缺点，钎焊接头强度比较低，耐热能力比较差，由于母材与钎料成分相差较大而引起的电化学腐蚀致使耐蚀性能较差及装配要求比较高等。

一、钎焊原理

1. 液体钎料对固体母材的润湿与填缝

(1) 液体钎料的润湿性　材料的钎焊连接是由熔化的钎料填入焊件间隙并相互作用而凝固成接头的。所以钎焊时，熔化的钎料与固态母材首先相接触。从物理化学得知，一滴液体置于固体表面，若液滴和固体界面的变化促使液-固体系自由能降低，则液滴将沿固体表面自动铺展，即呈图 5-20 所示的状态。图中 θ 称为润湿角，σ_{SG}、σ_{LG}、σ_{LS} 分别表示固-气、液-气、液-固界面间的界面张力。铺展终了时，润湿角 θ 与固体表面张力 σ_{SG}、液体表面张力 σ_{LG} 以及液-固界面张力 σ_{LS} 存在以下关系，即

$$\sigma_{SG} = \sigma_{LS} + \sigma_{LG}\cos\theta \tag{5-12}$$

$$\cos\theta = \frac{\sigma_{SG} - \sigma_{LS}}{\sigma_{LG}} \tag{5-13}$$

θ 角表示了液滴对固态的润湿程度，$0 < \theta < 90°$ 表明液滴能润湿固体，$90° < \theta < 180°$ 表明液滴不能润湿固体，$\theta = 0°$ 表明液-固完全润湿，$\theta = 180°$ 视为完全不润湿。钎焊时希望钎料的润湿角小于 $20°$。从式(5-13) 中还看出，如 σ_{SG} 和 σ_{LG} 为某定值，则 σ_{LS} 与 θ 有一定的正比关系，即 σ_{LS} 越小，θ 也越小，也就是说液-固间的界面张力越小，它们也越易润湿，这是很重要的润湿条件。

(2) 钎料的毛细填缝　实际上在钎焊时，对液态钎料的要求主要不是沿固态母材表面的自由铺展，而是尽可能填满钎缝的全部间隙。通常钎缝很小，如同毛细管。钎料是在对母材润湿的前提下，依靠毛细作用在钎缝间隙内流动的。因此，钎料能否填满钎缝取决于它在母材间隙中的毛细流动特性。

液体在固体间隙中的毛细流动特性表现为如下的现象：当把间隙很小的两平行板插入液体时，液体在平行板的间隙内会自动上升到高于液面的一定高度，但也可能下降到低于液面，如图 5-21 所示。液体在两平行板的间隙中上升或下降的高度可由下式确定

$$h = \frac{2\sigma_{LG}\cos\theta}{a\rho g} = \frac{2(\sigma_{SG} - \sigma_{LS})}{a\rho g} \tag{5-14}$$

式中　a——平行板的间隙，钎焊时即钎缝间隙；

　　　ρ——液体的密度；

　　　g——重力加速度。

当 h 为正值时，表示液体在间隙中上升；h 为负值时，表示液体在间隙中下降。

(3) 影响钎料毛细填缝的因素　在实际生产中发现，钎料的毛细填缝可受很多因素的影响，主要因素有如下几个。

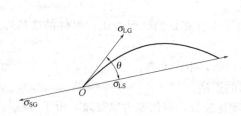

图 5-20　液滴在固体表面的平衡条件

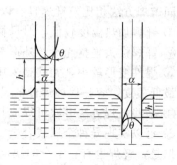

图 5-21　在两平行板的液体毛细作用

① 钎料和母材成分　若钎料与母材在液态和固态下均不发生物理化学作用，则它们之间的润湿作用就很差；若钎料与母材相互溶解或形成化合物，则液态钎料就能很好地润湿母材。例如 Ag 与 Fe、Pb 与 Cu、Pb 与 Fe、Cu 与 Mo 相互不发生作用，它们之间的润湿作用很差；Ag 对 Cu、Sn 对 Cu 等的润湿作用，由于它们之间的相互作用强而显得很好。对于互不发生作用的钎料与母材，可在钎料中加入能与母材形成固溶体或化合物等的第三物质来改善其润湿作用。例如 Pb 与 Cu 及钢都互不发生作用，所以 Pb 在 Cu 和钢上的润湿作用很差；但若在 Pb 中加入能与铜及钢形成固溶体及化合物的 Sn 后，钎料的润湿作用就大为改善，随着含 Sn 量的提高，润湿作用愈来愈好。又如：Ag 对 Fe 的润湿作用很差，但含 Cu 和 Zn 的银基钎料对钢的润湿作用都很好。利用这个特点，可大致估计钎料润湿作用的好坏，也能评价毛细填缝作用的好坏。

② 钎焊温度　随着加热温度的升高，液态钎料与气体的界面张力减小，液态钎料与母材的界面张力也降低，这两者均有助于提高钎料的润湿能力。但是钎焊温度不能过高，以免造成溶蚀、钎料流失和母材晶粒长大等现象。

③ 母材表面氧化物　在有氧化物的母材表面上，液态钎料往往凝聚成球状，不与母材发生润湿，也不发生填缝。这是因为覆盖着氧化物的母材表面比起无氧化物的洁净表面来说，与气体之间的界面张力要小得多，致使 $\sigma_{SG} < \sigma_{LS}$，出现不润湿现象。所以，必须充分清除钎料和母材表面的氧化物，以保证发生良好的润湿作用。

④ 母材表面粗糙度　母材表面的粗糙度，对钎料的润湿能力有不同程度的影响。钎料与母材作用较弱时，它在粗糙表面上的纵横交错的细槽对液态钎料起了特殊的毛细作用，促进了钎料沿母材表面的铺展。但对于与母材作用比较强烈的钎料，由于这些细槽迅速被液态钎料溶解而失去作用，这些现象就不明显。

⑤ 钎剂　钎焊时使用钎剂可以清除钎料和母材表面的氧化物，改善润湿作用。钎剂往往又可以减小液态钎料的界面张力。因此，选用适当的钎剂对提高钎料对母材的润湿作用是非常重要的。

⑥ 间隙　间隙是直接影响钎焊毛细填缝的重要因素。毛细填缝的长度（或高度）与间隙大小成反比，随着间隙减小，填缝长度增加；反之减小。因此毛细钎焊时一般间隙都较小。

⑦ 钎料与母材的相互作用　实际钎焊过程中，只要钎料能润湿母材，液态钎料与母材或多或少地发生相互溶解及扩散作用，致使液态钎料的成分、密度、黏度和熔化温度区间等发生变化，这些变化都将在钎焊过程中影响液态钎料的润湿及毛细填缝作用。

2. 液体钎料与固体母材的相互作用

液态钎料在毛细填缝过程中与母材发生相互物理化学作用。这种作用可归结为两种：一种是固态母材向液态钎料中溶解；另一种是液态钎料向母材扩散。这些相互作用对钎焊接头的性能影响很大。

（1）固态母材向液态钎料中的溶解　钎焊时，一般都发生母材向液态钎料中的溶解过程。母材向钎料溶解，可以认为是：液态金属与固态金属接触时，使固态金属晶格内的原子结合被破坏，促使它们同液态金属的原子形成新的键，这个过程便是固态母材向液态金属中的溶解过程。

溶解作用对钎焊接头质量的影响很大。母材向钎料的适当溶解可改变钎料的成分。如果改变的结果有利于最终形成的钎缝组织，则钎焊接头的强度和延性可以提高；如果母材溶解的结果在钎缝中形成脆性化合物相，则钎缝的强度和延性降低。母材的过度溶解会使液态钎料的熔化温度和黏度提高，流动性变坏，导致不能填满接头间隙。有时，过量的溶解还会造成母材溶蚀缺陷，严重时甚至出现溶穿。

母材在液态钎料中的溶解量 G 可表示为

$$G = \rho_y C_y \frac{V_y}{S}(1 - e^{-\frac{\alpha St}{V_y}})\tag{5-15}$$

式中　G——单位面积母材的溶解量；

ρ_y——液态钎料的密度；

C_y——母材在液态钎料中的极限溶解度；

V_y——液态钎料的体积；

S——液、固相的接触面积；

α——母材的原子在液态钎料中的溶解系数；

t——接触时间。

由此式可以看出：母材向钎料的溶解量与母材在钎料中的极限溶解度有关；与液态钎料的数量有关；亦与钎焊的工艺参数（温度、保温时间等）有关。

（2）钎料组分向母材的扩散　钎焊时，钎料的组分会向固态母材进行扩散。其扩散量除与钎焊温度有关外，还与扩散组分的浓度梯度、扩散系数、扩散面积和扩散时间有关。其扩散规律由下式确定，即

$$D_m = -DS\frac{D_c}{D_x}dt\tag{5-16}$$

式中　D_m——钎料组分的扩散量；

S——扩散面积；

D——扩散系数；

$\dfrac{D_c}{D_x}$——在扩散方向上扩散组分的浓度梯度；

dt——扩散时间。

显而易见，浓度梯度、扩散系数、扩散面积和扩散时间增大，扩散量也随之增大。

钎料组分向母材的扩散以两种方式进行。一种是体积扩散，此时钎料组元向整个母材晶粒内部扩散。另一种是晶间扩散，这时钎料组元扩散到母材的晶粒边界。体积扩散的结果是在钎料与母材交界处毗邻母材一边形成固溶层，它对钎焊接头不会产生不良影响。晶间扩散常常使晶界发脆，对薄件的影响尤为明显。应降低钎焊温度或缩短保温时间，使晶间扩散减小到最低程度。

（3）钎焊接头的显微组织　由于母材与钎料间的溶解与扩散，改变了钎缝和界面母材的成分，使钎焊接头的成分、组织和性能同钎料及母材本身往往有很大的差别。钎料与母材的相互作用可以形成下列组织。

① 固溶体　当母材与钎料具有同一类型的结晶点阵和相近的原子半径，在状态图上出现固溶体时，则母材溶于钎料并在钎缝凝固结晶后，就会出现固溶体，当钎料与母材具有相同基体时，也往往可能形成固溶体。属于前者的情况有用铜钎焊镍；属于后者的情况有用铜基钎料钎焊铜、铝基钎料钎焊铝及铝合金等。尽管钎料本身不是固溶体组织，但在近邻钎缝界面区以及钎缝中可出现固溶体组织。

固溶体组织具有良好的强度和延性，钎缝和界面区出现这种组织对于钎焊接头性能是有利的。

② 化合物　如果钎料与母材具有形成化合物的状态图，刚钎料与母材的相互作用将可能使接头中形成金属间化合物。例如 250℃ 时以 Sn 钎焊 Cu，由于 Cu 向 Sn 中溶解，冷却时

在界面区形成 Cu_6Sn_5 化合物相。如果母材与钎料能形成几种化合物，则在钎缝一侧界面上可能形成几种化合物。如用 Sn 钎焊 Cu，当钎焊温度超过 $350℃$，除形成 Cu_6Sn_5 外，还在 Cu_6Sn_5 相与 Cu 之间出现了 ε 相。用多数钎料钎焊 Ti 时，在钎缝一侧界面上也往往形成化合物相。当接头中出现金属间化合物相，特别是在界面区形成连续化合物层时，钎焊接头的性能将显著降低。

③ 共晶体　钎缝中的共晶体组织可以在以下两种情况中出现，一是在采用含共晶体组织的钎料时，如铜磷、银铜、铝硅、锡铅等钎料，这些钎料均含大量共晶体组织；二是母材与钎料能形成共晶体时，如用银钎焊铜时钎缝中会形成大量的共晶体。

二、钎焊材料

工程中通常将钎焊分为两类，即硬钎焊和软钎焊。液相线温度在 $450℃$ 以下的钎料用于钎焊时称为软钎焊，$450℃$ 以上的钎料用于钎焊时称为硬钎焊。通常把熔点低于 $450℃$ 的钎料称为软钎料；把熔点高于 $450℃$ 的钎料称为硬钎料。

1. 软钎料

（1）锡基钎料　锡基钎料主要是在纯锡中加铅等元素，即形成软钎料中应用最广的锡铅钎料。从 Sn-Pb 状态图 5-22 看出，当锡铅合金 $w(Sn)=61.9\%$ 时，形成熔点为 $183℃$ 的共晶。

图 5-23 所示为锡铅合金的机械性能和物理性能。纯锡强度为 $23.5MPa$，加铅后强度提高，在共晶成分附近抗拉强度达 $51.97MPa$，抗剪强度为 $39.22MPa$，硬度也达到最高值，电导率则随含铅量的增加而降低。所以，根据不同要求，选择不同的钎料成分。

（2）铅基钎料　纯铅钎料因为不能很好地润湿铜、铁、镍等常用金属，所以不宜单独做钎料。但在铅中添加银、锡、镉、锌等合金元素，如加入 $w(Ag)=3\%$，达到共晶成分使钎

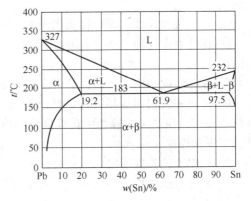

图 5-22　Sn-Pb 状态图

焊能润湿铜及铜合金，并降低它的熔化温度。但这种钎料对铜的润湿性和填缝能力仍较差，可进一步在钎料中加入锡，以改善润湿性。

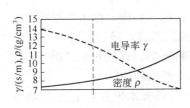
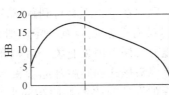
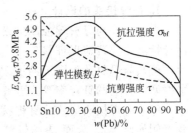

图 5-23　锡铅钎料的机械和物理性能

（3）锌基钎料　锌基钎料主要用于钎焊铝及铝合金。锌的熔点为 $419℃$，在锌中加入锡和镉能明显降低其熔点，加入银、铜、铝等元素可提高润湿性和接头的抗腐蚀性。

2. 硬钎料

（1）铝基硬钎料　铝基硬钎料是用来焊接铝和铝合金的，其牌号主要有 HL400、HL401、HL402、HL403 等。

（2）银基硬钎料　银基硬钎料熔点不高，对多数金属均表现出良好的润湿性，并具有较为理想的强度、塑性、导电性和耐各种介质腐蚀的性能，主要由银-铜系、银-铜-锌系、银-铜-锌-镉系等合金组成。

（3）铜基硬钎料　铜基硬钎料主要由纯铜钎料、铜锌系钎料、银磷系钎料及铜基高温钎料组成。

（4）锰基硬钎料　锰基硬钎料以 Ni-Mn 合金为基体，加入 Cr、Co、Cu、Fe、B 等元素降低钎料的熔化温度，并改善工艺性能和提高抗腐蚀性。常用锰基钎料有 BMn70NiCr、BMn40NiFeCo、BMn50NiCu CrCo、BMn45NiCu 等。

（5）镍基硬钎料　镍基硬钎料具有优良的抗腐蚀性和耐热性，加入的成分有铬、硅、硼、铁、磷和碳等。

（6）贵金属硬钎料　主要有金基钎料和含钯钎料。具有优良的耐腐蚀性和良好的润湿性，但价格昂贵。

三、钎焊工艺

钎焊工艺合理与否将直接决定钎焊接头的质量优劣，制定一个钎焊工艺应包括如下步骤。

① 钎焊接头设计。设计接头的形式、间隙大小。

② 焊件表面处理。清除表面油污和氧化物，必须要时在表面镀覆各种有利于钎焊的金属涂层。

③ 焊件装配和固定。确保钎焊零件间的相互位置和间隙不变。

④ 钎料和钎剂的选择。选择钎料类型、形状、填入或预置方式及与钎剂的匹配，确保钎料能够在纵横复杂的钎缝中获得最佳的填缝走向，表现出良好的钎焊工艺性，获得满意的钎缝组织和性能。

⑤ 钎焊工艺参数确定。包括钎焊方法、温度、升温速度、保温时间及冷却速度等。

⑥ 钎焊后质量检验和清洗。检验钎缝质量，清除腐蚀性的钎剂残留物或影响钎缝外观的堆积物。

以上工艺过程的制定对不同钎焊产品有不同的具体技术要求和质量标准，但其根本的任务是要确保钎料、钎剂的流动、铺展、填缝过程的充分以及钎料与母材相互作用过程的适宜，必须根据实际情况予以制订。

1. 钎焊接头的设计

焊接接头与母材等强度的设计原则在工程上是得到普遍确认的。然而，由于钎焊技术的自身特点，要普遍保证接头与母材具有等强度尚有一定的难度。不过，通过钎焊接头的设计，使其与母材达到同等的承载能力与许多因素有关，诸如钎料种类、钎料和母材相互间作用程度、钎缝的钎着率等，但钎焊接头形式和间隙却起着相当重要的作用。

（1）钎焊接头形式　钎焊接头的形式有多种，归结起来有三种基本形式：端面-端面钎缝（例如对接）、表面-表面钎缝（例如搭接）和端面-表面钎缝（例如 T 接）。端面-端面钎缝和端面-表面钎缝往往不能保证与焊件有等同的承载能力，一般不推荐采用。

在工程实际中，表面-表面钎缝可依靠增大搭接面积达到接头与焊件有相等的承载能力。另外，它的装配要求也较简单，故搭接或局部搭接形式是钎焊连接的基本形式。较大的搭接面具有较大的承载能力。但因钎接面积较大，毛细能力则相对较弱，同时填充钎料也要增多，因此搭接面积的大小是有一定限度的。需要提及的是，搭接接头会增加母材的消耗，接头截面积也不是圆滑过渡，会导致应力集中，选用时也应予以考虑。

实际上，钎焊连接的零件其相互位置是各式各样的，具体的钎焊接头形式往往不是单一的。图 5-24 列出了各种钎焊接头的装配形式，可参考这些实例来具体设计。

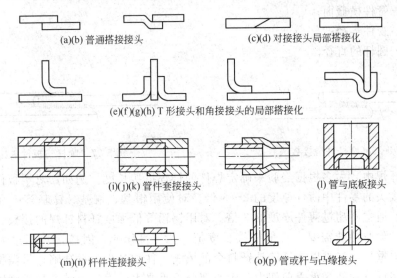

(a)(b) 普通搭接接头　　　　(c)(d) 对接接头局部搭接化

(e)(f)(g)(h) T 形接头和角接接头的局部搭接化

(i)(j)(k) 管件套接接头　　　　　(l) 管与底板接头

(m)(n) 杆件连接接头　　　　(o)(p) 管或杆与凸缘接头

图 5-24　各类钎焊接头装配型式

值得注意的是，钎焊加热过程中焊件、钎料和钎剂会析出气体，也有剩余的钎剂残渣，要保证它们有排流的通道。必要时，在焊件设计上，可考虑开设工艺孔予以解决，这对封闭型结构件尤为重要。图 5-25 列举了一些方式。

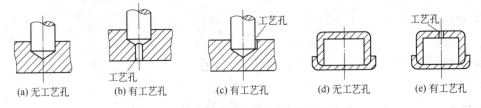

(a) 无工艺孔　　(b) 有工艺孔　　(c) 有工艺孔　　(d) 无工艺孔　　(e) 有工艺孔

图 5-25　钎焊封闭型接头时开工艺孔的方法

（2）钎焊接头搭接长度　根据接头与焊件承载能力相等原则，对于几种典型结构件，可按以下搭接长度公式计算：

板件搭接长度：

$$L = \frac{\sigma_b}{\tau_j} \cdot H \tag{5-17}$$

套管套接长度：

$$L = \frac{F\sigma_b}{2\pi r \tau_j} \tag{5-18}$$

圆杆件搭接长度（见图 5-26）：

$$L_j = \frac{\pi}{2} \cdot \frac{\sigma_b}{\tau_j} \cdot D_0 \tag{5-19}$$

圆杆与板件搭接长度（见图 5-27）：

$$L_j = \frac{\pi}{4} \cdot \frac{\sigma_b}{\tau_j} \cdot D_0 \tag{5-20}$$

式中　σ_b——焊件材料的抗拉强度；

τ_j——钎焊接头的抗剪强度；

H——焊件厚度；

F——管件横截面；

r——管件半径；

D_0——圆杆的直径。

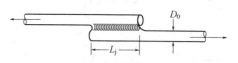

图 5-26　圆杆件搭接接头

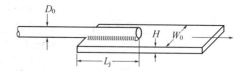

图 5-27　圆杆与板件搭接接头

在实际钎焊中，大多根据经验来确定焊件的钎焊搭接长度。例如，对于板件取搭接长度等于组成此接头的零件中薄件厚度的 2～5 倍。对使用银基、铜基、镍基等高强度钎料的接头，搭接长度通常不超过薄件厚度的 3 倍。对用锡铅等低强度钎料钎焊的接头，可取为薄件厚度的 5 倍，除非特殊需要，一般搭接长度值不大于 15mm，因搭接长度过大，既耗费材料、增大结构重量，又难以使钎缝被钎料全部填满，往往产生大量缺陷。另需指出的是，搭接接头主要靠钎缝的外缘承受剪切力，中心部分不承受大的力，而随搭接长度增加的却正是钎缝的中心部分。因此，过大的搭接长度已失去了意义。对有导电要求的钎焊接头须考虑接头可能因电阻大而引起过度发热的问题。为此，设计的接头应保证钎缝的电阻值与所在电路的同样长度的铜导体的电阻值相等。从这一原则出发，其搭接长度的计算公式与相应的承力接头具有相似的形式：

板-板：
$$L_j = \frac{\rho_f}{\rho_c} \cdot H \tag{5-21}$$

圆杆-圆杆：
$$L_j = \frac{\pi}{2} \cdot \frac{\rho_f}{\rho_c} \cdot D_0 \tag{5-22}$$

圆杆-板：
$$L_j = \frac{\pi}{4} \cdot \frac{\rho_f}{\rho_c} \cdot D_0 \tag{5-23}$$

式中　ρ_f——钎料的电阻率；

ρ_c——导体的电阻率。

（3）钎焊接头装配间隙　接头装配间隙的大小也是钎焊接头设计须考虑的参数，因为钎缝间隙值对接头性能有很大的影响。这种影响主要是通过对钎料的毛细填缝过程，钎剂残渣及气体的排出过程，母材与钎料相互的扩散过程以及母材对钎缝合金层受力时塑性流动的机械约束作用而体现出来的。

通常钎焊接头存在某一最佳间隙值，在此间隙值内接头具有最大强度甚至可能高于原始钎料的强度。大于或小于此间隙值，接头强度均随之降低。如图 5-28 所示，这是因为偏大的间隙值会使毛细作用减弱，钎料难以填满间隙。同时母材对填缝钎料中心区的合金化作用减弱使钎缝结晶生成柱状组织和枝晶偏析。在受力时母材对钎缝合金层的支撑作用也将减弱。反之，过小的间隙却使钎料填缝

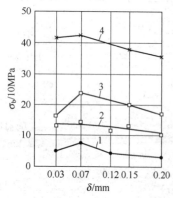

图 5-28　钎焊接头强度与钎缝
间隙值的关系（Cu-30Zn 钎料钎
焊钢，炉中 1000 硼砂钎剂）
1—疲劳；2—抗剪；3—断裂；
4—弯曲

变得困难，间隙内的钎剂残渣和气体也不易排尽而造成钎缝内未焊透、气孔或夹杂的形成。一般说来，钎料对母材润湿性越好间隙要越小；钎料与母材相互作用强烈，间隙必须增大，这可减弱母材对钎缝的过多溶入不致使钎料熔点升高，流动性下降；对于单一熔点的纯金属钎料、共晶成分的钎料以及具有自钎剂作用的钎料，应取较小的间隙值；有些钎焊接头是需要钎料的某些组元向母材扩散来改善钎缝组织和性能的，就要严格保持小间隙，如镍基钎料钎焊不锈钢时，小间隙有助于不出现或少出现脆性相；采用钎剂去膜应比气体介质去膜、真空钎焊的间隙值来得大，因前者须排渣，后者只是排出气体。所以钎缝间隙的最佳值由多方面因素综合而定。

2. 焊件的表面处理

焊件在焊前的加工和存放过程中不可避免地会覆盖着氧化物，沾染上水汽、油脂和灰尘，毫无疑问在焊前对焊件的表面须进行必要的处理。

(1) 表面脱脂处理 清除焊件表面的水汽、油脂、油污和脏物。方法：用有机溶剂（乙醇、丙酮、三氯乙烯等）擦洗或浸洗焊件；在有机溶剂蒸气中清洗；碱液（苛性钠、碳酸钠、磷酸钠等）清洗；电化学脱脂清洗；超声波清洗。任何脱脂处理均须对焊件再次用清水漂洗净，然后予以干燥。

(2) 表面氧化物清除 焊件表面氧化物（膜）的清除是十分关键的方法：机械清除（锉、刮砂、磨、喷丸等）；化学侵蚀具有效率高、清洗均匀的优点。如质量分数为 10% 的 H_2SO_4 或 HCl 水溶液清洗低碳钢和低合金钢；10% HNO_3（质量分数）+6% H_2SO_4（质量分数）+50g/L HF 的水溶液清洗不锈钢；质量分数为 5%～10% 的 H_2SO_4 清洗铜及铜合金；NaOH 100g/L 水溶液清洗铝及铝合金等。化学侵蚀施加一定的温度（20～100℃）效果更好。凡化学侵蚀过的金属一定要用清水彻底漂洗干净并干燥。电化学侵蚀和超声波清洗与单纯的化学侵蚀相比，其去除氧化膜更为迅速有效。

(3) 表面预镀覆 这是一种特殊的表面处理工艺。镀覆层既可以起到表面防氧化、增加润湿性的作用，也可以镀覆钎料层，直接用做钎料填缝。在许多精密钎焊的场合质量完全能得到保证。

表面处理过的焊件应及早施焊，尽量缩短保存时间，若需保存必须注意保持洁净。同样在搬运、装配等触摸过程中更要防止再次污染。

3. 焊件的装配和固定

焊件正确的装配和固定不仅能使钎焊顺利进行，同时也是保证焊件尺寸精度，尤其是保证钎缝间隙的需要。其基本要求是正确保持各焊接零件的相互位置，不得错位。

可用来固定零件的方法很多，如图5-29 所示。对于简单的焊件，可根据结构采用诸如紧配合、突起部、定固焊、铆钉、螺钉、定位销、弹簧夹等方法来固定；有时在装配面加工出滚花、压纹利于定位；扩管、卷边、镦粗也是可行的办法。对于结构复杂，装配精度高的焊件，尤其是多钎缝的钎焊件，多半要采用夹具工装。这时夹具的设计和用材不容马虎，应该依据钎焊的特点度身定制。如感应钎焊用夹具，材料应是非磁性的；盐浴钎焊用夹具应考虑耐蚀性；整体加热的炉中钎

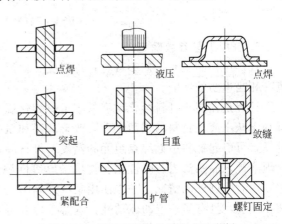

图 5-29 钎焊时零件的固定方法举例

焊，夹具应选用耐热性和抗氧化性好的材料；另外，选用的材料与零件有相近的热膨胀系数、又不为钎料所润湿也是基本的条件。

4. 钎料的放置

在手工钎焊时，钎料大多由人工直接送入。但在自动钎焊时或者钎缝表面要求高的场合，钎料必须预置。有两种预置方式：一是明预置，即将钎料放置于钎缝间隙外缘；一是暗预置，把钎料置于钎缝间隙内特制的钎料槽中。

明预置的钎料往往利用焊件某些特定的台阶、沟槽等处放置，如图 5-30(a)～(f) 所示。通过熔化钎料的重力和毛细吸附力将钎料填入缝隙。此时应尽可能把钎料紧贴钎缝，以免钎料熔化后向四周流失。

暗预置的钎料大多放置于事先加工开出的特制钎料槽内。钎料槽一般都开在较厚的焊件上，如图 5-30(g)～(h) 所示。钎料放置一定要牢靠、紧凑。其位置应使钎料的填缝路径最短。

一些箔状或垫片状钎料都可直接放置于钎缝间隙内。如图 5-30(i)～(j) 所示，完全不必再开槽放置，但钎焊凝固前应施加一定压力，以保证钎缝填满且致密。

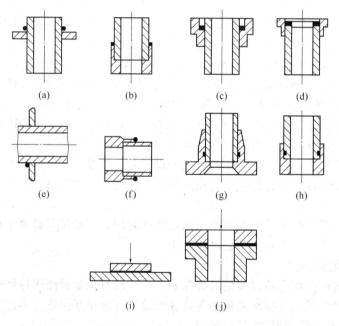

(a) (b) (c) (d)

(e) (f) (g) (h)

(i) (j)

图 5-30　钎料的放置举例

5. 钎焊工艺参数确定

钎焊过程的主要工艺参数是钎焊温度、保温时间和冷却速度。它们对钎焊过程和接头质量有相当重要的影响。

钎焊是在高于钎料熔化温度低于母材熔化温度的加热温度下进行的。虽然高的钎焊温度有利于减小液态钎料的表面张力，改善润湿和填缝，并使钎料与母材相互充分作用。但温度过高，可引起钎料中低沸点组元的蒸发、母材晶粒的长大，也使钎料与母材相互作用过度而出现溶蚀、晶间渗入、脆性化合物层增厚等问题。一般钎焊温度控制在钎料熔点以上 25～60℃。有些例外的情况是，当使用某些结晶温度间隔宽的钎料，由于在固相线温度以上已有液相存在，具有了一定的流动性，这时钎焊温度可以等于或低于钎料液相线温度；有时钎焊温度可依照钎缝中形成新合金的熔点温度来确定；在一些特殊情况下，如用纯银钎焊铜，钎焊温度达 800℃左右（远低于银的熔点）即可，因为，此时的纯银钎料与母材铜在加热时能形成低熔点的 Ag-Cu 二元系液态共晶层，布满缝隙凝固成接头。

需要重视的是钎焊升温速度，升温速度除了有调节钎剂、钎料熔化温度区间的作用以外，与材料的热导率、尺寸还应有相应的配合。对那些性质较脆、热导率较低和尺寸较厚的工件不宜升温过快，否则将产生表面与内部的应力差而导致变形甚至开裂。升温速度过慢会促使母材晶粒长大，金属的氧化，钎料低熔点组元的蒸发等不利情况的发生。

钎焊过程完成以后适当加以保温再进行冷却往往有利于钎缝的均匀化而增加强度。一般说来，钎料与母材的相互作用会产生强烈溶解、生成脆性相、引起晶间渗入等有害倾向，应尽量缩短保温时间。相反，通过二者的相互作用能消除钎缝中的脆性相或低熔组织时，则应适当延长保温时间。钎焊大件比钎焊小件保温时间长，以保证加热的均匀。钎缝间隙大时，应有较长保温时间以便钎料与母材有必要的相互作用。钎料和母材间有金属间化合物产生时，由于钎焊后的保温，钎料中能与母材产生化合物的组元也会向母材晶粒中或晶界扩散而减少化合物的存在和影响。

冷却速度对钎缝的结构有很大的影响。一般说来，钎焊过程完结以后快速冷却有利于钎缝组织的细化，从而加强钎缝的各种力学性能。这对于薄壁、热导率高、韧性强的材料是不成问题的。相反，对那些厚壁、热导率低、性脆的材料则会产生与加热速度过快时同样的弊病，还会因钎缝迅速凝固使气体来不及逸出而产生气孔。另外，较慢的冷却速度有利于钎缝结构的均匀化，这种作用对一些钎料与母材能生成固溶体时比较明显。例如 Cu-P 钎料钎焊铜时，较慢的冷却速度使得钎缝中含更多的固溶体而较少一些 Cu_3P 化合物共晶。

总之，合理的钎焊温度，合适的加热或冷却速度，必要的保温时间，应该在综合考虑母材的性质、工件的形状与尺寸、钎料的特点及与母材的相互作用等条件后加以确定。

6. 钎焊的后处理

焊件在钎焊后往往还需要作某些处理，主要是钎焊后的热处理和清洗。

(1) 钎焊后的热处理　一种是扩散热处理，是为了改善钎焊接头组织性能。一般是在低于钎料固相线温度下的长时间保温处理。通过这种扩散处理，消除某些组元成分的偏析，使钎缝组织均匀。另一种是低温退火处理，以消除焊件在钎焊过程中可能产生的内应力。有些焊件利用钎焊温度同时进行了淬火处理，则一定要注意焊后的冷却速度。

(2) 钎缝的焊后清洗　主要用于使用钎剂的钎焊接头上。因为钎焊结束后，残留的钎剂残渣会对母材产生不良影响，如耐腐蚀性、镀覆性变差等。钎缝的焊后清洗可以用汽油、酒精、丙酮等有机溶剂进行擦洗，最后再用热水和冷水洗尽。

第四节　超声波焊接

一、概述

超声波焊是利用超声频率（超过 16kHz）的机械振动能量和静压力的共同作用，连接同种或异种金属、半导体、塑料及金属陶瓷等的特殊焊接方法。

金属超声波焊接时，既不向工件输送电流，也不向工件引入高温热源，只是在静压力下将弹性振动能量转变为工件间的摩擦功、形变能及随后有限的温升。接头间的冶金结合是在母材不发生熔化的情况下实现的，因而是一种固态焊接。

1. 工作原理

典型的超声波焊接系统见图 5-31。

由上声极传输的弹性振动能量是经过一系列的能量转换及传递环节产生的，这些环节

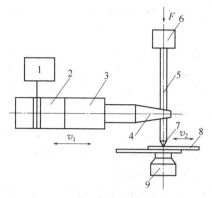

图 5-31 超声波焊原理

1—发生器；2—换能器；3—传振杆；4—聚
能器；5—耦合杆；6—静载；7—上声极；
8—工件；9—下声极；F—静压力；
v_1—纵向振动方向；v_2—弯曲振动方向

中，超声波发生器是一个变频装置，它将工频电流转变为超声波频率（$15\sim60\text{kHz}$）的振荡电流。换能器则利用逆压电效应转换成弹性机械振动能。传振杆、聚能器用来放大振幅，并通过耦合杆、上声极传递到工件。换能器、传振杆、聚能器、耦合杆及上声极构成一个整体，称之为声学系统。声学系统中各个组元的自振频率，将按同一个频率设计。当发生器的振荡电流频率与声学系统的自振频率一致时，系统即产生了谐振（共振），并向工件输出弹性振动能。

2. 超声波焊的种类

常见的金属超声波焊可分为点焊、环焊、缝焊及线焊。

（1）点焊 点焊可根据上声极的振动状况分为纵向振动系统（轻型结构），弯曲振动系统（重型结构）以及介于两者之间的轻型弯曲振动等几种，见图 5-32。

轻型结构用于功率小于 500W 的小功率焊机。重型结构适用于千瓦级大功率焊机。轻型弯曲振动系统适用于中小功率焊机，它兼有两种振动系统的诸多优点。

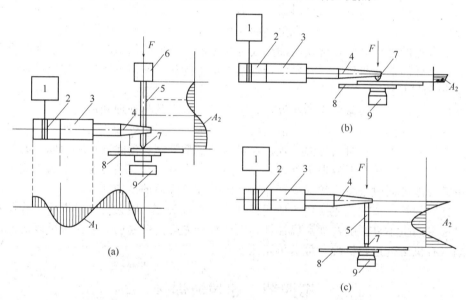

图 5-32 超声波点焊的类型

(a) 弯曲振动系统；(b) 纵向振动系统；(c) 轻型弯曲振动系统

（图中数字注释同图 5-31；A_1—纵向振动的振幅分布；A_2—弯曲振动的振幅分布）

（2）环焊 用环焊方法可以一次形成封闭型焊缝，采用的是扭转振动系统，见图 5-33。

焊接时，耦合杆带动上声极作扭转振动，振幅相对于声极轴线呈对称分布，轴心区振幅为零，边缘位置振幅最大。显然，环焊最适合于微电子器件的封装工艺。有时环焊也用于对气密要求特别高的直线焊缝的场合，用来替代缝焊。

由于环焊的一次焊缝的面积较大，需要有较大的功率输入，因此常常采用多个换能器的反向同步驱动方式。

（3）缝焊 缝焊机的振动系统按其焊盘的振动状态可分为纵向振动、弯曲振动以及扭转

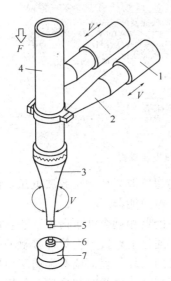

图 5-33　超声波环焊的工作原理

1—换能器；2，3—聚能器；4—耦合杆；

5—上声器；6—工件；7—下声极；

F—静压力；V—振动方向

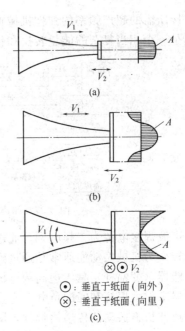

⊙：垂直于纸面（向外）

⊗：垂直于纸面（向里）

(c)

图 5-34　超声波缝焊的振动形式

（a）纵向振动；（b）弯曲振动；（c）扭转振动

A—焊盘上振幅分布；V_1—聚能器上

振动方向；V_2—焊点上的振动方向

振动等三种形式，见图 5-34。

　　其中最常见的是纵向振动形式，只是滚盘的尺寸受到驱动功率的限制。

　　缝焊可以获得密封的连续焊缝，通常工件被夹持在上下焊盘之间，在特殊情况下可采用平板式下声极。

　　（4）线焊　线焊可以看成是点焊方法的一种延伸，现在已经可以通过线状上声极一次获得 150mm 长的线状焊缝，这种方法最适用于金属薄箔的线状封口，参见图 5-35。

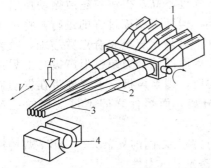

图 5-35　超声波线焊方法

1—换能器；2—聚能器；3—125mm 长焊接声

极头；4—周围绕放罐形坯料的心轴

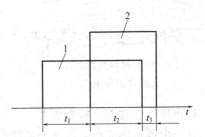

图 5-36　焊接循环的图示

1—压力；2—超声波通；t_1—预压时间；

t_2—焊接时间；t_3—维持时间；t_1+t_2—全

部压力维持时间；t_2+t_3—全部超声维持

时间；$t_1+t_2+t_3$—一个焊接循环

3. 超声波焊的焊接过程

　　超声波焊接是对被焊处加以超声频率的机械振动使之达到连接的过程。和电阻焊类似，可将整个焊接过程分为"预压"、"焊接"和"维持"三个阶段（图 5-36），组成一个焊接循环。焊接所需的超声频率的弹性机械振动是通过一系列电能、磁能和机械能的转变过程得到的，这是一个相当复杂的能量转换和传递过程（图5-37）。

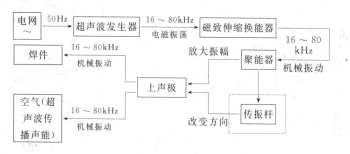

图5-37　超声波焊接中能量的转换与传递过程

超声波焊接电源为工频电网，通过超声波发生器输出超声波频率的正弦波电压，而将此电磁能转变为机械振动能通常是通过磁致伸缩换能器或压电换能器。

聚能器（变幅杆）是传递高频机械振动的元件，与换能器相耦合处于谐振状态。同时通过聚能器来放大振幅和匹配负载。它直接与上声极相连，通过上声极与上焊件接触处的摩擦力将超声波机械振动能传递给焊件，因此与上声极相接触的上焊件表面留有金属塑性挤压的痕迹。由于上声极的超声振动，使其与上焊件之间产生摩擦而造成暂时的连接，然后通过它们直接将超声振动能量传递到焊件间的接触界面上，在此产生剧烈的相对摩擦，由初期个别凸点之间的摩擦，逐渐扩大为摩擦面，同时破坏、排挤和分散表面的氧化膜及其他附着物。在继续的超声频往复摩擦过程中，接触表面温度升高，变形抗力下降，在静压力和弹性机械振动引起的交变剪应力的共同作用下，焊件间接触表面的塑性流动不断进行，使已被破碎的氧化膜继续分散甚至深入被焊材料内部，促使纯净金属表面的原子无限接近到原子能发生引力作用的范围内，较高的表面晶格能级和激烈的扩散过程形成共同的晶粒，以及出现再结晶现象。另外，由于微观接触部分严重的塑性变形，此时焊接区能发现涡流状的塑性流动层（图5-38），出现焊件表面之间的机械咬合。焊接初期咬合点数少，咬合面积小，结合强度不高，很快被超声振动所引起的剪切应力所破坏。但随着摩擦过程的进行，将产生不断的咬合和不断的破坏，直至咬合点数增加，咬合面积扩大。当焊接界面的结合力超过上声极与上焊件表面之间的结合力时，则上声极与上焊件将在振动造成的剪力作用下分离，而焊件之间不再被切向振动所切断。

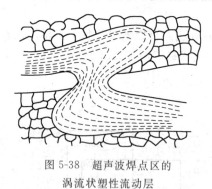

图5-38　超声波焊点区的涡流状塑性流动层

超声波焊包含着一种静压力、振动剪切力与焊接区温升之间的复杂关系，形成焊缝所需要的这三个因素的大小，取决于工件的厚度、表面状态及其常温性能。

为了进一步探讨超声波焊接的实质，有人专门从测量焊接区温度着手，因为焊接区的温度状况往往反映该焊接方法的实质。为此，曾进行过直接或间接的试验方法来确定焊接区温度分布情况。直接和间接的测温都说明超声波焊接中温度没有达到熔点，材料没有发生熔化，由此断定这是一种特殊的固相焊接方法。

4. 特点及应用范围

固相焊接不受冶金焊接性的约束，没有气、液相污染，不需其他热输入（电流），除可以焊接几乎所有塑性材料外，还特别适合于物理性能差异较大（如导热、硬度）、厚度相差较大的异种材料的焊接，高热导率、高电导率材料（如金、银、铜、铝等）是超声波焊最易于焊接的材料。由于超声波焊所需功率随工件厚度及硬度的提高呈指数剧增，因此，还多用于片、箔、丝等微型、精密、薄件的搭接接头的焊接。

二、焊接设备

超声波点焊机的典型结构组成见图 5-39，由超声波发生器（A）、声学系统（B）、加压机构（C）、程控装置（D）等四部分组成。

1. 超声波发生器

超声波发生器用来将工频（50Hz）电流变换成超声频率（15～60kHz）的振荡电流，并通过输出变压器与换能器相匹配。

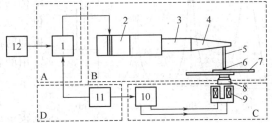

图 5-39　超声波点焊机的典型结构组成

1—超声波发生器；2—换能器；3—传振杆；4—聚能器；5—耦合杆；6—上声极；7—工件；8—下声极；9—电磁加压装置；10—控制加压电源；11—程控器；12—电源

目前有电子管放大式、晶体管放大式、晶闸管逆变式及晶体管逆变式等多种电路形式。其中电子管式效率低，仅为30%～45%，已经被晶体管放大式等所替代。目前应用最广的是晶体管放大式发生器，在超声波发生器作为焊接应用时，频率的自动跟踪是一个必备的性能。由于焊接过程随时会发生负载的改变以及声学系统自振频率的变化，为确保焊接质量的稳定，利用取自负载的反馈信号，构成发生器的自激状态，以确保自动跟踪和最优的负载匹配。

有些发生器还装有恒幅控制器，以确保声学系统的机械振幅保持恒定。这时选择合适的振幅传感器将成为技术关键。最近几年出现的晶体管逆变式发生器使超声波发生器的效率提高到 95% 以上，而设备的体积大幅度减小。

2. 声学系统

（1）换能器　换能器用来将超声波发生器的电磁振荡转成相同频率的机械振动。常用的换能器有压电式及磁致伸缩式两种。

压电换能器的最主要优点是效率高和使用方便，一般效率可达 80%～90%，它基于逆压电效应。

石英、锆酸铅、锆钛酸铅等压电晶体，在一定的结晶面受到压力或拉力时将会出现电荷，称之为压电效应，反之，当在压电轴方向馈入交变电场时，晶体就会沿着一定方向发生同步的伸缩现象，即逆压电效应。压电换能器的缺点是比较脆弱，使用寿命较短。

磁致伸缩换能器依靠磁致伸缩效应而工作。当将镍或铁铝合金等材料置于磁场中时，作为单元铁磁体的磁畴将发生有序化运动，并引起材料在长度上的伸缩现象，即磁致伸缩现象。

磁致伸缩换能器是一种半永久性器件，工作稳定可靠，但由于效率仅为 20%～40%，除了特大功率的换能器以及连续工作的大功率缝焊机因冷却有困难而被采用外，已经被压电式换能器所取代。

（2）传振杆　超声波焊机的传振杆主要是用来调整输出负载、固定系统以及方便实际使用，是与压电式换能器配套的声学主件。传振杆通常选择放大倍数 0.8、1、1.25 等几种半波长阶梯型杆，由于传振杆主要用来传递振动能量，一般可以选择由 45 钢或 30CrMnSi 低合金钢或超硬铝合金制成。

（3）聚能器　聚能器又称变幅杆，其作用是将换能器所转换成的高频弹性振动能量传递给焊件，用它来协调换能器和负载的参数。此外，聚能器还有使输出振幅放大和集中能量的作用。

设计各种聚能器的要点是使聚能器的谐振频率等于换能器的振动频率，并在结构上考虑合适的放大倍数、低的传输损耗以及自身具备的足够机械强度。各种聚能器形式见图 5-40。阶梯形的聚能器放大系数最大，而且加工方便，但其共振范围小，截面的突变处应力集中最大，所以只适用于小功率焊机。指数形聚能器的放大系数小，机械强度大，加工较简单，是超声波焊机应用最多的一种。圆锥形聚能器有较宽的共振频率范围，但放大系数最小。

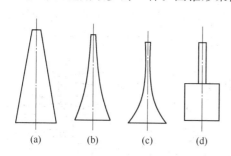

图 5-40　聚能器的结构形式
(a) 圆锥形；(b) 指数形；
(c) 悬链形；(d) 阶梯形

聚能器工作在疲劳条件下，设计时应重点考虑结构的强度，特别是声学系统各个组元的连接部位，更是需要特别注意。材料的抗疲劳强度及减少振动时的内耗是选择聚能器材料的主要依据，目前常用的材料有 45 钢、30CrMnSi、超硬铝合金、蒙乃尔合金以及钛合金等。

（4）耦合杆　耦合杆用来改变振动形式，一般是将聚能器输出的纵向振动改变为弯曲振动，当声学系统含有耦合杆时，振动能量的传输及耦合功能就都由耦合杆来承担。

耦合杆在结构上非常简单，通常都是一个圆柱杆，但其工作状态较为复杂，设计时需要考虑弯曲振动时的自身转动惯量及其剪切变形的影响，而且约束条件也很复杂，因而实际设计时要比聚能器复杂，一般选择与聚能器相当的材料制作耦合杆，两者用钎焊的方法连接起来。

（5）声极　超声波焊机中直接与工件接触的声学部件称为上、下声极。对于点焊机来说，可以用各种方法与聚能器或耦合杆相连接，而缝焊机的上、下声极可能就是一对滚盘，至于塑料用焊机的上声极，其形状更是随零件形状而改变。但是，无论是哪一种声极，在设计中的基本问题仍然是自振频率的设计，显然，上声极有可能成为最复杂的一个声学元件。

通用点焊机的上声极是最简单的，一般都将上声极的端部制成一个简单的球面，其曲率半径约为可焊工件厚度的 50～100 倍。例如，对于可焊 1mm 工件的点焊机，其上声极端面的曲率半径可选 75mm。

缝焊机的滚盘按其工作状态进行设计。例如，选择弯曲振动状态时，滚盘的自振频率应设计成与换能器频率相一致。

与上声极相反，下声极（有时称为铁砧）在设计时应选择反谐振状态，从而使谐振能可在下声极表面反射，以减少能量的损失。有时为了简化设计或受工作条件限制也可选择大质量的下声极。

超声波焊机的声学系统是整机的心脏，而声学系统的设计关键在于按照选定的频率计算每个声学组元的自振频率。

3. 加压机构

向工件施加静压力的加压机构是形成焊接接头的必要条件，目前主要有液压、气压、电磁加压及自重加压等几种。其中液压方式冲击力小，主要用于大功率焊机，小功率焊机多采用电磁加压或自重加压方式，这种方式可以匹配较快的控制程序。实际使用中加压机构还可能包括工件的夹持机构，见图 5-41。超声波焊接时防止焊件滑动、更有效地传输振动能量往往是十分重要的。

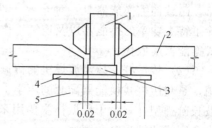

图 5-41　工件夹持结构
1—声学头；2—夹紧头；3—丝（焊件之一）；4—工件；5—下声极

三、接头性能及接头设计

1. 接头性能

（1）力学性能　超声波焊接接头具有良好的力学性能，尤其是对于那些在熔化焊及电阻焊中属于焊接性不良的金属更能显示这一固相焊接方法的优点。这种接头有三个重要特点：表面特征显著，接头强度高和金相组织一致。

表面特征是指超声波焊点的表面通常比较粗糙，这是上声极与工件表面之间相对摩擦的结果。特别是在焊接工艺参数及声极选择不当时，可能出现焊点四周的翘曲皱缩，乃至发生焊点周围区母材的破坏。

超声波焊接接头的力学性能一般通过剪力或拉力试验的断裂特征来进行测定和比较。例如，在点焊时通常是根据单点断裂的剪力值来进行比较。焊点的剪力值取决于焊点的尺寸和材料的强度。必须根据工件材料的硬度合理选择上声极的球面尺寸，调整焊接静压力的大小。

很多情况下超声波焊的工件是一些细丝、薄壁管、丝网等微型零件，因此，有时就像电阻焊一样用撕裂法来定性地判断其接头的力学性能。

由于目前尚无专用的标定法，因而超声波焊点抗剪强度通常是与电阻点焊的抗剪强度进行比较。超声波焊点在室温时所能承受的抗剪力与电阻焊相比较见表5-6，可见超声波焊点抗剪力优于电阻点焊。

表 5-6　室温下超声波点焊和电阻点焊的抗剪力试验比较

焊件材料	焊件厚度/mm	焊点平均拉剪载荷/N	
		电阻点焊	超声波点焊
纯铝	0.8	940	1180
	1.0	1260	1460
	2.0	2910	3100
纯铜	0.8	1460	1780
	1.0	1940	2700

如果就焊点的疲劳强度进行比较，则超声波焊的性能也比电阻焊的优良，如图5-42所示，对于铝铜合金来讲约提高了30%。但是，对于那些铸造组织的合金材料，超声波焊点的抗疲劳强度并不能得到显著改善。

超声波焊点抗剪切强度的重复性特别好，焊点的平均剪力变化值小于10%，根据美国电阻焊技术标准（MIL-W-6858B）焊点的平均波动值允许为35%，超声波缝焊的接头强度对于0.5mm以下的薄板一般为母材强度的85%~100%。

由于这种接头的母材未发生过熔化，因而焊点在抗介质腐蚀性能方面与母材几乎没有差别。

（2）显微组织　超声波焊点的显微组织通常与母材呈相同组织状态，这是固相焊接方法最主要的特征。

图5-43是纯铝焊点的金相组织，通过金属界面间摩擦所破坏的氧化铝膜以旋涡状被排除在焊点的四周，在结合面上没有熔化迹象，只是出现了局部的再

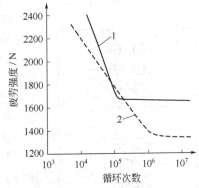

图 5-42　铝合金（2024-T3）
焊点的疲劳强度
1—超声波焊；2—电阻点焊

结晶现象。图 5-43 所示的强烈塑性流动是超声波焊接接头组织的共同特征。

图 5-44 是镍与铜的超声波焊的接头组织，较软的铜以犬牙交错的形式嵌入了镍材，并在界面形成了固相连接。

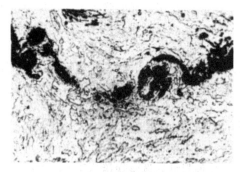

图 5-43　纯铝焊点的显微组织（×500）

图 5-44　镍与铜的超声波焊点
显微组织（×250）

图 5-45 是工业纯铁的焊点显微组织，由于在焊接中温度较高、时间较长，因而在焊点区除了发生强烈塑性流动外，还出现了再结晶细晶区，这是高强度焊点的典型组织。

图 5-46 所示的显微组织对于航空及航海事业可能是十分有意义的。覆有纯铝层的铜铝合金焊点可以在不破坏覆铝层的情况下直接焊起来，这将大大改善焊点的抗腐蚀性能。

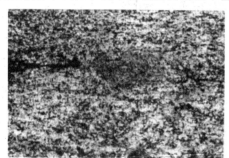

图 5-45　工业纯铁的焊点显微组织（×300）

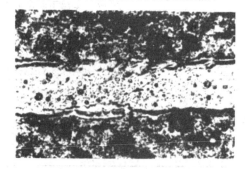

图 5-46　带覆铝层的铜铝合金的
显微组织（×100）

2. 接头设计

考虑到超声波焊接过程中，母材不发生熔化，焊点不受过大压力及变形，也没有电流分流等问题，因而在设计焊点的点距、边距等参数时，与电阻焊相比较要"自由"得多，例如图 5-47 所示。

① 超声波焊的边距 e 没有限制，根据情况可以沿边焊接，电阻焊的设计标准为 $e > 6$mm。

② 超声波焊的点距 s 可任意选定，可以重叠，甚至可以重复焊（修补），电阻焊时，为了防止分流应使 $s > 8\delta$（板厚）。

③ 超声波焊的行距 r 可以任选。

但是在超声波焊的接头设计中却有一个特殊问题，即如何控制工件的谐振问题。当上声极向工件引入超声振动时，如果工件沿振动方向的自振动频率与引入的超声振动频率相等或接近，就可能引起工件的谐振，其结果往往会造成已焊焊点的脱落，严重时可导致工件的疲劳断裂，解决上述问题的简单方法

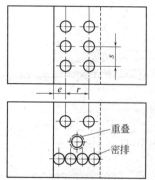

图 5-47　超声波点
焊的接头设计

重叠
密排

就是改变工件与声学系统振动方向的相对位置或者在工件上夹持质量块以改变工件的自振频率，见图 5-48。

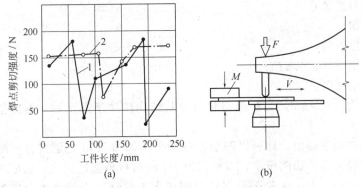

图 5-48 工件与声学系统相对位置的实验

1—自由状态；2—夹固状态；

M—夹固；F—静压力；V—振动方向

四、焊接工艺

超声波焊接的主要工艺参数是：振幅、振动频率、静压力及焊接时间。

① 焊接需用的功率 $P(\mathrm{W})$ 取决于工件的厚度 $\delta(\mathrm{mm})$ 和材料硬度 $H(\mathrm{HV})$，并可按下式确定：

$$P = kH^{3/2}\delta^{3/2} \tag{5-24}$$

式中 k——系数，其函数关系见图 5-49。

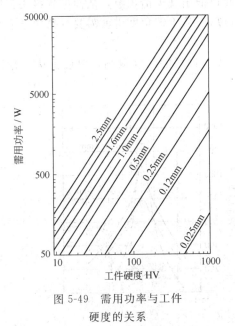

图 5-49 需用功率与工件
硬度的关系

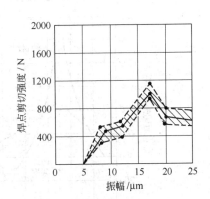

图 5-50 铝镁合金焊点抗
剪强度与振幅的关系

由于在实际应用中超声波功率的测量尚有困难，因此常常用振幅来表示功率的大小。

超声功率与振幅的关系可由下式确定：

$$P = \mu SFv = \mu SF2A\omega/\pi A = 4\mu SFAf \tag{5-25}$$

式中 P——超声功率；

  F——静压力；

  S——焊点面积；

  v——相对速度；

  A——振幅；

  μ——摩擦系数；

  ω——角频率（$\omega=2\pi f$）；

  f——振动频率。

常见振幅约为 $5\sim25\mu m$，当换能器材料及其结构按功率选定后，振幅值大小还与聚能器的放大系数有关。

调节发生器的功率输出，即可以调节振幅的大小，图 5-50 是铝镁合金超声波焊点抗剪强度与振幅的实验关系。如图所示，当振幅为 $17\mu m$ 时抗剪强度最大，振幅减少则强度显著降低，当振幅 $A<6\mu m$ 时，无论采用多长时间或多大的静压力都不能形成焊点。振幅还有一个上限值，超过此值后强度会降低，这与材料内部及表面发生疲劳裂缝以及上声极埋入工件后削弱了焊点断面有关。

② 超声波焊的谐振频率 f 在工艺上有两重意义，即谐振频率的选定以及焊接时的失谐率。

谐振频率的选择以工件厚度及物理性能为依据，进行薄件焊接时，宜选用高的谐振频率（如 80kHz），这样可以在维持声功率相等的前提下降低需用的振幅。但是，频率提高会使声学系统内的传播损耗急剧增加，因而大功率焊机一般都在设计时选择 $16\sim20$kHz 的较低频率，低于 16kHz 的频率由于出现了噪声而很少选用。

硬度与屈服极限较低的材料适宜于采用较低的工作频率，反之则选用稍高的频率。

由于超声波焊接过程中负载变化很剧烈，随时可能出现失谐现象，从而导致接头强度的降低和不稳定。因此焊机的选择频率一旦被确定以后，从工艺角度讲就需要维持声学系统的谐振，这是焊点质量及其稳定性的基本保证。

图 5-51 是焊点抗剪强度与振动频率的实验曲线，材料的硬度愈高，厚度愈大，偏离谐振频率（即失谐）的影响也就愈显著。

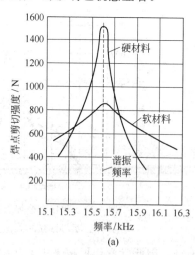 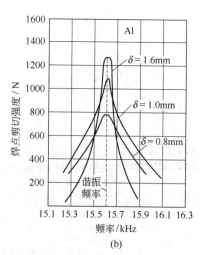

图 5-51 焊点抗剪强度与振动频率的关系

(a) 不同硬度；(b) 不同厚度

为了保证声学系统的谐振，除了采用频率自动跟踪式发生器外，还应进一步改善声学系统的设计，例如弯曲振动系统就比纵向振动系统在频率稳定性方面要好。

③ 静压力将通过声极使超声振动有效地传递给焊件。静压力和焊点抗剪力之间的关系如图 5-52 所示。通过试验，各种不同材料都有类似的特征。

当静压力过低时，由于超声波几乎没有被传递到焊件，不足以在焊件与焊件之间产生一定的摩擦功，超声波能量几乎全部损耗在上声极与焊件之间的表面滑动，因此不可能形成连接。随着静压力的增加，改善了振动的传递条件，使焊区温度升高，材料的变形抗力下降，塑性流动的程度逐渐加剧。另外由于压应力的增加，接触处塑性变形的面积增大，以致最终的连接面积增加，面面接头的破断载荷也会增加。

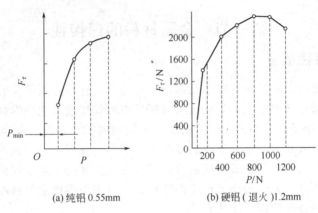

(a) 纯铝 0.55mm (b) 硬铝（退火）1.2mm

图 5-52 焊点抗剪力与静压力的关系

当静压力达到一定值以后，再增加，实际上强度不再提高或反而下降，这是因为当静压力过大时，振动能量不能合理运用。过大的静压力使摩擦力过大，造成焊件间的相对摩擦运动减弱，甚至会使振幅值有所降低，焊件间的连接面积不再增加或有所减小，加之材料压溃造成截面削弱，这些因素均使焊点强度降低。

④ 焊接时间 t_w 过短，则接头强度过低，甚至不形成接头，因为这时焊件表面的氧化膜来不及被破坏，而只是几个凸点间的接触。随着焊接时间的延长，焊点强度迅速提高（见图 5-53），并在一定的时间内保持一定的强度范围。但当时间超过一定值以后，反使焊点强度下降。这一方面是因为焊件受热加剧，塑性区扩大，上声极陷入工件，使焊点截面削弱；另一方面是由于超声振动作用时间过长，引起焊点表面和内部的疲劳裂纹，从而降低了焊点的强度。焊接时间 t_w 的选择由被焊材料的性质、厚度及其他工艺参数而定。

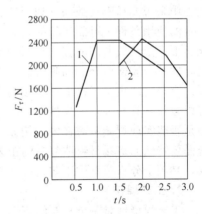

图 5-53 静压力的大小对形成强度最高的接头所需时间的影响

（材料：硬铝，板厚 1.2mm＋1.2mm）

1—$P=1200N$, $A=23\mu m$;

2—$P=1000N$, $A=23\mu m$

振幅、振动频率、静压力及焊接时间这几个主要的工艺参数不是孤立的，而是相互影响的，必须统筹考虑选取。

超声波焊接中除了上述参数之外，还有一些影响焊接过程的工艺因素，例如上声极的材料、形状尺寸及其表面状态等。

第六章　常用金属材料焊接性

本章主要介绍黑色金属及其合金的焊接性，对常见的有色金属——铝合金、钛合金、铜合金的焊接性问题做简要介绍。

第一节　金属材料的焊接性

一、金属焊接性概念

人们在各种金属材料的焊接实践中总结出：有些金属材料在很简单的工艺条件下施焊即可获得完好的、能满足使用要求的焊接接头（这里讲的焊接接头包括焊缝、熔合区和母材热影响区三个部位）。相反，有些金属材料须配合很复杂的工艺条件（如高温预热、高能量密度、高纯度保护气氛或高真空度以及焊后复杂热处理等）施焊，方可获得完好的、具有一定使用性能的焊接接头，否则易形成焊接裂纹、气孔等焊接缺陷。为了评价材料在焊接加工过程中所具有的这种特性，人们提出了焊接性的概念，以便正确评定材料所具有的焊接加工性能，从而制订出相应合理的焊接工艺。

1. 金属焊接性

金属焊接性（也称可焊性）是指金属是否能适应焊接加工而形成完整的、具备一定使用性能的焊接接头的特性。通常情况下，金属焊接性包含有两个方面的内容：一是金属在焊接加工中是否容易形成缺陷（如裂纹、气孔等），即对冶金缺陷的敏感性；二是焊成的接头在一定的使用条件下可靠运行的能力，也即使用性能。理论上讲，只要在高温熔化状态下相互能够形成溶液或共晶的任何两种金属或合金都可以采用熔化焊的方法进行焊接。从这点出发，同种金属或合金之间是可以形成焊接接头的，或者说是具有良好焊接性的。很多异种金属或合金之间也是可以形成焊接接头的，必要时还可以通过增加过渡层的方法来实现，这也可以看作是具有一定的焊接性。但这里所说的只不过是理论上的焊接性，并没有将实际生产中是否能实现焊接考虑在内。例如，焊接时是否会产生质量问题而造成使用性能不合格；是否需要特殊的焊接材料或复杂的工艺措施；成本费用是否过高等。因此，在分析焊接性的时候，必须十分重视具体工艺条件，也就是说要着重分析"工艺焊接性"。

2. 工艺焊接性

工艺焊接性是一个相对的概念。如果一种金属材料可以在很简单的工艺条件下焊接而获得完好的接头，能够满足使用要求，就可以说是焊接性良好。反之，如果必须在很复杂的工艺条件下（如高温预热、高能量密度、高纯度保护气氛或高真空度以及焊后复杂热处理等）才能够焊接，或者焊接接头在性能上不能很好地满足使用要求，就可以说是焊接性较差。

焊接性主要取决于金属材料本身固有的性能，同时工艺条件也有着重要的影响。工艺焊接性就是金属在一定的工艺条件下形成具有一定使用性能的焊接接头的能力。下面是影响焊接性的因素。

（1）材料因素　材料不仅仅指被焊母材本身，还包括焊接材料，如焊丝、焊条、焊剂、保护气体等。这些材料在焊接时直接参与熔池或熔合区的物理化学反应，其中，母材的材质对热影响区的性能起着决定性的影响。焊接材料与焊缝金属的成分和性能是否匹配也是关键的因素。如果焊接材料与母材匹配不当，则可能引起焊接区内的裂纹、气孔等各种缺陷，也可能引起脆化、软化或耐腐蚀等性能变化。所以，为保证良好的焊接性，必须对材料因素予以充分的重视。

（2）工艺因素　大量的实践证明，同一种母材，在采用不同的焊接方法和工艺措施的条件下，其工艺焊接性会表现出极大的差别。

焊接方法对工艺焊接性的影响主要在两个方面：首先是焊接热源的特点，如功率密度、加热最高温度、功率大小等，可以直接改变焊接热循环的各项参数，如热输入量大小、高温停留时间、相线温度区间的冷却速度等，可以影响接头的组织和性能。其次是对熔池和接头附近区域的保护方式，如熔渣保护、气体保护、气-渣联合保护或是在真空中焊接等，这些都会影响焊接冶金过程。显然，焊接热过程和冶金过程必然对接头的质量和性能会有决定性的影响。

在各种工艺措施中，采用最多的是焊前预热和焊后热处理，这些措施分别对降低焊接残余应力、防止热影响区淬硬脆化、避免焊缝热裂纹或氢致裂纹等都是比较有效的。此外，严格烘干焊条、焊剂，清洗焊丝及坡口，合理安排焊接顺序，控制焊前冷却变形，保证坡口形状尺寸及装配间隙等工艺措施，也都非常重要。

（3）结构因素　焊接接头的结构设计影响其受力状态。设计焊接结构时，应尽量使接头处于拘束度较小、能够较为自由地伸缩的状态，这样有利于防止焊接裂纹；应避免缺口、截面突变、堆高过大、焊缝交叉等情况出现，否则会造成应力集中，降低接头性能。母材厚度或焊缝体积很大时会造成多轴应力状态，实际上影响承载能力，也就会影响工艺焊接性。

（4）使用条件　焊接结构必须符合使用条件的要求。载荷的性质、工作温度的高低、工作介质有无腐蚀性等都属于使用条件。

焊接接头在高温下承载，必须考虑到某些合金元素的扩散和整个结构发生蠕变的问题。承受冲击载荷或在低温下使用时，要考虑到脆性断裂的可能性。接头如需在腐蚀介质中工作或经受交变载荷作用时，又要考虑应力腐蚀或疲劳破坏的问题……总之，使用条件越是苛刻，实际上就是对接头的质量提出更高的要求，工艺焊接性也就越不容易保证。

综上所述，焊接性与材料、工艺结构和使用条件等因素都有密切的关系，所以不应脱离开这些因素而单纯从材料本身的性能来评价焊接性。此外，从上述分析也可以看出，很难找到某一项技术指标可以概括材料的焊接性，只有通过综合多方面的因素，才能讨论焊接性问题。我们讲焊接性不能离开具体的工艺条件，否则是没有意义的。

二、焊接性的试验

1. 焊接性试验的内容

针对材料的不同性能特点和不同使用要求，焊接性试验有以下几种。

（1）焊缝金属抗热裂纹能力　熔池金属结晶时，由于存在一些有害的元素（如低熔点的共晶物）并受热应力的作用，就可能在结晶末期发生热裂纹。热裂纹是一种较常发生且危害严重的缺陷，所以焊缝抵抗产生热裂纹的能力是焊接性的一项重要内容，通常是通过热裂纹试验来进行的。热裂纹试验与焊接材料关系密切，母材也有一定影响。

（2）焊缝及热影响区金属抗冷裂纹能力　焊缝及热影响区金属在焊接热循环作用下，由于组织及性能变化，加之受焊接应力和扩散氢的影响，可能发生冷裂纹。冷裂纹在低合金高强钢焊接中是较为常见的缺陷，而且也是一种严重的缺陷，是焊接性试验中很重要又最常用到的一项试验内容。冷裂纹试验是针对母材进行的试验。

（3）焊接接头抗脆性转变能力　经过焊接冶金反应、热循环、结晶、固态相变等一系列过程，焊接接头由于受脆性组织、硬脆的非金属夹杂物、时效脆化、冷作硬化等作用的结果，可能使韧性严重下降，即发生所谓焊接接头的脆性转变。对于在低温下工作的焊接结构和承受冲击载荷的焊接结构，韧性下降是个严重的问题。焊接接头抗脆性转变能力也是焊接性试验常常涉及的一项内容。

（4）焊接接头的使用性能　由于使用性能对焊接性提出许多不同的要求，所以有很多焊接性试验项目是从使用性能角度出发制定的，即根据特定的使用条件制定专门的焊接性试验方法。属于这方面的试验内容如：焊接接头耐放射性辐照的能力、蠕变强度、疲劳强度、抗晶间腐蚀能力等。此外，还有一些针对具体特定结构的专门试验方法，如厚板焊接时的层状撕裂试验、某些低合金钢的再热裂纹试验、应力腐蚀试验、铝合金的铸环试验等。

2. 常用焊接性试验方法

金属材料在焊接加工过程中易产生的缺陷很多，常见的有裂纹、气孔、夹渣等。焊接裂纹是焊接缺陷中最令人关注的致命性缺陷，按其形成机理和特征可分为热裂纹、再热裂纹、冷裂纹和层状撕裂，其中热裂纹和再热裂纹是在高温阶段形成的，与材质中低熔点共晶物有关；而冷裂纹和层状撕裂是在低温阶段形成的，主要与焊缝中的氢及材料中夹杂物有关。科学地评定材料对热裂纹、冷裂纹等焊接缺陷的敏感程度是焊接性研究的一项主要内容。

理论上，评定材料焊接性的一种常见方法是碳当量法，碳当量 C_{eq} 的计算如下：

$$C_{eq} = \left(C + \frac{Mn}{6} + \frac{Cr + Mo + V}{5} + \frac{Ni + Cu}{15} \right)$$

式中各化学元素代表相应元素的百分含量，一般认为：$C_{eq} < 0.45\%$，则焊接性良好；$C_{eq} = 0.45\% \sim 0.60\%$，焊接性一般；而当 $C_{eq} > 0.60\%$，焊接性较差。

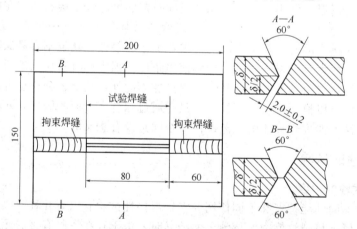

图 6-1　斜 Y 形坡口焊接裂纹试验用试件形状及尺寸

焊接性试验方法很多，常见的试验方法有如下几种。

（1）斜 Y 形坡口焊接裂纹试验法　该方法主要用于评定金属材料焊接热影响区对冷裂纹的敏感性。试件的形状及尺寸如图 6-1 所示，其坡口经机械加工，试验所用焊条应严格烘干。焊接参数为：焊条直径 4mm，焊接电流（170±10）A，电弧电压（24±2）V，焊接速度（150±10）mm/min。拘束焊缝为双面焊接，应事先焊好，注意防止角变形和未焊透。试验焊缝可采用手动和自动送进焊条电弧焊。焊接结束静置 24h 再检测试验焊缝的裂纹情况，以此来评定材料对冷裂纹的敏感程度。

（2）插销试验法　此法也是评定钢材焊接热影响区冷裂纹敏感性的一种试验方法。它是将被焊钢材加工成圆柱形的插销试棒，试棒插入底板上的孔中（图6-2），试棒上端附近有环形或螺形缺口。试验时在底板上以规定的热输入量熔敷一条焊道，其中心线通过试棒的中心，其熔深应使缺口尖端位于热影响区的粗晶区内。插销试棒的形状尺寸如图6-3所示。底板材料应与被试材料相同或热物理常数基本一致，其形状及尺寸见

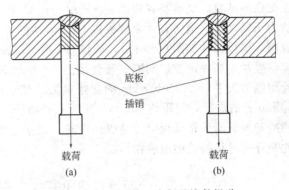

图 6-2　插销试棒、底板及熔敷焊道

图6-4。施焊时应测定 $t_{8/5}$（800～500℃温度区间的冷却时间）值，如不预热焊，焊后冷却至 100～150℃时加载；如有预热，应在高于预热温度50～70℃时加载。加载应在 1min 之内，且在冷却至 100℃或高于预热温度 50～70℃之前施加完毕。如有后热，应在后热之前加载。在无预热条件下，载荷保持 16h 才可卸载。有预热条件下，载荷保持至少 24h 才可卸载，经多次改变载荷，即可求出在试验条件下不出现断裂的临界应力 σ_{cr}，根据临界应力 σ_{cr} 的大小，即可相对比较不同材料抵抗产生冷裂纹的能力。

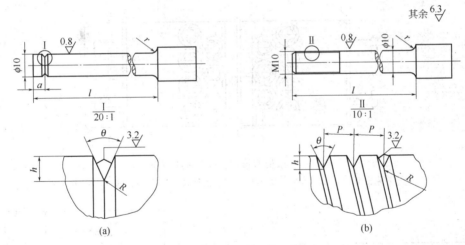

图 6-3　插销试棒的形状

（a）环形缺口试棒；（b）螺形缺口

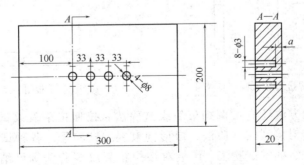

图 6-4　插销试验底板形状及尺寸

（3）压板对接焊接裂纹试验法　此法主要用于评定热裂纹敏感性，也可以做钢材与焊条

匹配性的试验。试验装置如图 6-5 所示。在 C 形夹具中，垂直方向有 14 个螺栓以 3×10^5 N 的力压紧试板，横向有 4 个螺栓以 6×10^4 N 的力顶住试板，这样使试板牢牢固定在试验装置内。试板尺寸如图 6-6 所示，坡口为 I 形，厚板时可用 Y 形。试板在试验装置内安装时用定位塞片 5 来保证坡口间隙（变化范围 0～6mm）。先将横向螺栓紧固，再将垂直方向的螺栓用测力扳手以 12000N·cm 的扭矩紧固。然后按生产上使用的工艺参数依次焊接 4 条约 40mm 长的焊缝，间距约 10mm，弧坑不必填满，如图 6-7 所示。焊后经过 10min 取下试板，待冷却至室温后将试板沿焊缝纵向弯断，观察有无裂纹，测量裂纹长度并计算出裂纹率，以此来评定对热裂纹的敏感性。

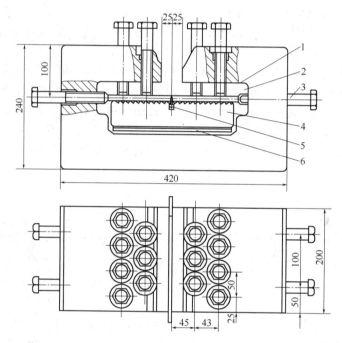

图 6-5　压板对接焊接裂纹试验装置

1—C 形拘束框架；2—试板；3—紧固螺栓；4—齿形底座；5—定位塞片；6—调节板

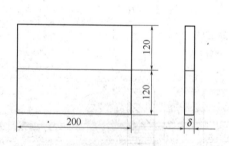

图 6-6　压板对接焊接裂纹试验试板尺寸

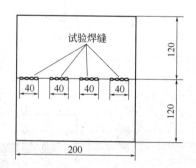

图 6-7　压板对接焊接裂纹试验焊缝位置

　　此外，其他试验方法还有可调拘束裂纹试验法、拉伸拘束裂纹试验法、刚性拘束裂纹试验法、刚性固定对接裂纹试验法、窗形拘束裂纹试验等。各种试验方法中，斜 Y 形坡口焊接裂纹试验法、插销试验法、压板对接焊接裂纹试验法等已纳入国家标准颁布实施，而其余则以行业颁布的规则进行评定。关于这方面内容读者可参阅相关国家标准及行业规则。

第二节 合金结构钢的焊接性

一、热轧及正火钢的焊接性

屈服点为294～490MPa的低合金高强钢，一般都在热轧或正火状态下供货使用，故称热轧钢或正火钢。这是一种非热处理强化钢，在我国得到了很大的发展，并广泛地应用于各类焊接结构。σ_s294～343MPa级的热轧钢基本上都是C-Mn或Mn-Si系的钢种，有时也可能用一些V、Nb代替部分Mn，以达到细化晶粒和沉淀强化的作用。这类钢价格便宜，而且具有满意的综合力学性能和加工工艺性能。这类钢的基本成分为：C≤0.2%，Si≤0.55%，Mn≤1.5%。含Si量超过0.6%后对冲击韧度不利，使脆性转变温度提高。含C量超过0.3%和含Mn量超过1.6%后，焊接时经常出现裂纹，同时在热轧板上还会出现脆性的贝氏体组织。因此，为了保证这类钢具有较好的焊接性和缺口韧性，它的σ_s受到了一定的限制。这类钢在热轧状态下使用时的σ_s一般限制在343MPa的水平。

通常所谓的正火钢是指在固溶强化的基础上，通过沉淀强化和细化晶粒来进一步提高强度和保证韧性的一类低合金高强钢。这类钢的σ_s一般在343～490MPa之间，它是在C-Mn或Mn-Si系的基础上加入一些碳化物和氮化物的生成元素（如V、Nb、Ti和Mo等）形成的。正火的目的是为了使这些合金元素能以细小的化合物质点从固溶体中充分析出，并同时起细化晶粒的作用，使在提高强度的同时，适当地改善了钢材的塑性和韧性，以达到最佳的综合性能。对一些含Mo钢来说，正火后还必须进行回火才能保证良好的塑性和韧性。

典型的热轧钢有09MnV、16Mn、14MnNb、15MnV等，正火钢如15MnTi、18MnMoNb、BHW-35、15MnVN等。热轧及正火钢这类低合金钢，由于含碳量低，锰、硅含量又少，因而碳当量C_{eq}较低，通常情况下不会因焊接而引起严重硬化组织或淬火组织。该种钢的塑性和冲击韧性优良，焊成的接头塑性和冲击韧性也良好。焊接时一般不需预热、层间保温和后热，焊后也不必采用热处理改善组织。可以说，整个焊接过程中不需特殊的工艺措施，其焊接性优良。不过，随着板材厚度及结构刚度的增大，其焊接性也逐渐变差。

1. 焊接裂纹

（1）热裂纹 从热轧、正火钢的成分看，一般含碳量都较低，而含Mn量都较高。因此，它们的Mn/S比都能达到要求，具有较好的抗热裂性能，正常情况下焊缝中不会出现热裂纹。但当材料成分不合格，或因严重偏析使局部C、S含量偏高时，Mn/S就可能低于要求而出现热裂纹。

热裂纹一般情况下发生在焊缝凝固过程中，由于S、P等杂质在焊缝中形成低熔点共晶物质。这些低熔点共晶物质以液态薄膜形式存在于晶界，当焊缝凝固时体积收缩产生拉应力。如果这种拉应力产生的拉伸应变超过焊缝金属所能承受的临界值，便发生开裂形成热裂纹。由金属凝固理论可知，焊缝中心是最终结晶的部位，其S、P杂质含量最高，因而是热裂纹最常见的产生部位。热轧及正火钢从总体上讲对热裂纹敏感性不大，但当钢材或焊接材料由于某种原因使得S、P发生偏析时，便有可能在局部富S、P杂质区域诱发产生热裂纹。

（2）冷裂纹 冷裂纹是在焊后冷至较低温度下形成的，有的甚至是在服役过程中形成的，因此也称为延迟裂纹。热轧钢的含碳量虽然并不高，但含有少量的合金元素。因此这类钢的淬硬倾向必然要比低碳钢大一些，而且随着钢材强度级别的提高，合金元素的增加，其淬硬倾向也在逐渐增大。以 16Mn 为例与普通的低碳钢相比。从这两种钢的 SHCCT 曲线（图6-8）可以看出，16Mn 在连续冷却时，珠光体转变右移较多，使快冷过程中［如图 6-8 (a) 上 c 点以左］铁素体析出后剩下的富碳奥氏体来不及转变为珠光体，最后转变为含碳较高的贝氏体和马氏体，并且得到全部马氏体的临界冷却速度较低碳钢时要小。显然 16Mn 的淬硬倾向比低碳钢大。另外，利用该冷却转变曲线图，还可近似地根据图 6-8(a) 中的冷却曲线 R10 和图 6-8(b) 中的冷却曲线 No.4 估计出厚板焊条电弧焊时热影响区过热区的组织状态。从图 6-8(a) 可以看到，焊条电弧焊 16Mn 时，过热区内会出现少量铁素体、贝氏体和大量马氏体；而焊条电弧焊焊低碳钢时［图 6-8(b)］，则有大量铁素体、少量珠光体和部分贝氏体。因此，热轧低合金钢 16Mn 与低碳钢的焊接性之间有一定的差别。但当冷却速度不大时，两者是很相近的。

正火钢的强度级别较热轧钢更高，其合金元素含量也相应更多一些，因此与低碳钢相比，其焊接性的差别就更大。冷裂敏感性一般随强度的提高而增大。如强度级别在 600MPa 级的 18MnMoNb，其淬硬性明显大于 500MPa 级 15MnVN，18MnMoNb 冷却下来时更容易得到贝氏体和马氏体（图6-9）。因此 18MnMoNb 钢对冷裂纹的敏感程度大于 15MnVN。正因如此，18MnMoNb 焊接时一般须在工艺上采取措施，如预热、焊后缓冷才能有效地防止冷裂纹的产生。

2. 焊接热影响区脆化

热影响区脆化主要发生在焊缝与母材相邻的熔合区（由于其范围窄也称熔合线）以及和熔合区紧邻的过热区。熔合区由于在化学成分和组织性能方面存在较大的不均匀性，对焊接接头的强度和韧性有很大的影响。许多情况下熔合区是产生裂纹，发生脆性破坏的发源地。

焊接热轧及正火钢时，热影响区的主要性能变化是过热区的脆化问题。过热区由于焊接过程加热峰值温度极高（一般处在固相线以下到 1100℃ 左右），处于极度过热状态，因此发生了奥氏体晶粒的显著长大和一些难熔质点（如碳化物和氮化物）的溶入等过程。这些过程的产生直接影响到过热区性能的变化，如难熔质点溶入后往往在冷却过程中来不及析出而使材料变脆；过热的粗大奥氏体晶粒增加了它的稳定性，随着钢材成分的不同以及所采用的焊接热输入量不同，冷却过程中可能发生一系列不利的组织转变，如魏氏组织、粗大的马氏体以及塑性很低的混合组织（即铁素体、高碳马氏体和贝氏体的混合组织）和 M-A 组元等。因此，过热区的性能变化不仅取决于影响高温停留时间和冷却速度的焊接热输入量的大小，而且与钢材本身的类型和合金系统有着密切的关系。当焊接热输入量较低时，韧性下降主要与马氏体比例增加有关；而热输入量较高时，脆化的主要原因是奥氏体晶粒的严重长大，焊后快速冷却至室温时产生粗大的魏氏组织。

此外，在一些合金元素含量较低的钢中有时还可能出现热应变脆化问题。不过这类钢过热区的脆化与合金系有很大的关系。对于热轧钢，如 16Mn，由于其合金化方式主要为 Mn、Si 的固溶强化，其过热区的脆化主要是由于高温奥氏体晶粒严重长大，冷却后形成魏氏组织造成脆化。而 15MnTi、18MnMoNb 这些正火钢由于其强化方式除了固溶强化机制外，还有 Ti、Nb 等难溶元素的沉淀强化机制。在焊接高温条件下，引起难溶质点（Ti、Nb 的碳化物等）重新溶解，而这些难溶质点溶解后往往在冷却过程中又来不及析出而在材料中以过饱和形式存在从而引起强度增大，韧性下降，即造成脆化。

3. 热轧与正火钢的焊接性要点

① 抗热裂性比较好，一般只要降低焊缝中的含碳量就可以解决，无须采取特殊工艺措施。

② 有一定的冷裂倾向，且随强度级别的升高而增大。

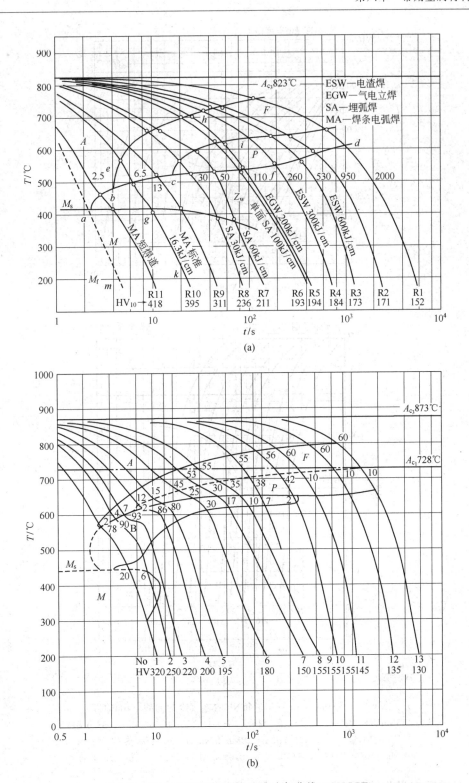

图 6-8 16Mn 钢和低碳钢的连续冷却曲线（SHCCT）

(a) 16Mn 钢（C—0.15％，Si—0.37％，Mn—1.32％，P—0.012％，S—0.009％，
Cu—0.03％，T_A—1350℃）；(b) 低碳钢（C—0.18％，Si—0.25％，
Mn—0.50％，P—0.018％，S—0.022％，T_A—1300℃）

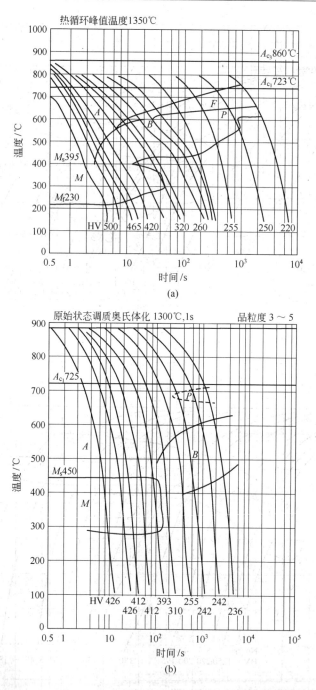

图 6-9 15MnVN 和 18MnMoNb 的连续冷却曲线（SHCCT）

(a) 15MnVN（C—0.20%，Si—0.32%，Mn—1.64%，P—0.013%，S—0.016%，

V—0.16%，N—0.016%）；(b) 18MnMoNb（C—0.21%，Si—0.32%，

Mn—1.55%，P—0.014%，S—0.016%，Mo—0.55%，Nb—0.036%）

③ 只有固溶强化的钢种如 16Mn、12MnV、14MnNb、15MnV、16MnNb 等，一般不出现再热裂纹；而对有沉淀强化的钢种如 15MnTi、15MnVN、14MnMoNb 等，有产生再热裂纹的倾向。

④ 热轧状态供货的钢种在制造厚大件时有层状撕裂的危险。

⑤ 没有热影响区软化问题，但会发生过热区的脆化。热轧钢的过热区脆化与含碳量有关，正火钢的过热区脆化与其含碳量和热输入量有关。含碳量增大或热输入量增大，过热区的脆化程度都更加严重。

4. 热轧、正火钢的焊接材料的选择

选择焊接材料时必须考虑到两方面的问题：一要焊缝没有缺陷；二要满足使用性能的要求。焊接合金结构钢时，焊缝中主要缺陷是裂纹问题。根据前面对热轧及正火钢的焊接性分析，这类钢的焊缝金属的热裂及冷裂倾向在正常情况下是不大的。因此，焊接热轧及正火钢时，选择焊接材料的主要依据是保证焊缝金属的强度、塑性和韧性等力学性能与母材相匹配，为此，必须注意如下问题。

① 选择相应强度级别的焊接材料 为了达到焊缝与母材的力学性能相等，在选择焊接材料时应该从母材的力学性能出发，而并不是从化学成分出发选择与母材成分完全一样的焊接材料。因为力学性能并不完全取决于化学成分，它还与材料所处的组织状态有很大关系。由于焊接时的冷却速度很大，完全脱离了平衡状态，使焊缝金属具有一个特殊的过饱和的铸态组织。因此，当焊接材料的化学成分与母材相同时，则焊缝金属的性能将表现为强度很高，而塑性、韧性都很低，这对焊接接头的抗裂性能和使用性能都是非常不利的。因此一般要求焊缝中的含碳量不超过 0.14%，其他合金元素往往也低于母材中的含量。例如，适用于焊接 15MnVN 的焊条 "J557" 化学成分为：$C \leqslant 0.12\%$，$Mn \approx 1.2\%$，$Si \approx 0.5\%$。从成分上看，含 C、Mn 量都比 15MnVN 低，而且根本不含沉淀强化的元素 V。但用它焊得的焊缝金属的 σ_b 能达到 549～608MPa，同时还具有很高的塑性和韧性（$\delta = 22\% \sim 32\%$，$a_{Kv} = 196 \sim 294 J/cm^2$）。

② 必须同时考虑到熔合比和冷却速度的影响 焊缝金属的力学性能取决于两个因素：一是化学成分；二是组织的过饱和度。焊缝化学成分不仅取决于焊接材料，而且与母材熔入量即熔合比有很大关系，而焊缝组织的过饱和度则与冷却速度有很大关系。因此，当所用的材料完全相同，但由于熔合比不同或冷却速度不同时，所得焊缝的性能也会出现很大差别。例如埋弧焊 16Mn 时，焊丝成分的选择应考虑到板厚和坡口形式的影响。当不开坡口对接焊时，由于母材熔入量较多，用普通的低碳钢焊丝 H08A 配合高锰高硅焊剂即能达到要求。如大坡口对接焊时，由于母材熔入量减少，若再用 H08A 焊丝，则所得焊缝的强度偏低。因此，需要采用含 Mn 高的焊丝 H08MnA 或 H10Mn2 来补充焊缝的含 Mn 量。另外，不开坡口的角接焊时，虽然母材的熔入量也不多，但由于冷却速度比对接焊时大，因此埋弧自动焊 16Mn 角焊缝时，不能与大坡口对接焊时一样采用含 Mn 量高的焊丝 H08MnA 或 H10Mn2，否则会引起焊缝强度偏高、塑性偏低的后果，而采用普通的低碳钢焊丝效果最好。

③ 必须考虑到热处理对焊缝力学性能的影响 如果焊后需进行热处理，当焊缝强度裕量不大时，消除应力退火后焊缝强度有可能低于要求。例如焊接大坡口的 15MnV 厚板，焊后进行消除应力处理时，必须采用 H08Mn2Si 焊丝，若此时用 H10Mn2 焊丝，强度就会偏低。因此，对焊后要进行正火处理时，必须选择强度更高一些的焊接材料。此外，当对焊缝金属的使用性能提出一些特殊要求时，应同时加以考虑。例如，在焊接含铜的 16MnCu 时，若要求焊缝金属具有与母材相同的耐腐蚀性能，则需选用含铜的焊条如 "J507Cu"。

表 6-1 列出了几种热轧与正火钢常用的焊接材料。

5. 焊接工艺参数的确定

（1）预热 预热主要是为了防止裂纹，同时还有一定的改善性能作用。预热温度的确定是非常复杂的，取决于下列因素。

表 6-1 热轧及正火钢常用焊接材料选择示例

强度等级 σ_s/MPa	钢 号	焊条电弧焊焊条	埋弧自动焊		CO_2 保护焊用焊丝
			焊 丝	焊 剂	
294	09Mn2 09Mn2Si 09MnV	E4301、E4303、 E4315、E4316	H08A H08MnA	HJ431	H10MnSi H08Mn2Si
343	16Mn 14MnNb	E5001、E5003、 E5015、E5016	H08A H08MnA H10Mn2 H10MnSi	HJ431	H08Mn2Si
393	15MnV 15MnTi 16MnNb	E5001、E5003、 E5015、E5016、 E5515-G、E5516-G	H08MnA H10Mn2 H10MnSi H08Mn2Si	HJ431	H08Mn2Si
442	15MnVN 15MnVTiRE	E5515-G、E5516-G、 E6015-D$_1$、E6016-D$_1$	H08MnMoA H04MnVTi	HJ431 HJ350	
491	14MnMoV 18MnMoNb	E6015-D$_1$、E6016-D$_1$ E7015-D$_2$、E7015-G	H08Mn2MoA H08Mn2MoVA	HJ250 HJ350	

① 与材料的淬硬倾向有关，即取决于它的成分。如碳当量小于 0.4% 时，基本无淬硬倾向，一般情况下不必预热。成分与预热温度之间的关系可采用下列公式来表达：

$$P_c = P_{cm} + \frac{H}{60} + \frac{\delta}{600}$$

$$P_{cm} = C + \frac{Si}{30} + \frac{Mn}{20} + \frac{Cu}{20} + \frac{Ni}{60} + \frac{Cr}{20} + \frac{Mo}{15} + \frac{V}{10} + 5B(\%)$$

$$T_0(预热温度，℃) = 1440P_c - 392$$

式中　P_{cm}——冷裂纹敏感系数；

　　　H——熔敷金属中的扩散氢含量，mL/100g；

　　　δ——被焊金属板厚，mm。

利用上述公式，可以对一些低合金钢的预热温度进行一些粗略的估算。

② 与焊接时的冷却速度有关，即与板厚和环境温度有关。另外，还与焊接热输入量和焊接方法有关，如电渣焊时冷却很慢，一般不需要预热。

③ 与拘束度有关。预热随拘束度增加而提高。如 25mm 厚的 15MnV 在十字接头试验时不预热也不裂；而斜 Y 形坡口拘束试验时要求预热到 100℃ 以上才能消除裂纹。

④ 与含氢量有关。含氢量越高，裂纹产生的倾向越大，要求预热温度也越高。所以酸性焊条所需的预热温度比低氢型的高。即使同样是低氢焊条，还与它的烘干温度有关。

⑤ 与焊后是否进行热处理有关。焊后不热处理时，预热温度应偏高一些，这对减小内应力和改善性能都有利。

（2）焊接热输入量　焊接热输入量的确定，主要取决于过热区的脆化和冷裂两个因素。根据焊接性分析，各类钢的脆化倾向和冷裂倾向是不同的，因此对热输入量的要求也不同。焊接含碳量很低的一些热轧钢，如 09Mn2、09Mn2Si 以及含碳偏下限的 16Mn 时，对热输入量基本没有严格的限制，因为这类钢的过热敏感性不大。另外，它们的淬硬倾向和冷裂敏感性也不大。如果从提高过热区的塑性、韧性出发，热输入量偏小一些更有利。当焊接含碳量偏高的 16Mn 时，由于淬硬倾向加大，马氏体的含碳量也提高，采用小的热输入量时冷裂倾向就会增大，过热区的脆化也变得严重，所以在这种情况下热输入量宁可偏大一些比较好。

对于一些含 Nb、V、Ti 的正火钢来说，为了避免由于沉淀相的溶入以及晶粒过热所引起的脆化，选择热输入量应该偏小一些。例如焊接 15MnVN 时，热输入量在 47kJ/cm 左右可以保证−20℃时过热区韧性合格；如要求−40℃的过热区韧性合格，则需将热输入量控制在 40kJ/cm 以下。但对淬硬倾向大、含碳量和合金元素量较高的正火钢（如 18MnMoNb）来说，随热输入量减小，过热区韧性不是提高，而是降低，并容易产生延迟裂纹。因而一般焊接这类钢时，热输入量偏大一些较好。但在加大热输入量、降低冷速的同时，会引起过热的加剧（一般来说，加大热输入量对冷速的降低较有限，但对过热的影响较明显）。因此在这种情况下采用大热输入量的效果不如采用小热输入量＋预热更合理。预热温度控制恰当时，既能确保避免裂纹，又能防止晶粒的过热。

（3）焊后热处理　除电渣焊由于严重过热而需进行正火处理外，在其他焊接条件下，均应根据使用要求来考虑是否需要采取焊后热处理以及热处理工艺。一般情况下，热轧钢及正火钢焊后是不需要热处理的，但对要求抗应力腐蚀的焊接结构、低温下使用的焊接结构及厚壁高压容器等，焊后都需要进行消除应力的高温回火。确定回火温度的原则如下。

① 不要超过母材原来的回火温度，以免影响母材本身的性能。

② 对于一些有回火脆性的材料，要避开出现脆性温度区间。例如，对一些含钒，特别是含（钒＋钼）的低合钢，在回火时要避开 600℃ 左右的温度区间，以免因钒的二次碳化物析出而造成脆化，如 15MnVN 的消除应力处理的温度为 (550±25)℃。

另外，对于 $\sigma_s \geqslant 490MPa$ 的高强钢，由于产生延迟裂纹的倾向较大，为了在消除应力处理的同时起到除氢处理的作用，因此要求焊后能及时进行回火处理。

二、调质钢的焊接性

调质钢按含碳量大小有低碳调质钢和中碳调质钢。典型的低碳调质钢有 14MnMoVN、14MnMoNbB、WCF62、HQ70A、HQ80C 等；中碳调质钢则有 40Cr、30CrMnSi、30CrMnSiNi2A、40CrMnSiMoVA、35CrMoA、34CrNi13MoA、40CrNiMoA 等低合金高强度钢。这类钢的强度靠调质，即淬火基础上适当回火处理来达到强度和韧性的最佳匹配。但随着钢材强度级别的提高，焊接性逐渐变差，对热轧与正火钢存在的裂纹、热影响区脆化等焊接性问题相应也更加敏感，尤其是冷裂纹问题。此外，这类钢焊接还存在热影响区的软化问题。因此低合金调质钢的焊接一般均须辅以工艺措施，如预热、焊后缓冷等。

1. 焊缝中的热裂纹

低碳调质钢一般含碳钢量都较低，含锰量又较高，而且对 S、P 杂质的控制也较严，因此热裂倾向较小。对一些高 Ni 低 Mn 类型的低合金高强钢来说，必然会增加热裂纹产生的倾向，但实际上它并没有成为一个突出的问题。这是因为焊缝的含 Mn 量完全可以通过焊接材料来加以调整和提高，因此只要正确地选择相应的焊接材料，焊缝热裂纹是不会产生的。

中碳调质钢含碳量及合金元素含量都较高，因此液-固相区间较大，偏析也更严重，这就使其具有较大的热裂纹倾向。例如 30CrMnSiA 钢，由于含碳、硅量都较高，因此热裂纹倾向都较大。为了提高焊缝金属的抗热裂纹能力，不得不采用低碳低硅焊丝 H18CrMoA。为了改善含碳量更高的中碳调质钢的抗裂性能，规定硫和磷的总含量必须限制在 0.025％ 以下。焊接中碳调质钢时，应考虑到可能出现热裂纹问题。所以在选择焊接材料时，应尽量选用含碳量低的，含 S、P 杂质少的填充材料。在焊接工艺上应注意保证填满弧坑和良好的焊缝成形。因为热裂纹容易出现在未填满的弧坑处，特别是在多层焊时第一层的弧坑中以及焊缝的凹陷部位。

2. 焊接冷裂纹

如前所述，冷裂纹的形成是淬硬组织、拘束应力及扩散氢三种因素综合作用的结果。从材料本身考虑，淬硬组织是引起冷裂纹的决定性因素。调质钢由于含有多种淬透性的合金元素，因此淬硬倾向较为严重。这就决定了这类钢具有很大的冷裂倾向。但两种调质钢由于含碳量的差别，其冷裂倾向又有相当的区别。

对低碳调质钢而言，由于其含碳量低，一般限制在 0.18% 以下，其焊接热影响区的焊态组织一般为低碳马氏体和部分下贝氏体的混合组织。这类钢的淬硬倾向相当大，本应有很大的冷裂倾向，但由于这类钢的特点是马氏体含量很低，低碳马氏体的内部精细结构呈现高密度的位错特征，它的开始转变温度 M_s 点较高，如果在该温度下冷却较慢，则此时生成的马氏体还能来得及进行一次"自回火"处理，因而实际上冷裂倾向并不一定很大。也就是说，在马氏体形成后如果能从工艺上提供一个"自回火"处理的条件，即保证马氏体转变时的冷却速度较慢，则冷裂纹是有可能避免的；若马氏体转变时的冷却速度很快，得不到"自回火"效果，则冷裂倾向就必然会增大。

而对于中碳调质钢，其淬硬倾向十分明显，冷裂倾向较为严重，这是由于中碳调质钢的含碳量较高，加入的合金元素也较多，在 500℃ 以下的温度区间过冷奥氏体具有更大的稳定性，其焊接热影响区组织通常为高碳马氏体，其内部结构呈孪晶特征。含碳量越高，淬硬倾向越大，而且由于 M_s 点较低，在低温下形成的马氏体一般难以产生"自回火"效应，并且由于马氏体中的含碳量较高，有很大的过饱和度，点阵的畸变就更严重，因而硬度和脆性就更大，对冷裂纹的敏感性也就更大。马氏体的硬脆程度随含碳量的提高而增加，因此钢的冷裂敏感性也随着含碳量的提高而增加。所以在分析各种钢的冷裂敏感性时，不仅要看它的马氏体形成的倾向，而且还必须考虑到马氏体的类型和性能。焊接这类钢时，为了防止冷裂纹，除采取预热措施外，焊后必须进行及时的回火处理。

3. 焊接过热区脆化

低碳调质钢的合金化方式不同于热轧和正火钢，它通过提高淬硬性来保证获得高强度和具有一定韧性的低碳马氏体和下贝氏体。因此它的含 C 量很低，一般限制在 0.18% 以下。对其中一些韧性要求更高的钢，其含 C 量就更低。一些低碳调质钢的热影响区的脆性转变温度与冷却时间 $t_{8/5}$ 有关。一些强度级别高的钢都存在一个韧性最佳的冷却时间 $t_{8/5}$，这时刚好对应于马氏体＋下贝氏体的组织。实践证明，形成 100% 的低碳马氏体时，韧性并非最好，而韧性最佳的组织为马氏体＋10%～30% 下贝氏体。当 $t_{8/5}$ 继续增加时，引起脆化的原因除了奥氏体晶粒粗化引起的脆化外，主要原因是上贝氏体和 M-A 组元的形成。在这类钢中上贝氏体转变的同时很容易出现 M-A 组元。当合金化程度增加，奥氏体稳定性提高时，易在贝氏体组织中的铁素体之间形成一些 M-A 组元。它的数量与 $t_{8/5}$ 有很大关系。当冷却时间 $t_{8/5}$ 很长时，开始在铁素体之间析出碳化物而使 M-A 组元的量减少。另外，M-A 组元的形态也与冷却时间有关。$t_{8/5}$ 短时，形成长条状的 M-A 组元；$t_{8/5}$ 增长时，M-A 组元变成块状。这种组织对韧性是极为有害的，一旦形成会导致严重脆化。

中碳调质钢由于含碳量较高（一般为 0.25%～0.45%）和合金元素较多，有相当大的淬硬倾向，因而在焊接热影响区的过热区内很容易产生硬脆的高碳马氏体。冷却速度越大，生成的高碳马氏体越多，脆化也就越严重。为了减少过热区的脆化，从减少淬硬倾向出发，理应采取大焊接热输入量。但由于这种钢的淬硬倾向很大，仅通过加大热输入量往往还难以避免马氏体的形成，反而会增大奥氏体的过热和提高奥氏体的稳定性，促使形成粗大的马氏体，使过热区的脆化更为严重，因此，在这种情况下，一般倾向于采用小热输入量，而同时采取预热、缓冷和后热等措施。因为采用小热输入量可减少高温停留时间，避免奥氏体晶粒的过热，增加奥氏体内部成分的不均匀性，从而降低奥氏体的稳定性；同时采取预热和缓冷等措施来降低冷却速度，这对改善过热区的性能是非常有利的。

4. 焊接热影响区的软化

焊接热影响区的软化是焊接调质钢时的一个普遍问题，热影响区内凡是加热温度高于母材回火温度至 A_{c_1} 的区域，由于碳化物的积聚长大而使钢材软化，而且温度越接近于 A_{c_1} 的区域，软化越严重，因此对焊后不再进行调质处理的低碳调质钢来说尤其重要。从强度出发，这是焊接接头中的一个薄弱环节，强度级别越高这一问题越突出。此外，软化的程度和软化区的宽度与焊接工艺也有很大的关系。因此在制定这类钢的焊接工艺时必须考虑到这一问题。

中碳调质钢经常在退火状态下进行焊接，焊后再调质处理。但有时由于焊后不能进行调质处理而必须在调质状态下焊接时就要考虑热影响区软化问题。当调质钢的强度级别越高时，软化问题越严重。此外，软化程度和软化区的宽度与焊接热输入量大小、焊接方法有很大关系。热输入量越小，加热冷却速度越快，受热时间越短，软化程度越小，软化区的宽度越窄，但同时要注意过热区的脆化和冷裂问题。焊接热源越集中，对减小软化越有利。

5. 调质钢的焊接工艺特点

（1）低碳调质钢焊接工艺特点　低碳调质钢的特点是含碳量低，因此淬火后的组织是强度和韧性都较高的低碳马氏体＋贝氏体，这对焊接是一个非常有利的因素，使其有可能在一般电弧焊的条件下，获得性能与母材相近的热影响区。在焊接这类钢时要注意两个基本问题：一是要求在马氏体转变时的冷却速度不能太快，使马氏体有"自回火"作用，以免冷裂纹的产生；二是要在 800～500℃ 之间的冷却速度大于产生脆性混合组织的临界速度。这两个问题是制定低碳调质钢焊接工艺的主要依据。至于热影响区的软化问题，在采用小热输入量焊接后就可基本解决。

① 焊接工艺方法和焊接材料的选择　调质状态下的钢材，只要加热温度超过了它的回火温度，性能就会发生变化。因此，焊接时由于热的作用使热影响区强度和韧性的下降几乎是不可避免的。这个问题随着材料强度级别的提高显得越来越突出。解决的办法：一是采用焊后重新调质处理；二是焊后不再进行调质处理，而是尽量限制焊接过程中热量对母材的作用。按规定，在焊接 σ_s 超过 980MPa 的调质钢时，必须采用钨极氩弧焊或电子束焊之类的焊接方法。对 σ_s 低于 980MPa 的低碳调质钢来说，焊条电弧焊、埋弧自动焊、熔化极气体保护焊和钨极氩弧焊等都能采用。此外，如果一定要采用多丝埋弧焊和电渣焊等热量输入很大、冷却速度很低的焊接方法时，就必须进行焊后的调质处理。低碳调质钢焊后一般不再进行热处理，因此在选择焊接材料时，要求所得焊缝金属在焊态下应具有接近于母材的力学性能。在特殊情况下，如结构刚度很大、冷裂纹很难避免时，必须选择比母材强度稍低一些的材料作为填充金属。几种低碳调质钢的焊接材料列于表 6-2。

表 6-2　低碳调质钢焊接材料选择示例

钢　号	焊　条	埋　弧　焊	气体保护焊	电　渣　焊
14MnMoVN	E7015-D₂ E8515-G	H08Mn2MoA H08Mn2NiMoVA HJ350 H08Mn2NiMoA HJ250	H08Mn2Si H08Mn2Mo	H10Mn2NiMoA HJ360 H10Mn2NiMoVA HJ431
14MnMoNbB	E8515-G	H08Mn2MoA H08Mn2Ni2CrMoA HJ350	—	H10Mn2MoA H08Mn2Ni2CrMoA H10Mn2NiMoVA HJ431、HJ360

② 焊接工艺参数的选择　对于低碳调质钢，试验已表明，其最佳韧性组织为低碳马氏体＋10％～30％下贝氏体混合组织。为保证焊接热影响区这种韧性最佳组织不被破坏，应严格控制焊接热输入量。

焊接热输入量是材料焊接的一项重要的焊接参数，这对低碳调质钢焊接来讲尤为重要。这是因为焊接热输入量越大，意味着焊接电弧向焊接接头输入的热量越大。这一方面可减缓热影响区的冷却速度，尤其是对延长形成淬硬组织进而产生冷裂纹的 $800～500℃$ 温度区间的冷却时间（简称 $t_{8/5}$），有着有益的作用；但另一方面，焊接热输入量过大，热影响区加热速度及高温停留时间都明显增大，严重过热造成晶粒粗大，从而恶化韧性，热影响区脆化严重。因此，焊接热输入量不宜过大。但如果热输入量过小，冷却速度加快，又会使材料淬硬性增加，形成淬硬组织，产生冷裂纹。对冷裂倾向较大的调质高强钢而言，确定一个合适的焊接热输入量范围是制订合理焊接工艺的一项重要内容。这通常还需结合预热温度及层间温度来确定。因为预热温度和层间温度对延长 $t_{8/5}$ 起到同样的作用，同时还可减缓接头的拘束应力，促使扩散氢逸出焊接接头。由于调质高强钢热影响区韧性最佳组织为低碳马氏体＋10％～30％下贝氏体混合组织，因此焊接热输入量的确定应与预热和层间温度综合考虑，以确定一个适用范围，其上限应能保证热影响区得到低碳马氏体＋10％～30％下贝氏体混合组织，下限应能保证热影响区不致产生冷裂纹。

总之，选择合适的热输入量是调质钢焊接性试验的最重要内容之一，控制热输入量是保证其焊接的重要原则。随着钢材碳当量的增加，适宜的热输入量范围随之变窄。

（2）中碳调质钢焊接工艺特点　中碳调质钢与低碳调质钢不同，中碳调质钢焊后的淬火组织是硬脆的高碳马氏体，不仅冷裂的敏感性大，而且焊后若不经热处理时，热影响区性能达不到母材的性能。因此，这类钢一般是在退火状态下进行焊接，焊接通过整体调质处理才能获得性能满足要求的均匀的焊接接头。但有时必须在调质后进行焊接，这时热影响区性能的恶化是很难解决的。对中碳调质钢的焊接来说，焊前所处的状态是非常重要的，它决定了焊接时出现的问题性质和所需采取的工艺措施。

① 退火状态下焊接时的工艺特点　大多数情况下中碳调质钢都是在退火（或正火）状态下进行焊接，焊后再进行整体调质，这是焊接调质钢的一种比较合理的工艺方案。焊接时所要解决的问题主要就是裂纹，热影响区的性能可以通过焊后的调质处理来保证。因此在这种情况下对选择焊接工艺方法几乎没有限制，常用的一些焊接工艺方法都能采用。例如焊接 30CrMnSiA 时可以采用各种焊接方法，但气焊时容易产生裂纹，所以一些薄板焊接已采用 CO_2 气体保护焊、钨极氩弧焊和等离子焊等方法。

在选择焊接材料时，除了要求不产生冷、热裂纹外，还有一些特殊的要求，即焊缝金属的调质处理规范应与母材的一致，以保证调质后的接头性能也与母材相同。因此，焊缝金属的主要合金组成应尽量与母材相似，但对能引起焊缝热裂倾向和促使金属脆化的元素（如 C、Si、S、P 等）应加以严格控制。例如，30CrMnSiA 的热裂倾向较大，应该选用低碳、低硅的填充材料如 H18CrMoA。

在焊后调质的情况下，确定工艺参数的出发点主要是保证在调质处理前不出现裂纹，接头性能由焊后热处理来保证。因此可以采用高的预热温度（ $200～350℃$ ）和层间温度。另外，在很多情况下焊后往往来不及立即进行调质处理，所以为了保证冷却到室温后，在调质处理前不致产生延迟裂纹，还必须在焊后及时地进行一次中间热处理。这种热处理一般是焊后在等于或高于预热温度下保持一段时间，其目的是为了从两个方面来防止延迟裂纹的产生：一是起到扩散除氢的作用；二是使组织转变为对冷裂敏感性低的组织。另外，当处理温度高时，还有消除应力的作用。例如在退火状态下焊接厚度大于 3mm 的 30CrMnSiA 时，为了防止冷裂纹，应将工件预热到 $230\sim250℃$，并在整个焊接过程中保持该温度；如采用局部预热时，预热范围离焊缝两侧应不小于 100mm；焊后若不能及时调质处理，应进行 680℃回火处理。假如产品结构复杂和有大量焊缝时，焊完一定数量的焊缝后应及时进行中间回火处理，这样就能避免等到焊完后再进行热处理时先焊的部位已经出现延迟裂纹。中间回火的次数，要根据焊缝的多少和产品结构的复杂程度来决定。对于淬硬倾向更大的30CrMnSiNi2A，为了防止冷裂纹的产生，焊后必须立即（焊缝处的金属不能冷到低于 $250℃$）入炉加热到 $(650\pm10)℃$ 或 680℃回火，最后按规定进行调质处理。

②　调质状态下焊接时的工艺特点　当必须在调质状态下进行焊接时，除了裂纹外，热影响区的主要问题是：高碳马氏体引起的硬化和脆化；高温回火区软化引起的强度降低。高碳马氏体引起的硬化和脆化是可以通过焊后的回火处理来解决的。但对高温回火区软化引起的强度下降，在焊后不能调质处理的情况下是无法挽救的。所以在确定调质状态下焊接工艺参数时，主要应从防止冷裂纹和避免软化出发。

为了消除过热区的淬硬组织和防止延迟裂纹的产生，必须正确选定预热温度，并应焊后及时进行回火处理。在焊接调质状态的钢材时必须注意预热、层间温度、中间热处理和焊后热处理的温度，都一定要控制在比母材淬火后的回火温度低 50℃。

为了减少热影响区的软化，从焊接方法考虑应采用热量集中、能量密度大的方法，而且焊接热输入量越小越好，这一点与低碳调质钢的焊接是一致的。因此，气焊在这种情况下是最不合适的，气体保护焊比较好，特别是钨极氩弧焊，它的热量比较容易控制，焊接质量容易保证，因此经常用它来焊接一些焊接性很差的高强钢。另外，脉冲氩弧焊、等离子焊和电子束焊等一些新的工艺方法，用于这类钢的焊接是很有前途的。从经济性和方便性考虑，目前在焊接这类钢时，焊条电弧焊用得还是最为普遍。

由于焊后不再进行调质处理，因此选择焊接材料时没有必要考虑成分和热处理规范与母材相匹配的问题。从防止冷裂纹的要求出发，经常采用纯奥氏体和铬镍钢焊条或镍基焊条。

表 6-3 列举了几种常用焊接方法时中碳调质钢焊接材料的选择示例。

表 6-3　中碳调质钢焊接材料选择示例

钢　号	焊　条	埋　弧　焊		气 体 保 护 焊	
		焊　丝	焊　剂	CO_2	Ar
30CrMnSiA	E8515-G	H20CrMoA H18CrMoA	HJ431 HJ260	H08Mn2SiMoA H08Mn2SiA	H18CrMoA
40Cr	E8515-G	—	—	—	—
35CrMoVA	E8515-G E5515-B$_2$-VNb				H20CrMoA

第三节　不锈钢及耐热钢的焊接性

不锈钢是指能耐空气、水、酸、碱、盐及其溶液和其他腐蚀介质腐蚀的，具有高度化学稳定性的合金钢的总称。按组织分类可分为奥氏体不锈钢、铁素体不锈钢、马氏体不锈钢等。其中奥氏体不锈钢是不锈钢中最重要的钢种，生产量和使用量约占不锈钢总产量及用量的 70%。该类钢是一种十分优良的材料，有极好的抗腐蚀性，因而在化学工业、沿海、食品、生物医学、石油化工等领域中得到广泛应用。

常用的奥氏体不锈钢根据其主要合金元素 Cr、Ni 的含量不同，可分为如下三类。

（1）18-8 型奥氏体不锈钢　是应用最广泛的一类奥氏体不锈钢，也是奥氏体型不锈钢的基本钢种，主要牌号有 1Cr18Ni9 和 0Cr18Ni9，为克服晶间腐蚀倾向，又开发了含有稳定元素的 18-8 型不锈钢，如 1Cr18Ni9Ti 和 0Cr18Ni11Nb 等。随着熔炼技术的提高，采用真空冶炼降低了钢中的含碳量，制造出了超低碳 18-8 型不锈钢，如 00Cr19Ni10 等。

（2）18-12Mo 型奥氏体不锈钢　这类钢中钼的质量分数一般为 2%～4%。由于 Mo 是缩小奥氏体相区的元素，为了固溶处理后得到单一的奥氏体相，在钢中 Ni 的质量分数要提高到 10% 以上。这类钢的牌号有 0Cr17Ni12Mo2、0Cr18Ni12Mo2Ti 等。它与 18-8 型不锈钢相比具有高的耐点腐蚀性能。

（3）25-20 型奥氏体不锈钢　这类钢铬、镍含量很高，具有很好的耐腐蚀性能和耐热性能，由于含镍量很高，奥氏体组织十分稳定，但 $W_{Cr} > 16.5\%$ 时，在高温长期服役会有 σ 相脆化倾向，牌号有 0Cr25Ni20 等。

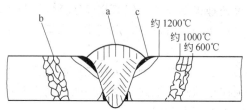

图 6-10　18-8 不锈钢焊接接头
可能出现晶间腐蚀的部位
a—焊缝区；b—HAZ 敏化区；c—熔合区

一、焊接接头晶间腐蚀

18-8 奥氏体不锈钢焊接接头在三个部位有可能发生晶间腐蚀现象：焊缝区、热影响区敏化区以及熔合区（如图 6-10 所示），但在同一个接头中并不能同时看到这三种晶间腐蚀的出现，这取决于钢和焊缝的成分。

1. 焊缝区晶间腐蚀

晶间腐蚀通常用贫铬理论来加以解释，即当奥氏体不锈钢加热至 450～850℃ 的敏化温度区时，沿晶界沉淀析出 $Cr_{23}C_6$ 致使晶界边界层含 Cr 量低于 12%，造成该局部区域电极电位下降。当钢材置于腐蚀介质中则发生电化学反应产生晶间腐蚀。

很显然，焊缝区的晶间腐蚀主要与焊接材料有关。采用超低碳的焊接材料或通过焊接材料向焊缝过渡足够的稳定化元素（如 Nb）可有效地避免焊缝晶间腐蚀。此外，通过调整焊缝成分以获得一定数量的铁素体（δ）相，也可在一定程度上避免焊缝晶间腐蚀。但如果母材不是超低碳不锈钢，采用超低碳焊接材料未必可靠，因为熔合比的作用会使母材向焊缝增碳。尿素设备用不锈钢的熔敷金属必须限制为超低碳，且不允许出现 δ 相，而为"全奥氏体组织"。

焊缝中 δ 相的有利作用：其一，可打乱单一 γ 相柱状晶的方向性，不致形成连续贫 Cr 层；其二，δ 相富 Cr，有良好的供 Cr 条件，可减少 γ 晶粒形成贫 Cr 层。因此，常希望焊缝中存在 4%～12% 的 δ 相。过量 δ 相存在，多层焊时易促使形成 σ 相，不利于高温工作。在尿素之类介质中工作的不锈钢，如含 Mo 的 18-8 钢，焊缝最好不存在 δ 相，否则易产生 δ 相选择腐蚀。

为获得 δ 相，焊缝成分必然不会与母材完全相同，一般须适当提高铁素体化元素的含量或提高 Cr_{eq}/Ni_{eq} 的比值。Cr_{eq} 称为铬当量，是指把每一铁素体化元素，按其铁素体化的强烈程度折合成相当若干铬元素后的总和。Ni_{eq} 称为镍当量，为把每一奥氏体化元素折合成相当若干镍元素后的总和。已知 Cr_{eq} 及 Ni_{eq} 即可确定焊缝金属的室温组织。图 6-11 是应用最广的焊缝组织图，是舍夫勒（Schaeffler）最早于 1949 年根据焊条电弧焊条件所确定的，所以又称为"舍夫勒图"。这种组织图把室温组织与 Cr_{eq} 和 Ni_{eq} 所表示的焊缝成分联系起来。为了考虑氮的影响，Ni_{eq} 计入 N 的作用，其 Ni_{eq}（%）和 Cr_{eq}（%）的计算式如下：

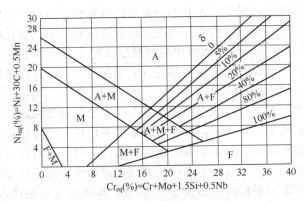

图 6-11　舍夫勒焊缝组织图（1949）

$$Cr_{eq} = Cr + Mo + 1.5Si + 0.5Nb + 3Al + 5V$$
$$Ni_{eq} = Ni + 30C + 0.87Mn + K(N - 0.045) + 0.33Cu$$

式中，K 与含 N 量有关：$N = 0 \sim 0.2\%$ 时，$K = 30$；$N = 0.21\% \sim 0.25\%$ 时，$K = 22$；$N = 0.26\% \sim 0.35\%$ 时，$K = 20$。

2. 热影响区敏化区晶间腐蚀

热影响区敏化区晶间腐蚀是指焊接热影响区中加热峰值温度处于敏化加热区间的部位所发生的晶间腐蚀。不过须注意的是在焊接快速加热冷却条件下，热影响区敏化温度区间并非平衡加热至 $450 \sim 850\,^{\circ}\mathrm{C}$，而是有一个过热度的 $600 \sim 1000\,^{\circ}\mathrm{C}$ 温度区间。因为焊接是快速加热和冷却过程，而铬碳化物沉淀是一个扩散过程，为足够扩散需要一定的"过热度"。只有普通的 18-8 钢（0Cr19Ni9）才会有敏化区存在，含 Ti 或 Nb 的 18-8Ti 或 18-8Nb，以及超低碳 18-8 钢敏化区晶间腐蚀倾向较小。为防止 18-8 奥氏体不锈钢敏化区腐蚀，在焊接工艺上应采取快速过程，以减少处于敏化加热的时间。

3. 刀口腐蚀

刀口腐蚀是在熔合区产生的晶间腐蚀，有如刀削切口形式，故称"刀口腐蚀"（knife-line corrosion）。腐蚀区宽度初期不超过 $3 \sim 5$ 个晶粒，逐步扩展到 $1.0 \sim 1.5\mathrm{mm}$（一般电弧焊）。刀口腐蚀只发生在含 Nb 或 Ti 的 18-8Nb 和 18-8Ti 钢的熔合区，一般认为是由于熔合区经历了 $1200\,^{\circ}\mathrm{C}$ 以上的高温过热作用，使得奥氏体内形成的 TiC 固溶，其分离出来的碳原子占据奥氏体点阵节点空缺位置，而随后的激冷过程，活泼的碳原子趋向奥氏体晶粒周边运动，进一步冷至 $450 \sim 850\,^{\circ}\mathrm{C}$ 中温敏化区则析出 $Cr_{23}C_6$ 造成晶界贫 Cr。显然，高温过热和中温敏化相继作用，是刀口腐蚀的必要条件，但不含 Ti 或 Nb 的 18-8 钢不会有刀口腐蚀发生。

二、焊接接头的热裂纹及应力腐蚀开裂

1. 焊接接头热裂纹

奥氏体不锈钢焊接时在焊缝及近缝区都可能产生热裂纹，最常见的是焊缝凝固裂纹，有时也可以出现近缝区液化裂纹。奥氏体不锈钢易于产生热裂纹的原因主要有以下几个方面。

① 奥氏体不锈钢热导率小，而线膨胀系数大，在焊接局部加热和冷却过程中可形成较大的拉应力。焊缝金属凝固期间存在较大的拉应力是产生热裂纹的必要条件。

② 奥氏体不锈钢易于联生结晶形成方向性强的柱状晶的焊缝组织，有利于有害杂质偏析，而促使形成晶间液膜，显然易于促使产生凝固裂纹。

③ 奥氏体不锈钢及焊缝的合金组成较复杂，可形成多种低熔点共晶。

通过调整奥氏体焊缝金属成分，使其形成适量的铁素体组织，在一定程度上可改善奥氏体焊缝的热裂倾向。这是因为少量铁素体组织可以有效地消除单项奥氏体组织柱状晶的方向性；同时 S、P 等有害杂质元素在铁素体中的溶解度又比在奥氏体中更大，因而能避免其在奥氏体晶界形成低熔点的共晶物质。这些都是有利于提高奥氏体焊缝抗裂性的。

2. 焊接接头的应力腐蚀开裂

应力腐蚀是在应力与腐蚀介质双重因素作用下产生的一种腐蚀破坏。由于奥氏体不锈钢的热导率小，线膨胀系数大，在约束焊接变形时必然残留较大的焊接应力，而拉应力的存在是应力腐蚀开裂的一重要条件。许多实验已证实焊接接头过热区对应力腐蚀开裂最为敏感。

（1）焊接应力的作用　焊接接头应力腐蚀开裂是焊接性中最不易解决的问题之一。如在化工设备破坏事故中，不锈钢的应力腐蚀超过 60%，其次是点腐蚀约占 20% 以上，晶间腐蚀只占 5% 左右。而应力腐蚀开裂的拉应力，来源于焊接残余应力的超过 30%。焊接拉应力越大，越易发生应力腐蚀开裂。一般说来，为防止应力腐蚀开裂，从根本上看，退火消除焊接残余应力最为重要。残余应力消除程度与"回火参数" LMP（Larson Miller Parameter）有关：

$$LMP = T(\lg t + 20) \times 10^{-3}$$

式中　　T——加热温度，K；

　　　　t——保温时间，h。

LMP 越大，残余应力消除程度越大。必须指出，为消除应力，加热温度 T 的作用效果远大于加热保温时间 t 的作用。

（2）合金成分的作用　材质与介质有一定的匹配性，才会发生应力腐蚀开裂。对于焊缝金属，选择焊接材料具有重要意义。从组织上看，焊缝中含有一定数量的 δ 相有利于提高焊缝在氯化物介质中的耐应力腐蚀性能。有关资料表明，在氯化物介质中，提高焊缝中的 Ni 含量，对提高焊缝抗应力腐蚀开裂性能有利。Si 能使氧化膜致密，因而是有利的；加 Mo 则会降低 Si 的作用。但如果应力腐蚀的根源是点蚀坑，则因 Mo 有利于防止点蚀，则会提高耐应力腐蚀的性能。超低碳有利于提高抗应力腐蚀开裂的性能。

三、奥氏体钢焊缝的脆化

经常发现有的奥氏体不锈钢焊接接头的强度并不低，然而在工作几个月后就发生沿近缝区的脆断。其原因就是接头的塑性、韧性没有达到要求，尤其当材料在低温下工作时，最重要的要求是保证低温韧性，这样才能防止发生低温脆性破坏。奥氏体不锈钢焊缝的脆化有以下两种。

1. 低温脆化

奥氏体焊缝的低温脆化与组织中的铁素体（δ）相有关，因此为了满足低温韧性的要求，最好控制组织避免形成奥氏体＋铁素体的双相组织。

为满足低温韧性要求，有时采用 18-8 钢，焊缝组织希望是单一 γ 相，成为完全面心立方结构，尽量避免出现 δ 相。δ 相的存在，总是恶化低温韧性。虽然单相 γ 相焊缝低温韧性比较好，但仍不如固溶处理后的 1Cr18Ni9Ti 钢母材。其实，"铸态"焊缝中的 δ 相因形貌不同，可以具有相异的韧性水平。以超低碳 18-8 钢为例，焊缝中通常可能见到三种形态的 δ 相：球状、蠕虫状和花边条状，而以蠕虫状居多数。恰恰是蠕虫状会造成脆性断口形貌，但蠕虫状对抗热裂有利。从低温韧性的角度考虑，希望稍稍提高 Cr 含量（对于 18-8 钢可将 Cr 提高到稍微超过 20%），以获得少量花边条状 δ 相，低温韧性会得到改善，其值可达到常温时数值的 80%。在这种情况下，焊缝中有少量 δ 相是可以容许的。

2. 高温脆化

高温下进行短时拉伸试验或进行持久强度试验表明，当奥氏体焊缝中含有较多的铁素体形成元素或较多的 δ 相时，都会发生显著的脆化现象。为了保证焊缝有必要的塑性和韧性，长期工作在高温的焊缝中所含的 δ 相数量应当小于 5%，否则，多量的 δ 相将会导致脆化现象的发生，通常认为这是 δ 相转变为 σ 相的结果。

σ 相是指一种脆硬而无磁性的金属间化合物相，具有变成分和复杂的晶体结构。σ 相的产生，是 $\gamma \rightarrow \sigma$ 或是 $\delta \rightarrow \sigma$。在奥氏体钢焊缝中，Cr、Mn、Nb、Si、Mo、W、Ni、Cu 均可促使 $\gamma \rightarrow \sigma$，其中 Nb、Si、Mo、Cr 影响显著。25-20 钢焊缝在 $800 \sim 875℃$ 加热时，$\gamma \rightarrow \sigma$ 的转变非常激烈。在焊缝中，σ 相主要析集于柱状晶的晶界。

具有 $\gamma + \delta$ 双相组织的 18-8 钢焊缝高温加热时，$\delta \rightarrow \sigma$ 的转变速度大大超过 $\gamma \rightarrow \sigma$。有时 σ 相的脆化作用在焊接过程中就已显现出来。$\delta \rightarrow \sigma$ 的转变速度与 δ 相的合金化程度有关，而不单是 δ 的数量。凡铁素体化元素均加强 $\delta \rightarrow \sigma$ 转变，即被 Cr、Mo 等浓化了的 δ 相易于转变析出 σ 相。

若 25-20 钢焊缝中 Cr 量高达 $28\% \sim 30\%$ 时，也会加快 σ 相的形成。

四、奥氏体钢的焊接工艺

1. 奥氏体钢的焊接工艺特点

由于奥氏体钢的物理性能特点以及对耐腐蚀性、抗裂性等的具体要求，故奥氏体钢焊接的特点如下。

(1) 焊接变形大　由于奥氏体钢热导率小、线膨胀系数较大，在自由状态焊接时易于产生较大的变形，因此，应选用能量集中的焊接方法，以机械化快速焊接为好（如采用 MIG 或 TIG 焊）。

(2) 对焊接材料要求严　选择焊接材料时，应当考虑焊缝成分的要求，以保证耐晶间腐蚀和抗热裂性能。例如，SiO_2 含量高的焊条或焊剂就不能用于含镍量高的奥氏体钢，而应采用碱性焊条或低硅焊剂。

(3) 焊条尾部发红　奥氏体钢的热导率小，电阻率大，使得奥氏体钢焊丝的熔化系数比结构钢大得多。为避免焊条尾部发红，奥氏体钢焊条的长度要比结构钢焊条短些。自动埋弧焊时的干伸长（焊丝伸出长度）也应短一些。当焊丝直径为 $2 \sim 3mm$ 时，伸出长度应小于 $20 \sim 30mm$。

(4) 焊接时熔深大　在同样的焊接电流下，奥氏体钢的熔深比结构钢大。为防止过热及得到一定尺寸的焊缝，焊接奥氏体钢时焊接电流应比焊接低合金结构钢时小 $10\% \sim 20\%$，并且尽量用细直径焊丝。

(5) 宜快速焊接　焊接奥氏钢时，一般采用同质填充金属。为避免铬的碳化物相沉淀，通常不应预热，并且层间温度应低于 $250℃$。焊接时应尽可能使焊接接头的冷却速度加快。

(6) 短弧、直线焊接　焊丝或焊芯中所含的 Ti、Nb、Cr、Al 等合金元素与氧有较大的亲和力，为防止合金元素的烧损必须采用短弧焊，不摆动的工艺方法。

(7) 宜保持稳定的焊接工艺参数　为了获得稳定的焊缝成分，必须在焊接时保持熔合比的稳定，因此，焊接工艺参数应当保持稳定。

(8) 保护焊件的耐腐蚀性能，避免破坏焊件表面的氧化膜保护层。

2. 奥氏体钢焊接工艺要点

焊接奥氏体钢必须注意以下几个问题。

(1) 合理选择最适用的焊接方法　有时限于具体条件，可能只能选用某一种焊方法。必须充分考虑到质量、效率和成本因素，以获得最大的综合效益。例如，板厚小于 6mm 的不锈钢应用 TIG 焊接方法是很适宜的；如果板厚超过 13mm，仍采用 TIG 焊接方法就会显得效率低，成本高了。条件许可时，应改换其他方法，如 MIG 焊。

表 6-4 为各种熔焊方法对不锈钢的适应性。

表 6-4　各种熔焊方法对不锈钢的适应性

焊接方法	板厚/mm	马氏体钢	铁素体钢	奥氏体钢
焊条电弧焊	>1.5	较适用	较适用	适用
钨极氩弧焊	0.5～6.0	较适用	较适用	适用
熔化极氩弧焊	>6.0	较适用	较适用	适用
埋弧自动焊	>6.0	很少用	很少用	较适用
等离子弧焊	2.0～8.0	—	—	适用
微束等离子弧焊	0.1～1.0	—	—	适用
电子束焊	5.0～60.0	—	—	适用
气焊	<2.0	很少用	—	较适用

（2）必须控制焊接参数，避免接头产生过热现象　奥氏体钢热导率小，热量不易散失，很易形成所需尺寸的熔池。所以，焊接所用焊接电流和焊接热输入量比焊接碳钢要小 20％ 左右。以焊条电弧焊平焊为例，焊接奥氏体钢的焊接电流 I，可根据焊芯直径 d 选定，经验式为：

$$I=(25\sim35)d$$

式中，焊条直径小时选用小的系数；直径大时选用大的系数。立焊或仰焊时，电流取值还要再减小 $10\%\sim30\%$。

表 6-5 列出了几种奥氏体不锈钢焊接材料的选择。

表 6-5　奥氏体不锈钢焊接材料选择示例

钢　号	工作条件及要求	焊　条	氩弧焊焊丝	埋弧焊	
				焊　丝	焊剂
0Cr18Ni9 0Cr18Ni9Ti	工作温度低于 300℃，要求良好的耐腐蚀性能	E308-15 E308-16	H0Cr19Ni9 H0Cr19Ni9Ti	H0Cr19Ni9Ti H00Cr22Ni10	HJ260
00Cr18Ni10	耐腐蚀要求极高	E308L-16	H00Cr22Ni10	H00Cr22Ni10	HJ260
0Cr17Ni13Mo2Ti	抗无机酸、有机酸、碱及盐腐蚀	E316-15 E316-16	H0Cr19Ni11Mo3 H0Cr18Ni12MoNb	H0Cr19Ni11Mo3 H00Cr17Ni13Mo2	HJ260
	要求良好的抗晶间腐蚀性能	E316Nb-16			
0Cr17Ni13Mo3Ti	抗非氧化性酸及有机酸性能较好	E316L-16 E317-16	H0Cr19Ni10Mo3Ti	H00Cr17Ni13Mo3Ti	HJ260
00Cr17Ni13Mo3	耐腐蚀要求高	E316L-16	H00Cr19Ni11Mo3	—	—
0Cr17Ni13Mo2Ti 0Cr18Ni9Ti	要求一般耐热及耐腐蚀性能	E316V-15 E316V-16	—	H0Cr19Ni11Mo3 H00Cr17Ni13Mo2	HJ260

应避免交叉焊缝。奥氏体钢焊接时，通常不但不应预热，而且应适当加快冷却，并应严格控制较低的层间温度。对于双相不锈钢则要适当缓冷，以获得理想的 δ/γ 相比例。

（3）接头设计的合理性应给以足够的重视　仅以坡口角度为例，采用奥氏体钢或双相钢同质焊接材料时，坡口角度取 60°（同一般结构钢的相同）是可行的；但如采用 Ni 基合金作为焊接材料，由于熔融金属流动更为黏滞，坡口角度 60° 很容易发行熔合不良现象。Ni 基合金的坡口角度一般均要增大到 80°左右。

（4）尽可能控制焊接工艺稳定以保证焊缝金属成分稳定　因为焊缝性能对化学成分的变动有较大的敏感性，为保证焊缝成分稳定，必须保证熔合比稳定。

（5）控制焊缝成形　表面成形是否光整，是否有易产生应力集中之处，均会影响到接头的工作性能，尤其对耐点蚀和耐应力腐蚀开裂有重要影响。例如，采用钛钙型药皮焊条，一般比采用碱性焊条易获得光整的表面成形。在熔化极机械化焊接时，由于奥氏体钢焊丝与导电嘴的铜或铜合金之间的摩擦系数大，导电嘴易磨损，导致电接触不良而可能破坏焊缝成形，甚至可能产生未焊透或咬边缺陷。

焊缝截面成形决定形状系数大小，即焊缝深宽比大小对焊缝金属抗裂性有明显影响。可通过调整焊接参数，以适应这一要求。

（6）保护焊件的工作表面处于正常状态　焊前和焊后的清理工作常会影响耐蚀性。已有现场经验表明，焊后采用不锈钢丝刷清理奥氏体和双相不锈钢接头，反而会产生点蚀。因此，必须慎重对待清理工作。控制焊缝施焊程序，保证面向介质的焊缝在最后施焊，也是保护措施之一。因为这样可避免面对介质的焊缝及其热影响区发生敏化。

总之，为了改善焊接质量，必须严格遵守技术规程和产品技术条件，并应因地制宜，灵活地开展工作，全面顾及焊接质量、生产效率及经济效益。

五、耐热钢的焊接性

以 Cr-Mo 为基的低中合金珠光体耐热钢具有很好的抗氧化性和热强性，工作温度可高达 600℃，广泛应用于制造蒸汽动力发电设备。这类钢还具有良好的抗硫和氢腐蚀的能力，因此在石油化工中也得到了广泛的应用。这类钢含 Cr 量一般为 0.5%～9%，含 Mo 量一般为 0.5%～1%。随着 Cr、Mo 含量的增加，钢的抗氧化性、高温强度和抗硫化物腐蚀性能也都增加。在 Cr-Mo 钢中加入少量的 V、W、Nb、Ti 等后，可进一步提高热强性。这类钢的合金系统基本上是：Cr-Mo、Cr-Mo-V、Cr-Mo-W-V、Cr-Mo-W-V-B、Cr-Mo-V-Ti-B 等。典型的珠光体耐热钢有：12CrMo、15CrMo、10Cr2Mo1、12Cr5Mo、12Cr9Mo1、12Cr1MoV、15Cr1Mo1V、17CrMo1V、20Cr3MoWV、12Cr2MoWVB、12Cr3MoVSiTiB 等。

1. 珠光体耐热钢的主要焊接性问题

珠光体耐热钢的焊接性与低碳调质钢很相似，主要问题是热影响区的硬化、冷裂纹、软化以及焊后热处理或高温长期使用中的再热裂纹问题。此外，近些年来发现一些 Cr-Mo 钢具有明显的回火脆化现象。例如，用于脱硫反应塔的 12Cr2Mo1 钢，经 332～432℃下 30000h 工作后，其 40J 时的韧-脆转变温度从 -37℃ 提高到 60℃，这就严重影响了其在压力容器中的应用。产生回火脆化的主要原因是，在回火脆化温度范围内长期加热后 P、Sn、Sb 等杂质元素在奥氏体晶界偏析而引起的晶界脆化现象。此外，与回火脆化的元素 Mn、Si 也有关。因此，对于基体金属来说，严格控制有害杂质元素的含量，同时降低 Si、Mn 含量是解决脆化的有效措施。目前已能生产出抗回火脆化的 12Cr2Mo1 钢板。焊缝金属回火脆化的敏感性比锻、轧材料更大，因为焊接材料中的杂质难以控制。根据国内外的研究，一致认为要获得低回火脆性的焊缝金属必须严格控制 P 和 S 的含量，通过俄歇电子能谱观察到 P 在晶界上的偏析，而且偏析的浓度与 Si 含量有关。有的研究还发现，Si 和 P 在晶界上形成 Si-P 复合物，促使晶界脆化。因此，除了要严格限制杂质 P 的含量（≤0.015%）外，焊缝中 Si 含量要控制在 0.15%以下。目前国内外都研制了一批有低回火脆化敏感性的新焊接材料，如我国的超低氢"热 407-B"焊条以及 H08Cr2.25-Mo1A 提纯焊丝和高碱性超低氢 SJ602、SJ603 烧结焊剂。

2. 珠光体耐热钢的焊接工艺特点

（1）珠光体耐热钢一般是在热处理状态下焊接　焊后大多数要进行高温回火处理。常用的焊接方法以焊条电弧焊为主，埋弧焊和气体保护焊也经常用。

（2）选择保证焊缝性能同母材匹配的焊接材料　焊缝应具有必要的热强性，其成分应力求与母材相近。但为了防止焊缝有较大的热裂倾向，焊缝含碳量往往比母材要低一些（但一般不希望低于0.07%），焊缝的性能有时要比母材低一些。但若焊接材料选择适当，焊缝的性能是可以与母材匹配的。

表6-6列举了包括珠光体耐热钢在内的各种典型耐热钢焊接材料的选用。

表6-6　典型耐热钢焊接材料选用

类别	钢号	电弧焊焊条	埋弧焊焊丝和焊剂		气体保护焊焊丝
珠光体耐热钢	16Mo	E5003-A1	F4A0-H08MnMoA		H08MnSiMo	保护气体：CO₂ 或 Ar+20% CO₂ 或 Ar+(1~5)% O₂
	12CrMo	E5503-B1, E5515-B1	F4A0-H10MoCrA		H08CrMnSiMo
	15CrMo	E5515-B2	F4A0-H08CrMoA		H08Mn2SiCrMo
	12Cr2Mo1	E6015-B3	F4A0-H08Cr2Mo1, F4A0-H08Cr3MoMnSi		H08Cr2Mo1A, H08Cr3MoMnSi, H08Cr2Mo1MnSi
	12CrMoV, 12Cr1MoV	E5515-B2-V	F4A0-H08CrMoVA		H08Mn2SiCrMoVA, H08CrMoVA
奥氏体耐热钢	0Cr19Ni9	E308-16	焊剂：HJ260 SJ-601 SJ641	H0Cr19Ni9	H0Cr19Ni9	保护气体：Ar 或 Ar+1% O₂ 或 Ar+(2~3)% CO₂ 或 Ar+He
	1Cr18Ni9Ti	E347-16		H1Cr19Ni10Nb	H0Cr19Ni9Ti
	0Cr18Ni10Ti	E347-16		H1Cr19Ni10Nb	H0Cr19Ni9Ti, H1Cr19Ni10Nb
	0Cr18Ni11Nb	E347-15			
	0Cr18Ni13Si4	E316-16, E318V-16		H0Cr19Ni11Mo3	H0Cr19Ni11Mo3
	1Cr20Ni14Si2	E309Mo-16		H1Cr25Ni13	H1Cr25Ni13
	0Cr23Ni13	E309-16		H1Cr25Ni13	H1Cr25Ni13
	0Cr25Ni20	E310-16, E310Mo-16		H1Cr25Ni13	H1Cr25Ni20
	0Cr17Ni12Mo2	E316-16		H0Cr19Ni11Mo3	H0Cr19Ni11Mo3
	0Cr19Ni13Mo3	E317-16		H0Cr25Ni13Mo3	H0Cr25Ni13Mo3
马氏体耐热钢	1Cr12Mo, 1Cr13	E410-16, E410-15, E309-16、E310-16	焊剂：SJ601 HJ151	H1Cr13、H10Cr14, H0Cr21Ni10, H1Cr24Ni13, H0Cr26Ni21	H1Cr13, H0Cr14	保护气体：Ar
	2Cr13	E410-15、E308-15, E316-15	—	—	H1Cr13, H0Cr14
铁素体耐热钢	1Cr17, Cr17Ti	E430-15, E430-16	焊剂：SJ601 SJ608 HJ172 HJ151	H1Cr17, H0Cr21Ni10, H1Cr24Ni13, H0Cr26Ni21	H1Cr17	保护气体：Ar
	Cr25	E308-15、E316-15, E310-16、E310-15	焊剂：SJ601 SJ608 SJ701 HJ172 HJ151	H0Cr26Ni21, H1Cr24Ni13	H1Cr25Ni13

（3）正确选定预热温度和焊后回火温度　为了防止冷裂纹和消除近缝区的硬化，预热与回火温度非常重要，这不仅取决于钢的成分，而且与产品结构尺寸和结构拘束度等具体条件有关。所以，在实际生产中，必须结合具体条件通过试验来确定预热温度及焊后热处理温度。

总之，珠光体耐热钢的焊接性要点可概括如下：

① 珠光体耐热钢的焊接性与低碳调质钢近似；

② 这类钢焊接时的主要问题是冷裂纹、过热区硬化、热影响区软化以及再热裂纹，同时还存在有一种特殊回火脆化现象；

③ 制定焊接工艺时要综合考虑接头的各种性能要求，正确选定预热及焊后热处理温度，制定焊后热处理工艺要防止再热裂纹。

第四节　有色金属的焊接性

一、铝及其合金的焊接性

1. 铝及其合金特性

铝及其合金的物理性能如表 6-7 所示。与低碳钢相比较，铝及其合金具有密度（ρ）小、电阻率（ρ'）小、线膨胀系数（α）大和热导率（λ）大的特点。由于铝为面心立方点阵结构，无同素构导转变，无"延-脆"转变，因而具有优异的低温韧性。但强度低（一般 σ_b 不超过 100MPa），热处理强化铝合金抗拉强度 σ_b 可提高到 400MPa 以上；非热处理强化铝合金可以进行冷作加工使之强化。

表 6-7　铝及铝合金与碳钢物理性能对比

代　号	ρ /(g/cm^3)	C /(J·kg/℃) 100℃	λ /[W/(m·℃)] 25℃	$\alpha \times 10^{-6}$ /℃$^{-1}$ 20~100℃	$\rho' \times 10^{-6}$ /Ω·cm 20℃
15 号钢	7.85	468.9	50.24	11.16	12
L4	2.71	948	218.9	24	2.922
LF3	2.67	880	146.5	23.5	4.96
LF6	2.64	921	117.2	23.1	6.73
LF21	2.73	1009	180.0	23.2	3.45
LY12(M)	2.78	921	117.2	23.7	5.79
LY16(M)	2.84	880	138.2	23.6	6.10
LD2(M)	2.70	795	175.8	23.5	3.70
LD10(M)	2.80	836	159.1	22.5	4.30
LC4(M)	2.85	921	155	23.1	4.20
ZL101	2.66	879	155	23.1	4.57
ZL201	2.78	837	121	19.5	5.95

2. 铝合金焊接时的主要问题

（1）焊缝中的气孔　铝合金熔焊时最常见的缺陷是焊缝气孔，尤其在造船上广泛应用的防锈铝的焊接。氢是产生气孔的主要原因。

焊接时，氢主要来源于两个方面：一是电弧气氛中的氢；二是焊丝及坡口表面氧化膜所吸附的水分。在焊接高温下，焊接材料或坡口表面吸附的水分，以及潮湿空气中的水分都会侵入电弧空间，并分解为原子氢而溶入液态铝中，进而在焊缝中形成气孔。

① 弧柱气氛中水分的影响　弧柱空间总是或多或少存在一定数量的水分，尤其在潮湿

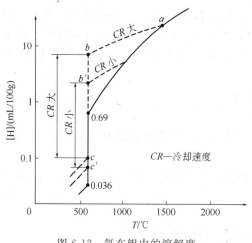

图 6-12 氢在铝中的溶解度

季节或湿度大的地区进行焊接时，由弧柱气氛中水分分解而来的氢，溶入过热的熔融金属中，可成为焊缝气孔的主要原因。这时所形成的气孔，具有白亮内壁的特征。

弧柱气氛中的氢之所以能使焊缝形成气孔，与它在铝及其合金中的溶解度随温度变化特性有关。由图 6-12 可见，在平衡条件下，氢的溶解度将沿图中的实线发生变化，在凝固时可从 0.69mL/100g 突降到 0.036mL/100g，相差约 20 倍（这在钢中只相差不到 2 倍），这就是氢很容易使铝焊缝产生气孔的原因之一。况且铝的导热性很强，在同样工艺条件下，其冷却速度可为钢的 4～

7 倍。这不利于气泡浮出，因而促使形成气孔。而实际的冷却条件下并非是平衡状态，溶解度变化不是图 6-12 中的实线，而是沿 abc（冷却速度大时）或 $ab'c'$（冷却速度较小时）发生变化。在熔池过热状态下的降温过程中，若冷却速度比较大，过热熔池在凝固点以上，由于 $a\sim b$ 之间的溶解度差所造成的气泡数量虽然不多，但可能来不及逸出，在上浮途中被"搁浅"可形成粗大的孤立形式的所谓"皮下气孔"；若冷却速度较小，过热熔池中由于 $a\sim b'$ 间溶解度差而可能形成数量较多一些气泡，可能来得及聚合浮出，则往往不致产生气孔。而在凝固点时，由于溶解度突变（$b\rightarrow c$ 或 $b'\rightarrow c'$），伴随着凝固过程可在结晶的枝晶前沿形成许多微小气泡，枝晶晶体的交互生长致使气泡的成长受到限制，并且不利于浮出，因而可沿结晶的层状线形成均布形式小气孔，称为"结晶层气孔"。

不同的合金系统，对弧柱气氛中水分的敏感性是不同的。纯铝对气氛中水分最为敏感。Al-Mg 合金含 Mg 量增高，氢的溶解度和引起气孔的临界分压 p_{H_2} 均随之增大，因而对吸收气氛中水分不太敏感。相比起来，仅对气氛中水分而言，同样焊接条件下，纯铝焊缝产生气孔的倾向要大些。

不同的焊接方法，对弧柱气氛中水分的敏感性也是不同的。TIG 或 MIG 焊接时氢的吸收速率和吸收数量有明显差别。在 MIG 焊接时，焊丝是以细小熔滴形式通过弧柱而落入熔池，由于某种原因弧柱温度高，且熔滴比表面积很大，熔滴金属显然最有利于吸收氢；而 TIG 焊接时，主要是熔池金属表面与气体氢反应，因其比表面积小和熔池温度低于弧柱温度，吸收氢的条件就不如 MIG 焊时有利。同时，MIG 焊的熔池深度一般大于 TIG 焊时的深度，也不利于气泡的浮出。所以，MIG 焊接时，在同样的气氛条件下，焊缝气孔倾向要比 TIG 焊时大些。

② 氧化膜中水分的影响　在正常的焊接条件下，对于气氛中的水分已经尽量加以限制，这时，焊丝或工件的氧化膜中所吸附的水分将是生成焊缝气孔的主要原因。而氧化膜不致密、吸水性强的铝合金（主要是 Al-Mg 合金），要比氧化膜致密的纯铝具有更大的气孔倾向。这是因为 Al-Mg 合金的氧化膜由 Al_2O_3 和 MgO 所构成，而 MgO 越多，形成的氧化膜越不致密，因而更易于吸附水分；纯铝的氧化膜只由 Al_2O_3 构成，比较致密，相对说来吸水性要小。Al-Li 合金的氧化膜更易吸收水分而促使产生气孔。

在 MIG 焊接时，焊丝表面氧化膜的作用将具有重要意义。MIG 焊接时，由于熔深较大，工件坡口端部的氧化膜能迅速熔化掉，有利于氧化膜中水分的排除，坡口氧化膜对焊缝气孔的影响就小得多。若是 Al-Mg 合金，则其影响必更显著。实践表明，在严格限制弧柱气氛水分的 MIG 焊接条件下，用 Al-Mg 合金焊丝比纯铝焊丝时具有较大的气孔倾向。

TIG 焊接时，在熔透不足的情况下，母材坡口根部未除净的氧化膜中所吸附的水分，常常是产生焊缝气孔的主要原因。这种氧化膜不仅提供了氢的来源，而且能使气泡聚集附着。在刚刚形成熔池时，如果坡口附近的氧化膜未能完全熔化而残存下来，则氧化膜中水分因受热而分解出氢，并在氧化膜上萌生气泡；由于气泡附着在残留氧化膜上，不容易脱离浮出，而且还因气泡是在熔化的早期形成的，有条件长大，所以常常造成集中形式的大气孔。这种气孔在焊缝根部有未熔合时就更严重。坡口端部氧化膜引起的气孔，常常沿着熔合区原坡口边缘分布，且内壁呈氧化色彩，是其重要特征。由于 Al-Mg 合金比纯铝更易于形成疏松而吸水性强的厚氧化膜，所以 Al-Mg 合金比纯铝更容易产生这种集中形式的氧化膜气孔。为此，焊接铝镁合金时，焊前必须特别仔细地清除坡口端部的氧化膜。

因此，为防止焊缝气孔，可从两方面着手：第一，限制氢溶入熔融金属，或者是减少氢的来源，或者减少氢同熔融金属作用的时间（如减少熔池吸氢时间）；第二，尽量促使氢自熔池逸出，即在熔池凝固之前使氢以气泡形式及时排出，这就要改善冷却条件以增加氢的逸出时间。

a. 减少氢的来源　所有使用的焊接材料（包括保护气体、焊丝、焊条等）要严格限制含水量，使用前均需干燥处理。焊前的处理十分重要。焊丝及母材表面氧化膜应彻底清除，采用化学方法或机械方法均可，若能两者并用效果更好。

b. 控制焊接工艺　其中焊接工艺参数的影响比较明显，但其影响规律并不是一个简单的关系，须进行具体分析。焊接工艺参数的影响主要可归结为对熔池在高温存在时间的影响，也就是对氢的溶入时间和氢的析出时间的影响。熔池在高温存在时间增长，有利于氢的逸出，但也有利于氢的溶入；反之，熔池在高温存在时间减少，固然可减少氢的溶入，但也不利于氢的逸出。焊接工艺参数调整不当时，如造成氢的溶入数量多而又不利于逸出时，气孔倾向势必增大。

在 TIG 焊接时，焊接工艺参数的选择，一方面尽量采用小的热输入量以减少熔池存在时间，从而减少气氛中氢的溶入，因而须适当提高焊接速度；但同时又要能充分保证根部熔合，以利根部氧化膜上的气泡浮出，因而又须适当增大焊接电流。因此，采用大的焊接电流配合较高的焊接速度是比较有利的。在 MIG 焊接条件下，焊丝氧化膜的影响更为主要，减少熔池存在时间，难以有效地防止焊丝氧化膜分解出来的氢向熔池侵入，因此一般希望增大熔池存在时间以利于气泡逸出。因此在 MIG 焊时，降低焊接速度和提高热输入量，有利于减少焊缝中的气孔。

（2）焊接热裂纹　在焊接铝合金时，焊缝中产生的裂纹主要是结晶裂纹，同时，在近缝区也可能产生液化裂纹。实践证明，纯铝和防绣铝的裂纹倾向较小，而硬铝及大部分热处理强化铝合金裂纹倾向较大。铝合金易于形成热裂纹的原因是铝镁及铝镁硅合金属于共晶型合金，且其线膨胀系数较大（比钢约大 1 倍），在凝固时体积收缩率达 6.5%～6.6%，产生很大的拉伸应力；另外，凝固金属处在脆性温度区间时，强度和塑性很低，最终导致热裂纹的产生。

目前防止铝合金焊接热裂纹的冶金途径主要是通过调整焊缝合金成分，使其形成多量的易熔共晶，利用易熔共晶良好的流动性来"愈合"裂纹。如焊接铝合金常用的 Al-5% Mg、Al-5% Si 焊丝均利用了 Mg、Si 形成的易熔共晶产生"愈合"效应来达到改善抗裂性的目的。同时在焊接方法上尽量采用加热集中的焊接方法（如熔化极氩弧焊），利于快速进行焊接过程，防止形成方向性强的粗大柱状晶。

（3）焊接接头的软化　铝合金在焊接后，焊接接头都会出现不同程度的软化，特别是在

193

焊接硬铝及超硬铝合金时，接头强度仅为母材强度的 $40\%\sim60\%$，软化问题十分突出，严重影响焊接结构的使用寿命，其原因是产生了"过时效"。而对 Al-Mg 系非热处理强化铝合金，当以冷作硬化工艺来提高强度时，经冷作硬化的合金受焊接热循环作用，在加热温度大于 $200\sim300℃$ 的部位也将发生再结晶软化，使冷作硬化效果消失。

3. 铝及其合金的焊接工艺

（1）焊接工艺的一般特点

① 从物理性能上看　铝及其合金的导热性强而热容量大，线膨胀系数大，熔点低（纯铝为 $660℃$）和高温强度小，给焊接工艺带来一定困难。首先，必须采用能量集中的热源，以保证熔合良好；其次，要采用垫板和夹具，以保证装配质量和防止焊接变形。例如，纯铝在 $370℃$ 左右时强度不超过 $9.8MPa$，因此焊接时不能采用悬空方式，否则会因支持不住熔池液态金属的重量而破坏焊缝成形。

另外，铝及其合金由固态转变为液态时并无颜色变化，因此也不易确定接缝的坡口是否熔化，造成焊接操作上的困难。同时，铝合金中的 Mg、Zn、Mn 均易蒸发，不仅影响焊缝性能，也影响焊接操作。

② 从化学性质上看　铝与氧亲和力很大，铝及其合金表面极易形成难熔的氧化膜，不仅妨碍焊接并易形成夹杂物，而且还因吸附大量水分而促使焊缝产生气孔。因此，焊前清理焊丝和母材的氧化膜，对焊接质量有极为重要的影响。除了焊前采用化学和机械的方法清理之外，焊接过程中还必须加强保护，在氩弧焊时还特别利用"阴极清理"作用。在气焊或其他熔焊方法时，都需要采用能除去氧化膜的焊剂。这些焊剂都由氯化物和氟化物所组成，对铝及其合金有很强的腐蚀性，因此，焊后要彻底清除残渣。

③ 接头形式及坡口准备工作　原则上同结构钢焊接时并无不同。薄板焊接时一般不开坡口（焊条电弧焊在板厚 $3\sim4mm$ 以内，自动焊时板厚 $6mm$ 以内）。如果采用大功率焊接时，不开坡口而可焊透的厚度还可增大。厚度小于 $3mm$ 时还可以采用卷边接头，主要的问题是考虑能充分去除氧化膜，为此，在氩弧焊时有时对接头形式就要特别考究一些，使接口间隙的氧化膜能有效的暴露在电弧作用范围内，如图 6-13 所示。

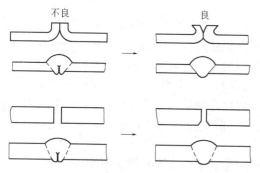

图 6-13　防止因氧化膜而造成的未熔合现象示例

（2）焊丝的选用　铝及其合金的焊丝大体可分为两类：同质焊丝与异质焊丝。

① 同质焊丝　焊丝成分相同，甚至有的就把从母材上切下的板条作为填充金属使用。母材为纯铝、LF21、LF6、LY16 和 Al-Zn-Mg 合金时，可以采用同质焊丝。

② 异质焊丝　主要是为适应抗裂性的要求而研制的焊丝，其成分与母材有较大差异。例如用高 Mg 焊丝焊接低 Mg 的 Al-Mg 合金，用 Al-5%Mg 或 Al-Mg-Zn 焊丝焊接 Al-Zn-Mg 合金，用 Al-5%Si 焊丝焊接 Al-Cu-Mg 合金等。

表 6-8 列举了铝及铝合金焊丝的分类及用途。

二、钛及钛合金的焊接性

钛及钛合金作为结构材料有许多特点：密度小（约 $4.5g/cm^3$），抗拉强度高（$441\sim1470MPa$），比强度（强度/密度）大。在 $300\sim500℃$ 高温下钛合金仍具有足够高的强度，而铝合金及镁合金只能在 $150\sim250℃$ 范围内作为结构材料。钛及钛合金在海水及大多数酸、

表 6-8　铝及铝合金焊丝的分类及用途（GB/T 10858—1989）

类别	标准型号	牌号	主要用途
纯铝焊丝	SAl-1	丝 301	适用于 99.0% 以上工业纯铝及铝锰合金的焊接。焊缝金属具有优良的焊接性、耐蚀性和塑性。接头的强度为 74～110MPa。SAl-2、SAl-3 焊丝可用于焊接纯度更高的纯铝
	SAl-2	—	
	SAl-3	—	
铝铜焊丝	SAlCu		适用于 2219 等 2000 系列铝合金的焊接。接头强度在焊态为 270～300MPa
铝锰焊丝	SAlMn	丝 321	适用于 3003 等 3000 系列铝合金的焊接
铝硅焊丝	SAlSi-1	丝 311	适用于 6061 等 6000 系列铝合金、2000 系列热处理合金以及铸铝的焊接
	SAlSi-2	—	适用于铸铝、2000 系列以及 Al-Mg-Si 系列铝合金的焊接
铝镁焊丝	SAlMg-1	—	适用于低含镁量 Al-Mg 合金的焊接。接头的抗拉强度大于 216MPa
	SAlMg-2	—	适用于中等强度 Al-Mg 合金的焊接。焊接接头的抗裂性和耐蚀性良好
	SAlMg-3	—	适用于 Al-Mg 系和 Al-Zn-Mg 系合金的焊接
	SAlMg-5	丝 331	适用于 Al-Mg 系、Al-Mg-Mn 系、Al-Mg-Si 和 Al-Zn-Mg 系合金的焊接

碱、盐介质中均具有较优良的抗腐蚀性能。此外还有良好的低温冲击性能。由于钛及钛合金具有这些优良的特性，在航空工业、航天工业、化学工业、造船工业等方面日益获得广泛应用。

1. 钛及其合金的可焊性分析

钛及其合金可焊性有若干显著特点，在焊接过程中往往会产生如下几方面的问题。

（1）焊接接头的污染脆化　在常温下，钛及钛合金是比较稳定的。但随着温度的升高，钛及钛合金吸收氧、氮、氢的能力也随之明显上升。钛材在 400℃ 以上的高温（固态）下极易被空气、水分、油脂、氧化皮污染。实验表明，钛从 250℃ 开始吸收氢，从 400℃ 开始吸收氧，从 600℃ 开始吸收氮。由于表面吸收入氧、氮、氢、碳等杂质，从而降低焊接接头的塑性和韧性。

研究表明，大工业纯钛焊接时，焊缝含氧量变化（纯氩中含氧量变化）对焊缝力学性能及硬度的影响很大，如图 6-14 及图 6-15 所示，焊缝强度及硬度是随焊缝含氧量增加或纯氩中杂质增加而增加的，而焊缝塑性则显著下降（见图 6-16）。也就是说焊缝因氧的污染而变脆。这是由于氧溶解在钛及钛合金中，使钛的晶格严重扭曲，增加了钛及钛合金的硬度和强度，降低了其塑性。例如 1.5mm 厚的 TA2 纯钛的含氧量从 0.15% 增至 0.38% 时，抗拉强度从 580MPa 增至 750MPa，冷弯角由 180° 降至 100°；在 600℃ 高温下，氧与钛发生强烈的作用；温度高于 800℃ 时，氧化膜开始向钛溶解、扩散。为了保证焊接接头的性能，除在焊接过程中严防焊缝及热影响区发生氧化外，还应限制母材金属及焊丝中的含氧量，一般认为焊缝最高允许含氧量为 0.15%。

氮在高温液态金属的溶解度随电弧气氛中氮的分压增高而增大。与氧相比，氮对提高工业纯钛焊缝的抗拉强度、硬度、减低焊缝的塑性性能更为显著，也就是氮的污染脆化作用比氧更为强烈。氮溶入钛中能形成间隙固溶体，在 600℃ 以上的高温下，氮与钛的作用迅速增强，如含氮量较高，便形成易溶于钛的脆性氮化钛，使焊接接头塑性显著下降，故必须对工业纯钛及钛合金焊接时焊缝含氮量进行更严格的控制。一般认为，工业纯钛焊接时，焊缝最高允许含氮量为 0.05%。

焊缝含氢量变化对焊缝及焊接接头力学性能的影响见图 6-17。由图中可以看出，焊缝含氢量变化对焊缝冲击性能的影响最为显著。其原因主要是随焊缝含氢量增加，焊缝中析出

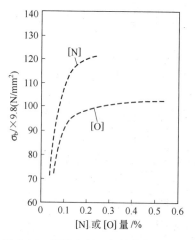

图 6-14　焊缝含氧、氮量变化对工业
纯钛焊缝抗拉强度的影响

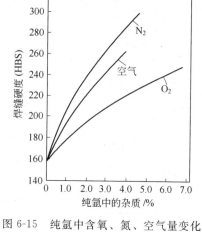

图 6-15　纯氩中含氧、氮、空气量变化
对工业纯钛焊缝硬度的影响

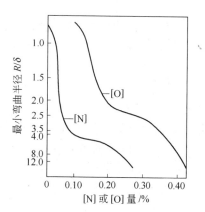

图 6-16　焊缝含氧、氮量变化对
冷弯塑性的影响

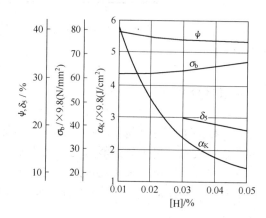

图 6-17　焊缝氢量变化对焊缝及焊接
接头力学性能的影响

片状或针状 TiH_2，TiH_2 的强度极低，TiH_2 的作用类似缺口，对冲击性能最敏感，使焊缝冲击韧度显著降低。在图中还可以看到，氢变化对抗拉强度的提高及塑性的降低作用不很显著。这是因为氢含量变化对晶格参数变化的影响很小，故固溶强化作用很小，所以强度及塑性变化不很显著。

　　总之，气体等杂质污染而引起的焊接接头脆化是焊接钛材的一个技术关键，因此，对钛及钛合金的焊接工艺提出了特殊的要求。也就是说，采用通常的气焊或焊条电弧焊工艺均不能满足焊接钛材的质量要求，因为这些工艺方法都难以防止气体等杂质污染引起的脆化。采用氩弧焊工艺，也要求氩气纯度很高以及对焊缝及热影响区 400℃ 以上高温区进行保护和反面保护。只有采取这些技术措施才可以保证钛及钛合金的焊接质量。

　　（2）焊接接头裂纹　在钛及钛合金焊缝中含氧、氮量比较多时，就会使焊缝及热影响区性能变脆，如果焊接应力比较大，就会出现低塑性脆化裂纹。这种裂纹是在较低温度下形成的。在焊接钛合金时，有时也会出现延迟裂纹，其原因是氢由高温熔池向较低温度的热影响区扩散，随着含氢量的提高，热影响区析出 TiH_2 量增加，使热影响区的脆性增大，同时，析出氢化物时由于体积膨胀而引起较大的组织应力，再加以氢原子的扩散与聚集，以致最后形成裂纹。延迟裂纹的防止方法，主要是减少焊接接头上氢的来源，必要时进行真空退火处理，以减少焊接接头的含氢量。

钛及钛合金对热裂纹是不敏感的，这主要是由于钛及钛合金含 C、S 杂质少，低熔点共晶在晶界很少生成；另一个原因是钛及钛合金凝固时收缩量小。因此，焊接钛材时可采取与母材相同成分的焊丝进行氩弧焊，而不致产生热裂纹。

（3）焊缝的气孔　钛及钛合金焊缝中有形成气孔的倾向，气孔主要由氢产生。焊缝金属冷却过程中，氢的溶解度发生变化，如焊接区周围气氛中氢的分压较高，则焊缝中的氢不易扩散逸出，而析集在一起形成气孔。

当钛焊缝中的碳大于 0.1％及氧大于 0.133％时，由氧与碳反应生成的一氧化碳气体也会导致气孔产生。

为防止气孔，必须严格控制母材金属、焊丝、氩气中氢、氧、碳等杂质的含量，正确选择焊接规范，缩短熔池处于液态的时间，焊前将坡口、焊丝表面的氧化皮、油污等有机物清除干净。

2. 钛及钛合金焊接工艺

钛及钛合金性质非常活泼，与氮、氢、氧的亲和力大，故普通焊条电弧焊、气焊及 CO_2 保护焊均不适用于钛及钛合金的焊接，焊接钛及钛合金的方法，主要采用钨极氩弧焊、等离子弧焊及真空电子束焊。

（1）氩弧焊　为了要保证焊接质量，必须掌握下列要点。

① 母材及焊丝中的杂质含量必须在技术条件允许范围内。

② 采用高纯度的氩气进行焊接，一般随氩气纯度下降焊接接头的氧化程度逐步加重，焊接接头塑性下降。

③ 焊前对工件及焊丝必须认真处理。

④ 根据不同母材及性能要求，正确选用焊丝、焊接规范及必要的焊后热处理。

⑤ 加强保护措施，对处于 400℃ 以上的熔池后部焊缝及热影响区，均应用拖罩进行氩气保护，焊缝背面也应采取相应的保护措施。保护效果的好坏，可用焊接接头的颜色来鉴别。银白色表示保护效果最好，因银白色为钛或钛合金本色，表明无氧化现象。氧化情况的轻重程度直接反映了保护效果的好坏。有些结构复杂的零件可在充氩箱内焊接。

大量的试验研究结果说明，在严格防止气体杂质对焊缝及其附近区域发生污染的情况下，不采用填充焊丝或采用与母材相同或相近的焊丝。采用氩弧焊焊接工业纯钛及 TC1 时，焊缝及焊接接头抗拉强度与母材相同或相近。至于焊缝及焊接接头的塑性，多数研究结果指出较母材稍有降低，但仍接近母材技术条件要求。

要使工业纯钛、TC1 钛合金焊接热影响区获得良好的塑性，需选用合适的焊接热输入量。随着焊接热输入量增大，热影响区的高温停留时间长，过热区面积增大，且晶粒因过热而变粗大的现象更为严重，故用过大的焊接热输入量来进行工业纯钛及 TC1 的焊接是不合适的，塑性明显下降。

（2）等离子弧焊　等离子弧焊具有能量集中、穿透力强、单面焊双面成形、坡口制备简单、质量稳定及生产效率高等一系列优点，且所用气体为氩气，故很适合于钛及钛合金的焊接。

利用等离子弧焊接钛及钛合金时，其焊前工作清理及保护方法（拖罩及背面保护）基本与前述氩弧焊工艺相同。

（3）真空电子束焊　利用真空电子束焊接钛及钛合金有很多优点，其主要优点如下。

① 焊接质量好　由于在真空室中（1.3×10^{-3} Pa）焊接，气氛非常纯净，焊缝所含氧、氮、氢量远较氩气保护焊为低，再加上其热影响区很窄及晶粒长大减小到最低程度，故整个

焊接接头性能优良。此外，电子束的焊缝具有最大的深宽比，焊接变形小。

② 焊接厚板时效率很高 电子束可以焊接各种厚度的零件。但在焊接厚零件时，其对焊接效率的提高特别显著。例如，45mm 厚的钛材，若用手工钨极氩弧焊时需开坡口，要焊 50 条以上焊道才能焊成；而用电子束焊接时，不需开坡口，只用直边坡口即可，可一次焊成，生产效率提高几十倍。

真空电子束焊接的主要缺点是设备初次费用大，另外因为采用真空室的原因，零件尺寸受到限制。

三、铜及铜合金的焊接性

铜及其合金具有良好的导电性、导热性、延展性、耐蚀性和优良的力学性能，因此在工业中应用仅次于钢铁和铝，特别是在电气、化工、食品、动力及交通等工业部门得到广泛的应用。

1. 铜及其合金的焊接性分析

在铜及铜合金焊接中，最常用到的是紫铜和黄铜的焊接，青铜焊接多为铸件缺陷的补焊，而白铜焊接在机械制造工业中应用较少。铜及铜合金焊接主要容易出现以下问题。

（1）难熔合及易变形 焊接纯铜及某些铜合金时，如果采用的焊接规范与焊接同厚度低碳钢差不多，则母材就很难熔化，填充金属与母材不能很好地熔合，产生焊不透的现象。另外，铜及铜合金焊后变形也比较严重。这些是由铜的物理性能决定的。如铜的热导率大，20℃时铜的热导率比铁大 7 倍多，1000℃时大 11 倍多。焊接时热量迅速从加热区传导出去，使母材与填充金属难以熔合。因此焊接时要使用大功率的热源，通常在焊前或焊接过程中还要采取预热措施。此外铜的线膨胀系数和收缩率也比较大。其线膨胀系数比铁大 15%，而收缩率比铁大一倍以上。再加上铜及多数铜合金导热能力强，使焊接热影响区加宽，焊接时如加工件刚度不大，又无防止变形的措施，必然会产生较大的变形。当工件刚度很大时，由于变形受阻会产生很大的焊接应力。

（2）热裂纹 焊接铜时出现的裂纹多发生在焊缝中。裂纹呈现晶间破坏特征，从断口上可以观察到明显的氧化色彩。氧是铜中经常存在的杂质，铜在熔化状态时容易氧化生成氧化亚铜 Cu_2O。Cu_2O 与铜 Cu 可生成低熔点共晶。因此在焊缝中容易产生热裂纹。所以，对于铜材的含氧量应严格控制。例如，焊接结构用紫铜，要求含氧量应小于 0.03%，纯铜 T1 符合此项要求。对于重要的焊接产品则要求含氧量应小于 0.01%，磷脱氧铜即能满足要求。为解决铜在高温氧化问题，应对熔化金属进行脱氧。常用的脱氧剂有 Mn、Si、P、Al、Ti、Zr 等。

Pb、Bi、S 也是铜及铜合金中经常存在的杂质。Pb 能微溶于 Cu。当含 Pb 量较多时，易生成 Cu＋Pb 低熔点共晶。Bi 虽不溶于 Cu，但可形成 Cu＋Bi 低熔点共晶，并析出于晶间。当 Pb、Bi 含量较高时，还会造成热影响区的液化裂纹。因此，应严格控制含 Pb 量不得大于 0.03%，含 Bi 量不得大于 0.005%。S 能较好地溶解在熔化状态中的铜中，但当凝固结晶时，其在固态铜中的溶解度几乎为零。硫与铜形成 Cu_2S 的低熔共晶，可使焊缝形成热裂纹，故必须严格限制焊缝中 S 的含量。纯铜焊接时，其焊缝为单相 α 组织，且由于纯铜导热性强，焊缝易生长成粗大晶粒。这些因素均加剧了热裂纹的生成。纯铜及黄铜的收缩率及线膨胀系数较大，焊接应力较大，也是促使热裂纹容易形成的一个重要原因。黄铜焊接时，为使焊缝的力学性能与母材相同或接近，焊缝亦常为（α＋β'）双相组织，焊缝晶粒变细，焊缝抗热裂纹性能有所改善。

（3）气孔　铜及铜合金焊缝中经常出现气孔缺陷。紫铜焊缝金属中的气孔主要是由氢气引起的，通常称它为扩散气孔。氢在铜中的溶解度如图 6-18 所示。产生气孔的原因是氢在铜中的溶解度随温度的下降而降低。铜由液态转变为固态时（1083℃），氢的溶解度发生剧变，而后随温度降低，氢在固体铜中的溶解度继续下降。大量实验证明，纯铜焊缝对氢气孔的敏感性远较低碳钢焊缝高得多。这是由于铜的导热性能好，铜的热导率（20℃）比低碳钢高达七倍以上，所以铜焊缝结晶凝固过程进行很快，氢来不及析出而使熔池被氢所饱和而形成气泡。由于凝固过程进行很快，气泡上浮比较困难，氢继续向气泡扩散而使焊缝形成气孔。氢在铜中的过饱和程度远比铁严重，所以铜对氢气孔非常敏感。

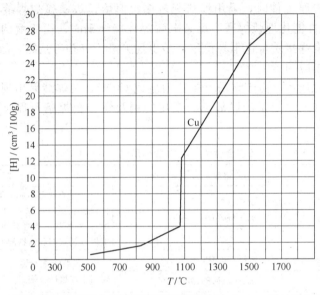

图 6-18　氢在铜中的溶解度和温度的关系（$p_{H_2} = 101\text{kPa}$）

为了消除上述扩散气孔，应控制焊接时氢的来源，并降低熔池冷却速度（如预热等）使气体易于析出。

另一种气孔是由于冶金反应生成的气体引起的，称为反应气孔。在高温时铜与氧有较大的亲和力而生成 Cu_2O，在 1200℃ 以上能溶于液态铜中，在 1200℃ 时就从液态铜中开始析出，随着温度的下降析出量也随之增大，它与溶解在液态铜中的氢发生以下反应：

$$Cu_2O + 2H \Longrightarrow 2Cu + H_2O \uparrow$$

反应产物水蒸气不溶于铜。由于铜导热性能强，熔池凝固快，水蒸气来不及逸出而形成气孔。但是，当铜中含氧量很少时，发生上述反应气孔的可能性很小。所以，减少氢、氧来源，对熔池进行脱氧，使熔池缓慢冷却，这些都可以防止产生气孔。

（4）焊接接头力学性能及导电性能的变化　纯铜焊接时焊缝与焊接接头的抗拉强度，常可与母材相同或接近，但塑性比母材有一些降低。例如用纯铜电焊条焊接纯铜时，焊缝金属的抗拉强度虽与母材相近，但伸长率只有 10%～25%，与母材相差很多；又如用埋弧焊焊接纯铜时，焊接接头的抗拉强度虽与母材接近，但伸长率一般约为 20%，也与母材相差较大。发生这种情况的原因，一方面是焊缝及热影响区出现粗大晶粒；另一方面是为了防止焊缝出现裂纹及气孔，常需加入一定量的脱氧元素（如 Mn、Si 等），这样虽可提高焊缝的强度性能，但同时也在一定程度上降低了焊缝的塑性性能，并使焊接接头的导电性能有所下降。埋弧焊和惰性气体保护焊时，熔池保护良好，如果焊接材料选用得当，焊缝金属纯度较高，其导电能力可能达到母材的 90%～95%。

2. 纯铜及黄铜的焊接工艺要点

（1）焊接方法的选择　焊接纯铜及黄铜常用的方法有气焊、焊条电弧焊、埋弧焊、惰性气体保护焊及等离子弧焊等。气焊及钨极氩弧焊主要应用于薄件的焊接（工件厚度 1～4mm）。从焊接质量（变形、接头塑性）来说，钨极氩弧焊的质量比气焊强，但费用较贵。焊接板厚 5mm 以上较长焊缝，宜采用埋弧焊及熔化极氩弧焊。由于埋弧焊时可采用很高的热输入，故埋弧焊焊接较厚的纯铜件可不预热而仍能保证焊接质量，这是埋弧焊的一大优点。而熔化极氩弧焊焊接纯铜时，其焊接电流受到一定限制。电流超过一定值后焊缝成形不良，飞溅多，故纯铜件厚度在 8mm 以上就需要预热。工件越厚，预热温度越高，而且氩气较贵。故焊接纯铜较厚工件时，采用埋弧焊较多。但熔化极氩弧焊焊缝晶粒较细，焊缝含 O_2 量低，焊缝塑性性能比埋弧焊高。焊条电弧焊焊接纯铜时，由于铜的导热性能强，即使采取一定的预热温度焊接质量也不易稳定，易出现夹渣、气孔等缺陷，故在焊接重要的纯铜及其合金结构中很少应用。

（2）焊接材料的选择　由于铜易于氧化而生成 Cu_2O，使焊缝易出现热裂纹及气孔，故必须在焊接材料中加入一定量的脱氧剂。常用的铜及铜合金焊条及焊丝的性能和用途见表6-9、表6-10。

表 6-9　铜及铜合金焊条的性能和用途（GB/T 3670—1995）

类　别	型　号	熔敷金属力学性能	主　要　用　途
ECu 类铜焊条	ECu	$\sigma_b \geqslant 170MPa; \delta \geqslant 20\%$	ECu 焊条通常用脱氧铜焊芯（基本上为纯铜加少量脱氧剂），可用于脱氧铜、无氧铜及韧性（电解）铜的焊接。该焊条也用于这些材料的修补和堆焊以及碳钢和铸铁的堆焊
ECuSi 类硅青铜焊条	ECuSi-A	$\sigma_b \geqslant 250MPa; \delta \geqslant 22\%$	ECuSi 焊条大约含 3% 硅加少量锰和锡，它们主要用于焊接硅青铜
	ECuSi-B	$\sigma_b \geqslant 270MPa; \delta \geqslant 20\%$	
ECuSn 类磷青铜焊条	ECuSn-A	$\sigma_b \geqslant 250MPa; \delta \geqslant 15\%$	ECuSn 焊条用于连接类似成分的锡磷青铜，它们也用于连接黄铜，在某些场合下，用于黄铜与铸铁和碳钢的焊接
	ECuSn-B	$\sigma_b \geqslant 270MPa; \delta \geqslant 12\%$	
ECuAl 类铝青铜焊条	ECuAl-A2	$\sigma_b \geqslant 410MPa; \delta \geqslant 20\%$	ECuAl-A2 用在类似成分的铝青铜、高强度铜-锌合金、硅青铜、锰青铜、某些镍合金及黑色金属与合金的异种金属的连接，也可用作耐磨和耐腐蚀表面的堆焊；ECuAl-B 用于修补铝青铜和其他铜合金铸件，也可用于高强度耐磨和耐腐蚀承受面的堆焊
	ECuAl-B	$\sigma_b \geqslant 450MPa; \delta \geqslant 10\%$	
	ECuAl-C	$\sigma_b \geqslant 390MPa; \delta \geqslant 15\%$	
	ECuAlNi	$\sigma_b \geqslant 490MPa; \delta \geqslant 13\%$	ECuAlNi 焊条用于铸造和锻造的镍-铝青铜材料的连接或修补，其熔敷金属也可用于海水中需强耐腐蚀、耐浸蚀或气蚀的场合
	ECuMnAlNi	$\sigma_b \geqslant 520MPa; \delta \geqslant 15\%$	ECuMnAlNi 焊条用于铸造或锻造的锰-镍铝青铜材料的连接和修补，其熔敷金属具有优良的耐腐蚀、浸蚀和气蚀性能
ECuNi 类铜-镍焊条	ECuNi-A	$\sigma_b \geqslant 270MPa; \delta \geqslant 20\%$	ECuNi 类焊条用于锻造或铸造的 70/30、80/20 和 90/10 铜镍合金的焊接，也用于焊接铜-镍包覆钢的包覆侧，焊接时通常不需预热
	ECuNi-B	$\sigma_b \geqslant 350MPa; \delta \geqslant 20\%$	

（3）焊接工艺要点

① 认真做好焊前准备工作　由于氧及氢是引起焊缝出现裂纹及所孔的主要根源，故焊前应仔细清理焊丝表面及工件坡口上的氧化物及其他脏物，使其露出金属光泽。焊前就对焊接材料严格按规定温度烘干，以去除水分。

表 6-10　铜及铜合金焊丝的分类及用途（GB/T 9460—1988）

类　别	型　号	代号	主　要　用　途
脱氧铜焊丝	HSCu	201	进行 TIG 焊时用直流正极性焊接，大多数场合需要预热；厚板最好采用 MIG 焊工艺，厚度小于 6.4mm 的母材可不需外来热源来预热
黄铜焊丝	HSCuZn-1	221	除用于黄铜的气焊外，更多的用于铜、钢、镍的钎焊，气焊和钎焊都要求使用焊剂，一般使用硼酸型焊剂。其中，HSCuZn-1 主要用于火焰、炉中、感应等方法的铜、钢和镍的钎焊；HSCuZn-2 和 HSCuZn-3 除用于钎焊外，也用于黄铜的气焊；HSCuZn-4 由于含硅量较高，气焊时可有效防止锌的蒸发
	HSCuZn-2	222	
	HSCuZn-3	223	
	HSCuZn-4	224	
锌白铜焊丝	HSCuZnNi	231	主要用于钎焊钢、镍及硬质合金，熔敷金属的强度较 HSCuZn 黄铜焊丝高
白铜焊丝	HSCuNi	234	抗海水腐蚀性能良好，焊缝金属的热态及冷态塑性均好。用于 MIG 或 TIG 焊连接铜镍合金或堆焊，一般不需预热
硅青铜焊丝	HSCuSi	211	可用于硅青铜、黄铜自身焊接或与钢相焊
磷青铜焊丝	HSCuSn	212	焊丝中锡要提高焊缝金属的耐磨性，但有扩大结晶温度区间，增加热脆倾向。常用于磷青铜的惰性气体保护焊及钢的堆焊
铝青铜焊丝	HSCuAl	213	常用于铝青铜、锰青铜、硅青铜和某些铜镍、钢和异种金属。也可用于堆焊耐磨、耐蚀表面。只用于惰性气体保护焊
镍铝青铜焊丝	HSCuAlNi	214	用于镍铝青铜铸件和轧材的连接和修复焊接

② 采用大的热输入量焊接及焊前预热　由于铜及其合金导热性能好，为防止焊缝出现缺陷，应注意采用大热输入量焊接。必要时还应对工件进行焊前预热，预热温度应随板厚而增高。气焊时亦应采用大功率的火焰进行焊接，其火焰功率应比焊接同等厚度的低碳钢强 2 倍左右。

第五节　复合材料的焊接

一、复合钢的焊接

1. 概述

复合钢是通过一定的方式将一种金属包覆在钢材上而得到的、具有优异综合性能的材料。通常以珠光体钢（如碳钢或普通低合金高强度钢等）作基层材料，以满足复合钢板强度、刚度和韧性等力学性能的要求，其厚度一般在 40mm 以内；覆层材料则根据需要，一般有不锈钢（如奥氏体不锈钢等）、铝及其合金、铜及其合金和钛及其合金等，其厚度一般只占复合钢板厚度的 10%～20%，多为 1～5mm。覆层主要是满足耐蚀性、导电性或其他特殊性能要求。

复合钢的制造方法有爆炸焊、复合轧制、堆焊或钎焊等。它是一种制造成本低、具有良好综合性能的金属材料，目前已广泛用于建筑、电站、压力容器、石油化工等工业部门中，很有发展前途。

（1）复合钢板焊接的一般原则　为了保证复合钢板不因焊接而失去原有优良的综合性能，通常都是对基层和覆层分别进行焊接，即把复合钢板接头的焊接分为：基层的焊接、覆层的焊接和基层与覆层交界处过渡区的焊接三个部分。这样，基层和覆层的焊接工艺就和单独地焊接这两类材料的工艺相同。

其焊接性、焊接材料选择和焊接工艺等由基层、覆层材料决定；过渡区的焊接就属于异种金属的焊接，其焊接性主要取决于基层和覆层的化学物理性能、接头形式和填充金属等。如果过渡区异种金属之间缺乏相溶性，尚没有成熟的焊接工艺和焊接材料时，可以不焊过渡区，只分别焊基层和覆层，焊覆层时尽量不让基层熔入。

（2）焊接方法和焊接材料

① 焊接方法 鉴于基层有力学性能要求，所以基本上都是采用焊接性能较好的结构钢，如碳钢和普通低合金钢等，其厚度相对较厚。一般采用焊条电弧焊、埋弧焊和 CO_2 气体保护焊。不锈钢的复合钢板其覆层目前应用较多的是奥氏体不锈钢，其次是铁素体不锈钢，所以对这种覆层及过渡区的焊接常用焊条电弧焊和氩弧焊；而对于以铜、铝等为覆层的复合钢板焊接，应选择电弧功率较高的惰性气体保护焊，如 He＋Ar 混合气体保护焊、He 弧焊等。

② 焊接材料 基层用的焊接材料，务必保证接头具有预期所需要的力学性能，一般按等强度原则来选用。覆层焊接用的焊接材料原则上与覆材相同或相近。焊接过渡区用的焊接材料按异种金属焊接特点来选用，必须考虑基层焊缝对过渡区焊缝的稀释作用。

2. 不锈复合钢的焊接

不锈复合钢由不锈钢和低碳钢或低合金钢两种材料复合而成。这两种组元之间的热物理性能、化学性能和组织上存在较大差异，性能也有很大的差别。焊接时不但要保证接头具有满足要求的力学性能，而且还要保证接头仍具有覆层钢板的综合性能，防止焊缝金属的耐腐蚀性、抗裂性和导电性的降低。一般情况下应对基层、覆层分别进行焊接，焊接材料、工艺等应分别按照基层、覆层来选择，并应注意焊接顺序。基层和覆层界面附近的焊接属于异种金属的焊接，大多数情况下需要焊接过渡层。

（1）不锈复合钢的焊接性 不锈复合钢在焊接过程中存在以下几个问题。

① 由于 Cr、Ni 元素在焊接过程中部分被烧损，使焊缝中的 Cr、Ni 含量降低，影响覆层的耐蚀性。

② 由于基层焊缝对覆层焊缝的稀释作用，将降低覆层焊缝中的 Cr、Ni 含量，增加覆层焊缝的含 C 量，易导致覆层焊缝中产生马氏体组织，从而降低焊接接头的塑性和韧性，并影响覆层焊缝的耐腐蚀性。马氏体组织易在焊接或设备的运行中导致裂纹，使接头过早失效。

③ 基层焊接时易于熔化不锈钢覆层，使得合金元素掺入而导致碳钢基层焊缝金属严重硬化和脆化，其过渡层硬化带的厚度可达 2.5mm，该硬化带对冷裂纹极为敏感，易于产生裂纹。

④ 焊接覆层时，基层中的 C 易于进入覆层中，使覆层的抗腐蚀性能和基层的强度降低。

⑤ 由于不锈钢覆层较基层具有低的热导率（仅为基层的1/2）和较大的热扩散系数（为基层的 1.3 倍），因而焊接过渡层时会产生较大的焊接变形及应力，导致焊接裂纹的产生。

因此，一般在基层和覆层间加一过渡层。即对于不锈复合钢的焊接分三部分进行：基层的焊接、覆层的焊接及过渡层的焊接。基层的焊接和覆层的焊接属于同种材料的焊接，过渡层的焊接则属于异种材料的焊接。不锈复合钢焊接质量的关键是基层与覆层交界处过渡层的焊接，也是覆合板焊接难度较大的区域。

（2）不锈复合钢板的焊接工艺

① 坡口

a. 坡口形式及尺寸 复合钢板常采用的坡口形式及尺寸见表 6-11。厚度较小时，采用 I 形坡口；厚度较大时，可采用 V 形、U 形、X 形或 V-U 结合形坡口。尽可能采用 X 形或 V-U 结合形坡口。采用 V 形或 U 形坡口时，为了防止覆层金属向基层焊缝中渗透，脆化基层焊缝，应去除接头附近的覆层金属，见图 6-19。焊接角接接头时，采用如图 6-20 所示的坡口，对于角接接头，无论覆层位于内侧还是外侧，均应先焊接基层。覆层位于内侧时，焊接过渡层以前应先从内部清理基层焊根。覆层位于外侧时，也应对最后的基层焊道进行清理，然后再焊接过渡层。

表 6-11　覆合钢板常用的坡口形式及尺寸

坡　口	坡口形式	手弧焊坡口尺寸/mm	应　用
V 形坡口		$\delta=4\sim6$ $P=2$ $C=2$ $\alpha=70°$	平板对接,筒体纵、环焊缝
倒 V 形坡口		$\delta=8\sim12$ $P=2$ $C=2$ $\beta=60°$	平板对接,筒体纵、环焊缝
X 形坡口		$\delta=14\sim25$ $P=2$ $C=2$ $h=8$ $\alpha=60°$ $\beta=60°$	平板对接,筒体纵、环焊缝
U、V 形坡口		$\delta=25\sim32$ $P=2$ $C=2$ $h=8$ $R=6$ $\alpha=15°$ $\beta=60°$	平板对接,筒体纵、环焊缝
双 V 形坡口		$\delta_1=100$ $\delta_2=15$ $C=2$ $\alpha=15°$ $\beta=20°$	平板对接,筒体纵、环焊缝

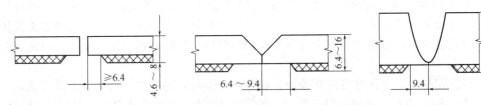

图 6-19　去掉覆层金属的复合钢板焊接坡口形式

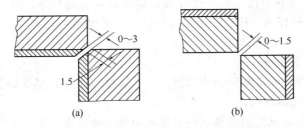

图 6-20　复合钢板角接头坡口形式

(a) 覆层位于内侧；(b) 覆层位于外侧

b. 坡口加工方法　一般先用气割或等离子切割来下料，然后用砂轮或机加工设备制作坡口。如果覆层为不锈钢时，当覆层厚度超过整个板材厚度的30％时，用气割从基层一侧开始下料，容易获得平滑断面，这主要是由于碳钢较一般不锈钢导热性好。如果覆层为其他非铁系合金，当覆层厚度占整个厚度的30％以上时，可采用等离子切割，易获得光滑的断面。对于精度要求不高的坡口，用砂轮加工即可满足要求。对精度要求较高的坡口，必须进行机械加工。为保证焊缝的焊接质量，必须用砂轮机磨除坡口部位的渗碳层。

采用等离子切割时要求覆层应朝上，用氧乙炔切割时覆层应朝下。要求加工后坡口表面光滑，不得有裂纹和分层。

② 焊接顺序　先焊基层，再焊过渡层，最后焊覆层，见图6-21，以保证焊接接头具有较好的耐腐蚀性。同时考虑过渡层的焊接特点，尽量减少覆层一侧的焊接工作量。

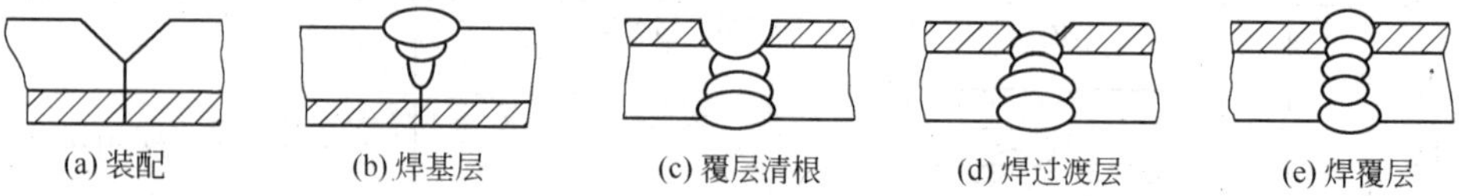

(a) 装配　　(b) 焊基层　　(c) 覆层清根　　(d) 焊过渡层　　(e) 焊覆层

图 6-21　复合钢板焊接顺序

角接接头无论覆层位于内侧或外侧，均先焊接基层。覆层位于内侧时，在焊覆层以前应从内角对基层焊根进行清根。覆层位于外侧时，应对基层最后焊道进行修光。焊覆层时，可先焊过渡层，亦可直接焊覆层，依复合钢板厚度而定。

为了防止第一道基层焊缝中熔入奥氏体钢，可预先将接头附近的覆层金属加工掉一部分。过渡区高温下有碳扩散过程发生，结果在交界区形成了高硬度的增碳带和低硬度的脱碳带，使过渡区形成了复杂的金属组织状态，造成复合板的焊接困难。

焊接过渡层时，为了减少基层对过渡层焊缝的稀释作用，可采用小电流，降低熔合比，选用铬、镍当量高的奥氏体焊接材料。当复合板厚度小于25mm时，基层也可全用奥302等焊条，但焊接残余应力大，消耗不锈钢焊条多。当复合板厚度大于25mm时，可先用纯铁焊条焊一层过渡层，然后用焊钢焊条焊接基层。

③ 焊接工艺要点

a. 基层的焊接　基层的材料一般采用低碳钢或低合金钢，其焊接性能较好，焊接工艺已经成熟。可根据焊接接头与母材等强原则选择焊接材料。需要注意的是，当覆层奥氏体不锈钢对腐蚀较敏感时，焊接基层钢板时预热及层间温度应保持在适宜的低温下，以防止覆层过热。

基层焊接完毕后，应先进行外观检查。焊缝表面不得存在裂纹、气孔和夹渣等缺陷，然后进行X射线探伤检查。无损探伤合格后，应将基层焊缝表面打磨平整，使其表面略低于基层金属表面。

b. 过渡层焊接　焊接过渡层时，要在保证熔合良好的前提下，尽量减少基材金属的熔入量，以减少焊缝的稀释率。过渡层焊接完毕后，应采用超声波或渗透着色的方法进行无损检验。

焊接时应注意以下几点。

ⅰ. 选择铬镍含量高的双相铬镍不锈钢焊条，这样即使过渡层受到基层稀释，也可避免在熔敷金属中产生马氏体组织。

ⅱ. 为减少过渡层对基层的稀释，应尽量采用较小的焊接电流、较大的焊接速度，以减少焊缝的稀释率。

ⅲ. 采用焊缝稀释率较小的焊接方法。

ⅳ. 由于双相组织具有优良的抗腐蚀性能和抗裂纹性能，可根据基层成分、焊缝稀释率，由舍夫勒组织图确定过渡层焊接材料。

ⅴ.严格控制层间温度。

另外，为了保证复合板的各项性能，对于过渡层覆盖范围以及过渡层的厚度均有一定要求：过渡层焊缝金属的表面应高出界面 0.5～1.5mm，基层焊缝的表面距离复合层的距离要控制在 1.5～2.0mm；过渡层的厚度应控制在 2～3mm 内；过渡层焊缝金属必须完全盖满基层金属，如图 6-22（a）所示。采用图 6-19 所示的坡口很难进行控制，这是因为：

ⅰ.在实际生产过程中，焊工在施焊过程中往往分辨不清基层与覆层的界面，容易将碳钢焊条焊到覆层不锈钢上，使接头产生马氏体组织，出现裂纹等缺陷；

ⅱ.依靠手工操作难以保证技术条件上要求的焊道既要保证基层焊缝距覆层 1.5～2.0mm，又保证 $a=0.5～1.5$mm，$b=1.5～2.5$mm 技术要求；

ⅲ.由于基层与覆层材料的热膨胀系数不同，在焊接热循环作用下，基层和覆层间存在较大的内应力，易造成基层与覆层在坡口边缘张口，焊接时容易出现夹渣。

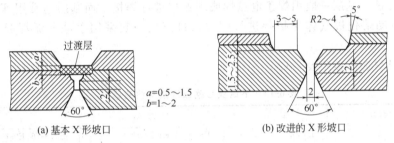

$a=0.5～1.5$
$b=1～2$

(a) 基本 X 形坡口　　　　　　　(b) 改进的 X 形坡口

图 6-22　基本 X 形坡口及改进的 X 形坡口形式

建议采用图 6-22（b）所示的改进的坡口。该坡口具有以下的优点：

ⅰ.新型坡口利于基层侧清根，不受清根方法的限制，符合焊接操作方便的原则；

ⅱ.新型坡口将基层金属结合界面向下开出 1.5～2.0mm 深、3～5mm 宽的槽，形成一个台阶，可将基层焊缝金属焊至与台阶平齐，有利于保证基层焊缝高度；

ⅲ.由于坡口中台阶的存在，便于进行过渡层的焊接，有利于保证过渡层的焊缝金属高度；

ⅳ.焊接过渡层时，不易损伤覆层，有利于保证覆层的焊接质量；

ⅴ.新型坡口便于焊接电流控制，有利于控制熔合比以防止基层对焊缝金属的稀释；

ⅵ.覆层边缘远离焊缝中心，在焊接热循环过程中，最高峰值温度大大降低，避免了因基层焊接时反复受热膨胀引起覆层张口，避免出现夹渣；

ⅶ.过渡层能完全覆盖基层，并且能达到技术要求中的 a、b 值，保证过渡层的焊接质量。

c.覆层的焊接　奥氏体不锈钢焊接的主要问题是焊接接头易于出现焊缝晶间腐蚀、热影响过热区的"刀蚀"、焊接接头的应力腐蚀、热裂纹等。

焊缝晶间腐蚀、热影响区的晶间腐蚀、热影响过热区的"刀蚀"的主要原因是在晶界上析出铬的碳化物，形成贫铬的晶粒边界。

影响应力腐蚀的因素有焊接区的残余拉应力、焊缝铸造组织以及接头的碳化物析出。

热裂纹形成的主要原因是热导率小、线膨胀系数小、焊缝柱状晶间存在低熔点夹层薄膜等。

主要采用以下几种措施解决上述问题。

ⅰ.选择焊接材料，尽量使焊缝组织为双相组织，其中 δ 相含量应控制在 4％～12％。

ⅱ．采用小电流、较大的焊接速度、小热输入量施焊。

ⅲ．采用反极性、多层多道焊。

ⅳ．严格控制层间温度、层间温度应小于 60℃。

ⅴ．覆层焊缝应在最后焊接，以避免其抗晶间腐蚀的性能受重复加热的影响。

ⅵ．允许在前后焊道施工间隙时冷却接头。

ⅶ．选用含 Ti、Nb、Mo 的焊接材料。

对于铁素体不锈复合钢，覆层及过渡层可采用 18-8 系列的焊材或高铬性焊接材料，选用 Cr13 型不锈钢焊条，如 Cr202、Cr302（即 E410NiMo）时，焊缝往往得到的是铁素体和马氏体双相组织，必须通过热处理使焊缝成为纯铁素体。也可通过调整焊缝金属的化学成分来使焊缝得到纯铁素体组织。试验证明，在铬 13 型不锈钢焊缝中加入 0.5%～1.0% 的铝或铌，可使焊缝获得纯铁素体组织。选用 18-8 系列的焊接材料时，焊缝组织为铁素体加奥氏体。

d．焊接方法　基层一般用焊条电弧焊或埋弧焊进行焊接，而基层通常用 TIG 焊、焊条电弧焊或半自动熔化极气体保护焊进行焊接，过渡层一般采用手动电弧焊或 TIG 焊进行焊接。

e．焊接材料选择参照表 6-12。

表 6-12　不锈复合钢板焊接材料的选择

复合钢的组合	基　层	过　渡　层	覆　层
Q235/0Cr13	E4303	E309-16(E1-23-13-16)	E308-16(E0-19-10-16)
	E4315	E309-15(E1-23-13-15)	E308-15(E0-19-10-15)
Q345/0Cr13	E5003、E5015	E309-16(E1-23-13-16)	E347-16(E0-19-10Nb-16)
Q390/0Cr13	E5515-G	E309-15(E1-23-13-15)	E347-15(E0-19-10Nb-15)
12CrMo/0Cr13	E5515-B1	E309-16(E1-23-13-16)	E347-16(E0-19-10Nb-16)
		E309-15(E1-23-13-15)	E347-15(E0-19-10Nb-15)
Q235/1Cr18Ni9Ti	E4303	E309-16(E1-23-13-16)	E347-16(E0-19-10Nb-16)
	E4315	E309-15(E1-23-13-15)	E347-15(E0-19-10Nb-15)
Q345/1Cr18Ni9Ti	E5003、E5015	E309-16(E1-23-13-16)	E347-16(E0-19-10Nb-16)
Q390/1Cr18Ni9Ti	E5515-G	E309-15(E1-23-13-15)	E347-15(E0-19-10Nb-15)
Q235/Cr18Ni12Mo2Ti	E4303	E309Mo-16	E318-16
	E4315	(E1-23-13Mo2-16)	(E0-18-12Mo2-Nb-16)
Q345/Cr18Ni12Mo2Ti	E5003、E5015	E309Mo-16	E318-16
Q390/Cr18Ni12Mo2Ti	E5515-G	(E1-23-13Mo2-16)	(E0-18-12Mo2-Nb-16)

注：括号内为 GB/T 983—1995 型号。

④ 焊后热处理　不锈复合钢热处理时，在复合交界面上会产生碳元素从基层向覆层的扩散，并随温度升高，保温时间增长而加剧。结果在基层一侧形成脱碳层，在不锈钢一侧形成增碳层，使其变硬，韧性下降。基层与覆层的线膨胀系数相差很大，加热、冷却过程中，厚度方向上产生很大残余应力，在不锈钢表面形成拉伸应力，导致应力腐蚀开裂。

所以在不锈复合钢的焊接接头中，既不进行覆层的固溶处理，一般也不进行消除应力热处理。但是，在极厚的复合钢的焊接中，往往要求中间退火和消除应力热处理。消除焊接残余应力的热处理最好在基层焊完后进行，热处理后再焊过渡层和覆层。如需整体热处理时，选择热处理温度时应考虑对覆层耐蚀性的影响、过渡区组织不均匀性及异种钢物理性能的差异。热处理温度一般为 450～650℃（多数情况下选择下限温度而延长保温时间）。

退火后的冷却过程中会产生热应力，所以退火并不能达到消除不锈钢残余应力的预期效果。但在相当高的温度下退火时，由于焊缝金属在常温下的屈服应力降低，使不锈钢部分的残余应力有些降低。另外，退火可以消除基层部分的残余应力。

也可采用喷丸处理复合钢的不锈钢部分，使材料表面形成残余压缩应力，从而防止应力腐蚀裂纹的发生。

二、铝基复合材料的焊接

1. 铝基复合材料的焊接性

由于铝基复合材料在熔焊条件下所发生的冶金反应，以及焊接熔池恶劣的动力学特性，使得焊接接头缺陷较多，强度较低，可焊性差，主要表现在以下方面。

（1）界面反应　大部分铝基复合材料的基体与增强物之间在高温下会发生交互作用（即界面反应），在界面上生成脆性化合物，降低复合材料的性能。

① SiC 颗粒或晶须增强的 Al 基复合材料　固体 Al 中的 SiC 不与 Al 发生反应，但在液态铝中，SiC 颗粒与 Al 会发生如下反应：

$$4Al_{(液)} + 3SiC_{(固)} \longrightarrow Al_4C_{3(固)} + 3Si_{(Al液)}$$

该反应的自由能为：

$$\Delta G = 11390 - 12.06T\ln T + 8.92 \times 10^{-3}T^2 + 7.53 \times 10^{-4}T^{-1} + 2.15T + 3RT\ln a_{[Si]} \quad (6\text{-}1)$$

式中　$a_{[Si]}$——Si 在液态 Al 中的活度。

式（6-1）是不可逆反应，这种反应在 730℃以上，Al 合金中的 Si 含量较低时就能发生，在此反应中不仅增强相部分被烧损，而且生成脆性相 Al_4C_3，使接头显著脆化。此外，Al_4C_3 还会与水反应生成乙炔，因此在潮湿的环境中接头易发生低应力腐蚀开裂。因此防止界面反应是这类复合材料焊接的首要问题。

防止或减轻界面反应的方法有如下几种。

a. 采用含 Si 量较高的铝合金作基体或采用含 Si 量高的焊丝作填充金属，以提高熔池中的含 Si 量。由反应自由能公式（6-1），Si 的活度增大时，反应的驱动力（$-\Delta G$）减小，界面反应减弱甚至被抑制。

b. 采用低热输入的焊接方法，严格控制热输入，减低熔池的温度并缩短液态铝与 SiC 的接触时间。

c. 增大坡口尺寸，减少从母材进入熔池中的 SiC 量。

d. 也可采用一些活性金属来控制界面反应，例如在熔池中加入 Ti，Ti 可以取代 Al 与 SiC 反应，不仅避免了脆性相的形成，而且生成的 TiC 还能起强化相的作用。但加入的 Ti 不能过多，否则，熔池中过量的 Ti 将与 Al 形成金属间化合物溶入铝基体中，其反应式为

$$5Ti + 2Al_{(液)} + SiC_{(固)} \longrightarrow TiC_{(固)} + Si + (Ti_3Al + TiAl) \quad (6\text{-}2)$$

② Al_2O_3 颗粒或短纤维增强的 Al 基复合材料　在任何温度下 Al_2O_3 均不会与 Al 发生反应，但如果基体中有 Mg 元素存在，则发生如下反应，即

$$3Mg + 4Al_2O_{3(固)} \longrightarrow 3MgAl_2O_{4(固)} + 2Al \quad (6\text{-}3)$$

$MgAl_2O_4$ 并不影响复合材料的性能，但上面的反应消耗基体中的镁。

（2）熔池的黏度大、流动性差　复合材料熔池中存在未熔化的增强相，这大大地增加了熔池的黏度，降低了熔池金属中的流动性，不但影响熔池中的传热和传质过程，还增大了气孔、裂纹、未熔合和未焊透等缺陷的敏感性。通过采用高 Si 焊丝或加大坡口尺寸，可改善熔池的流动性。

（3）气孔、结晶裂纹的敏感性大　由于熔池金属黏度大，气体难以逸出。而且铝基复合材料，特别是粉末冶金法制造的铝基复合材料的含氢量较高，一般基体金属高几倍。因此，焊缝及热影响区的气孔敏感性很高，为了避免气孔，一般需要在焊前对材料进行真空除气

处理。

由于基体金属的结晶前沿对增强相的推移作用，结晶最后阶段的液态金属的增强相含量较大，流动性很差，因此易于产生裂纹。此外，焊缝与母材的线扩散系数不同，焊缝的残余应力较大，从而进一步加重了结晶裂纹的敏感性。

（4）增强相发生偏聚，形成非增强区　在熔池结晶过程中，增强相易产生宏观和微观偏析，形成非增强区，从而使焊缝不均质。

（5）接头区的不连续性　接头部位的增强相是不连续的，接头的强度及刚度比母材低得多。

2. SiC$_p$/Al 基复合材料的熔化焊焊接工艺

（1）焊接工艺特点　不加填充金属进行 TIG 焊时，熔池表面颜色灰暗无光泽，这是 SiC 颗粒上浮并聚集到熔池表面引起的；熔池金属基本上不流动，只是在重力及电弧力的作用下凹陷，焊缝成形极差。而填充 Al-Si 或 Al-Mg 焊丝时，熔池的流动性大大改善，熔化的母材金属与焊丝金属充分混合，熔池表面呈现出较明亮的金属光泽，悬浮在表面的 SiC 颗粒大大减少，焊缝成形较好。为了保证焊缝根部的良好熔合，焊接时应将焊丝插入到熔池中，熔池金属应稍稍过满一些。

MIG 焊时，由于熔池中 SiC 颗粒的存在，电弧容易发生漂移，因此尽量压低电弧，采用短路过渡规范，尽量使电弧潜入到熔池中。但这种焊接方法容易导致较多的气孔。

焊前不进行去氢处理时，焊缝及热影响区中均易产生大量的氢气孔，严重时气孔甚至呈现层状分布特征。焊前经 30h、500℃ 真空去氢处理后，焊缝中的气孔基本上被去除。通常情况下，有铸造法制造的 SiC$_p$/Al 基复合材料中的含氢量一般是其基体金属含氢量的数倍，粉末冶金法制造的 SiC$_p$/Al 基复合材料中的含氢量更高。而熔池中存在的 SiC 增强相增大了熔池的黏度，致使氢气不易逸出，因此，SiC$_p$/Al 基复合材料焊缝的气孔敏感性比 Al 合金要大得多。为了减少 SiC$_p$/Al 焊缝中的气孔，焊前应进行去氢处理。

无论是 TIG 焊缝还是 MIG 焊缝，SiC$_p$/Al 基复合材料焊缝中颗粒的分布均极不均匀。这主要是因为熔池的结晶速度较小，前进中的液-固界面对 SiC 颗粒具有较大的推移作用。特别是熔合线附近，由于结晶速度较小，被液-固界面推移颗粒的作用非常强，因此该处容易出现一贫 SiC 颗粒层。在远离熔合线的焊缝中心区，温度梯度逐渐减小，结晶速度逐渐增大，结晶界面对颗粒的推移作用较小，颗粒的分布就变得均匀一些。

液-固界面推移颗粒，反过来颗粒又影响基体金属的结晶方式。焊缝的凝固过程中，颗粒与凝固前沿的液-固界面发生相互作用，使液-固界面发生扰动，增加了液-固界面的不稳定性，且阻碍了溶质原子的扩散，使成分过冷更显著，所以柱状晶向等轴晶转变的临界凝固速率将提前。因此，在 SiC$_p$/Al 焊缝中，只有熔合线附近才有方向性强、较发达的柱状晶；而焊缝中心部位往往是等轴晶。

利用 Al-Mg 焊丝进行焊接时，焊缝的熄弧部位易产生约 10mm 长的纵向穿透性裂纹。这些裂纹为结晶裂纹。产生结晶裂纹的原因有两个：一是结晶后期的液态金属不足且流动性很差；二是拉伸应力。与铝合金相比，由于 SiC 颗粒的存在，在凝固过程的最后阶段，SiC$_p$/Al 焊缝中液态薄膜的流动性更差，加之焊缝的扩散系数比母材大，焊缝在凝固过程中所受的拉伸应力较大，因此裂纹的敏感性更大。采用 Al-Si 焊丝时，焊缝中液态薄膜的流动性改善，因此裂纹敏感性较低。

（2）坡口形式　SiC$_p$/Al 焊接时必须开坡口，厚度在 20mm 以下的可开 V 形或双 V 形坡口，而厚度在 20mm 以上的必须开 V 形坡口，并留出一定的钝边。单 V 形坡口的坡口角度一般 60°，而双 V 形坡口的坡口角度应为 90°。典型的坡口形式见图 6-23。

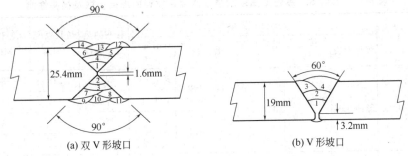

(a) 双 V 形坡口　　　　　　　　　(b) V 形坡口

图 6-23　SiC_p/Al 及 SiC_w/Al 复合材料的典型坡口形式及焊接顺序

（3）焊接工艺要点

① 焊前最好进行去氢处理。必须利用有机溶剂清理坡口附近的油污，并利用钢丝刷清理表面的氧化膜。

② 焊接 SiC_p/Al 时，如热输入选择不当，将会引起严重的界面反应，生成针状 Al_4C_3。因此最好采用脉冲 TIG 焊或脉冲 MIG 焊，以减少热输入，减轻或抑制界面反应。此外脉冲电弧对熔池有一定的搅拌作用，可部分改变熔池的流动性、焊缝中的颗粒分布状态及结晶条件。

③ 基体金属不同时，SiC_p/Al 基复合材料的焊接性具有明显的不同。基体金属含 Si 量较高时，不但界面反应较轻，而且熔池的流动性也较好，裂纹及气孔的敏感性小。基体金属含 Si 量较低时，宜选用含 Si 量高较高的焊丝焊接这类材料，以避免界面反应，提高接头的强度。

④ 按照图 6-23 中所示出的顺序进行焊接，焊接下一道焊缝之前，应去除当前焊缝表面的渣及 SiC 颗粒，否则将出现严重的飘弧现象，焊缝成形困难。

⑤ 应保证 150℃ 的层间温度。

⑥ 对于双 V 形坡口，焊接第二面之前，应刨焊根并利用着色渗透探伤检查根部的熔透情况，确保熔透后再焊接第二面。

（4）焊接工艺参数举例　对于 14mm 厚的 SiC_p/Al 板，图 6-23（b）所示坡口推荐的 MIG 焊规范参数见表 6-13。表 6-14 给出了几种 SiC 颗粒或晶须增强铝基复合材料的焊接参数及接头性能。

表 6-13　SiC_p/Al（SiC_w/Al）MIG 焊的典型规范参数

焊　道	焊接位置	焊接电流 /A	电弧电压 /V	焊接速度 /(mm/min)	焊丝直径 /mm	保护气体	
						气体	流量/(L/min)
1	平焊	310	26	384	1.6	纯 Ar	20～23
2	平焊	310	26	254	1.6	纯 Ar	20～23
3	平焊	300	26	355	1.6	纯 Ar	20～23
4	平焊	300	26	355	1.6	纯 Ar	20～23

图 6-24 给出了 SiC_p/Al 复合材料脉冲 MIG 焊焊缝（焊态）的硬度分布。$SiC_p/6061Al$ 复合材料的维氏硬度在 79～91HV 之间，热影响区的硬度逐渐从母材的硬度上升到 162HV，焊缝的硬度最低，只有 58～62HV。这种硬度分布与一般锻铝接头的硬度分布具有明显不同，在一般的锻铝接头中，热影响区的硬度不会增加。造成这种差别的可能原因是，由于 SiC 颗粒的存在，Al 基体中产生了的大量晶格缺陷，在焊接过程中热影响区内 Al 基体中强化相易于析出。

表 6-14　几种 SiC 颗粒或晶须增强铝基复合材料的焊接参数及接头性能

接头	焊接参数					接头的热处理条件	抗拉强度/MPa	屈服强度/MPa	伸长率/%
	焊接方法	焊接电流/A	电弧电压/V	焊丝	焊前处理方式				
10%SiC$_p$/LD$_2$-Al	脉冲 TIG	$I_p=150$ $I_b=50$	12～14	311(Al-Si)	真空去氢	焊态	210	88	4.1
					未处理	焊态	131	46	1.3
				LF6(Al-Mg)	真空去氢	焊态	165	68	2.4
					未处理	焊态	122	47	1.2
18.4%Ci$_w$/6061Al	TIG	145～160	12～14	4043	真空去氢	焊态	181	75	3.7
					未处理	焊态	105	34	1.4
	MIG	100～110	19～20	5356	真空去氢	焊态	245	94	8.3
					真空去氢	T6	257	143	2.2
20%SiC$_p$/6061Al	MIG	表 6-13 中规范			未处理	焊态	229	138	4.7
					未处理	T5	252	168	3.8
					未处理	T6	265	203	1.6

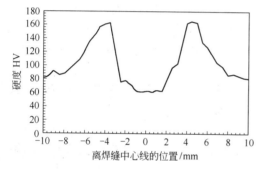

图 6-24　MIG 焊焊接接头维氏硬度分布

3. SiC$_p$/Al 基复合材料的高能密度焊接工艺

电子束和激光束等高能量密度焊具有加热及冷却速度快、熔池小切存在时间短等特点，这对金属基复合材料的焊接特别有利。不过，由于熔池的温度高，焊接 SiC$_p$/Al 或 SiC$_w$/Al 复合材料时很难避免 SiC 与铝基体之间的反应。特别是激光焊，由于激光优先加热电阻率较大的增强相，使增强相严重过热，快速溶解并与基体发生严重的反应。为了阻止这种反应，通常采用以下措施。

① SiC$_p$/Al 复合材料激光焊时，在两个连接表面之间插入一含硅量较大的铝薄片或 Ti 合金薄片，可以抑制基体与增强物之间的界面反应，薄片的厚度与激光束的直径相当。

② 应采用脉冲激光焊，通过调节脉宽比来严格控制热输入。在小的脉宽比下，虽然加热时间短可防止熔池中的反应，但却使熔透能力降低，焊缝性能不高；而采用过高的脉宽比时，由于热输入过大，焊缝中形成了粗大的 Al$_4$C$_3$，接头力学性能也降低。表 6-15 给出了 SiC$_p$/Al 复合材料激光焊的工艺参数。脉宽比为 67%（C 组参数）或 74%（D 组参数）时，接头强度最高，而采用其余的脉宽比（A、B、E 及 F 组参数）时，强度较低。

表 6-15　SiC$_p$/Al 及 SiC$_w$/Al 复合材料激光焊的焊接工艺参数

焊接参数	A	B	C	D	E	F
脉冲时间/ms	20	20	20	20	20	20
间歇时间/ms	20	15	10	7	5	2
脉宽比/%	50	57	67	74	80	91
平均功率/W	1600	1830	2130	2370	2560	2900

电子束焊和激光焊的加热机制不同,电子束可对基体金属及增强相均匀加热,因此适当控制焊接参数可将界面反应控制在很小的程度上,由于电子束的冲击作用及熔池的快速冷却作用,焊缝中的颗粒非常均匀,利用这种方法焊接 SiC 颗粒增强的 Al-Si 基复合材料时效果较好,由于基体中的含 Si 量高,界面反应更容易抑制。

4. SiC$_p$/Al 基复合材料的扩散焊焊接工艺

(1) SiC/Al 基复合材料的扩散焊特点　由于在铝表面存在一层非常稳定而牢固的氧化膜,它严重地阻碍了两焊接表面之间的扩散结合。铝基复合材料的直接焊接是困难的,需要较高的温度、压力及真空度,因此多采用加中间层的方法进行。加中间层后,不但可在较低的温度和较小的压力下实现扩散焊接,而且可将原来结合界面上的增强相-增强相(P-P)接触改变为增强相-基体(P-M)接触,如图 6-25 所示,从而提高了接头的强度。这是由于 P-P 几乎无法结合,而 P-M 间可形成良好的结合,使接头强度大大提高。根据所选用的中间层不同,扩散焊方法有两种:采用中间层的固相扩散焊及瞬时液相扩散焊接。

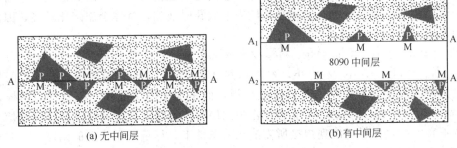

(a) 无中间层　　　　　　　　　(b) 有中间层

图 6-25　加中间层前后的界面结合情况

(2) 采用中间层的固相扩散焊接　这种方法的关键是选择中间层,选择中间层的原则是,中间层能够在较小的变形下去除氧化膜,易于发生塑性流变,且与基体金属及增强相不会发生不利的相互作用。可用作中间扩散层的金属及合金有 Al-Li 合金、Al-Cu 合金、Al-Mg 合金、Al-Cu-Mg 合金及纯 Ag 等。

Li 具有较高的活性,与 Al$_2$O$_3$ 能反应生成一些比 Al$_2$O$_3$ 更容易破碎或更容易溶解的氧化物(Li$_2$O、LiAlO$_2$、LiAl$_3$O$_5$、SiC/2124Al 或 Al$_2$O$_3$/2124Al),在较低的变形量(<20%)下就能得到强度较高的(70.7MPa)的接头。

Al-Cu 合金对基体铝的润湿性较差,接头只有在较大的变形量(>40%)下才能取得较高的强度。这是因为,利用这种材料作中间层时,结合界面上氧化膜的破坏完全是靠塑性流变的机械作用。在中等变形(20%~30%)的焊接条件下,氧化膜很难有效去除,所得接头的抗剪强度是很低的。

Ag 作中间扩散层时,焊缝与母材间的界面上会形成一层稳定的金属间化合物 δ 相,δ相的形成有利于破碎氧化膜,促进焊接界面的结合。但 δ 相含量较大时,特别是当形成连续的 δ 层时,接头将大大脆化,且强度降低。当中间扩散层足够薄时(2~3μm),可防止焊缝中形成连续的 δ 化合物,接头的强度仍较高。例如,将焊接的表面镀上 3μm 的一层 Ag 时进行扩散焊(470~530℃,1.5~6MPa,60min),得到的接头抗剪切强度为 30MPa。

破坏界面氧化膜实现焊接的机制有两种:一种是机械的机制;另一种是化学的机制。仅靠机械的机制,如采用超塑性 Al-Cu 合金作中间层,工件的结合界面上的变形很大,难以用于实际制品的焊接中。化学机制太强时,可能会产生对接头性能不利的脆性相,例如,利用 Ag 作中间时,如果厚度超过 3μm,将形成连续分布的脆性金属间化合物,使接头强度降低。因此，最理想的破除氧化膜的方式是这两种机制相结合的方式。

（3）瞬时液相扩散焊接 由于颗粒增强型金属基复合材料中存在大量的位错、亚晶界、晶界及相界面，中间扩散层沿这些区域扩散时可大大缩短扩散时间，因此这种材料的瞬时液相扩散焊要比基层金属更容易。例如，用 Ga 作中间扩散层焊接 SiC_p/Al 基复合材料时，在 423K 的温度下进行焊接时所需要的焊接时间小于时效时间，因此焊接可以与时效同时进行。

① 中间层的选择 瞬时液相扩散焊的中间层材料选择原则是应能与复合材料中的基体金属生成低熔点共晶体或者熔点低于基体金属的合金，易于扩散到基体中并均匀化，且不能生成对接头性能不利的产物。

Al 基复合材料的瞬时液相扩散焊可用作中间层的金属有 Ag、Cu、Mg、Ge、Zn 及 Ga 等，可用作中间层的合金有 BAlSi、Al-Cu、Al-Mg 及 Al-Cu-Mg 等。利用 Ag、Cu 等金属作中间层时，共晶反应时焊接界面处的基体金属要发生熔化，重新凝固时增强相被凝固界面所推移，增强相聚集在结合面上，降低了接头强度。因此，应严格控制焊接时间及中间层的厚度。而利用合金作中间层时，只要加热到合金的熔点以上就可形成瞬间液相，不需要在焊接过程中通过中间层和母材之间的相互扩散来形成瞬时液相，基体金属熔化较轻，因此可避免颗粒的聚集问题。

② 焊接温度 Ag、Cu、Mg、Ge、Zn 及 Ga 与 Al 形成共晶的温度分别为 839K、820K、711K、697K、655K 及 420K。利用这些金属作中间层时，瞬时液相扩散焊的焊接温度应超过其共晶温度，否则就不是瞬时液相焊，而是加中间层的固态扩散焊。同样，利用 BAlSi、Al-Cu、Al-Mg 及 Al-Cu-Mg 合金作中间层时，焊接温度应超过这些合金的熔点。焊接时温度不宜太高，在保证出现焊接所需液相的条件下，尽量采用较低的温度，以防止高温对增强相的不利作用。

③ 焊接时间 焊接时间是影响接头性能的重要参数。时间过短时，中间层来不及扩散，结合面上残留较厚的中间层，限制了接头抗拉强度的提高。随着焊接时间的增大，残余中间层逐渐减少，强度就逐渐增加。当焊接时间增大到一定程度时，中间层基本消失，接头强度达到最大，继续增加焊接时间时，接头强度不但不再提高，反而降低，这是因为焊接时间过长时，热循环对复合材料的性能具有不利的影响。

④ 焊接压力 瞬时液相扩散焊时，压力对接头性能也有很大的影响。压力太小时塑性变形小，焊接界面与中间层不能达到紧密接触，接头中会产生未焊合的孔洞，降低接头强度。压力过高时可将液态金属自结合界面处挤出，造成增强相偏聚，液相不能充分润湿增强相，因此，也会形成孔洞。

⑤ 中间层厚度 中间层厚度太薄时，瞬时液相不能去除焊接界面上的氧化膜，不能充分润湿焊接界面上的基体金属，甚至无法避免 P-P 接触界面，因此接头强度不会很高。中间层太厚时，焊接过程中难以完全消除，也限制了接头强度的提高，有时接头强度太厚时还可能会形成对接头性能不利的金属间化合物。

⑥ 焊接表面的处理方式 焊接表面的处理方式对接头性能具有很大的影响。国外研究者比较了电解抛光、机械切削以及用钢丝刷刷等三种处理方式对 Al_2O_3/Al 接头性能的影响，发现利用电解抛光处理时接头强度最高，利用钢丝刷刷时接头强度最低。这主要是因为利用后两种方法处理时，被焊接面上堆积了一些细小的 Al_2O_3 细屑，这些碎屑阻碍了基体表面的紧密接触，降低了接头的强度。

电解抛光时，被焊接表面上不存在 Al_2O_3 碎屑，但纤维增强相会露出基体表面。电解抛光时间对接头的强度影响时间最大，电解抛光时间太长时，纤维增强相露头时间太长，焊接时在压力的作用下断裂，阻碍基体金属接触，降低接头的性能。

5. SiC$_p$/Al 基复合材料的其他焊接工艺

（1）钎焊　钎焊加热温度低，不涉及基体金属的熔化，可减轻基体—增强相界面反应，降低增强体的破坏程度，显著减少热变形，是一种有重要应用前景的焊接方法。钎焊一般采用搭接接头，连续纤维增强的铝基复合材料实际上将复合材料的焊接转化为基体材料焊接问题，比较容易实现。例如，真空钎焊 Bf/Al 复合材料，温度须控制在 560～620℃以下，为防止界面反应和接头性能降低，通过在 B 纤维表面包覆 SiC 增强铝基复合材料，可使接头强度达基体材料的 80%～90%。焊接最大的特点是连接温度较低，是在母材不熔化处于固态的状态下实现连接的，对母材造成的影响很小。在焊件尺寸、形状上也较电阻焊等自由度大。钎焊包括真空钎焊、电阻钎焊、保护气氛炉中钎焊、火焰钎焊、扩散钎焊及加压钎焊。

但是，用钎焊方法焊接 SiC$_p$/Al 复合材料难度较大，存在的主要问题如下：

① 增强体以及 Al$_2$O$_3$ 氧化膜的存在严重阻碍了钎料在母材表面的润湿与铺展，使得颗粒与基体、基体与基体、颗粒与颗粒之间的连接难以实现；

② 合金本身钎焊性不良，铝基复合材料采用的铝合金基体中，除 6061 铝合金的软、硬钎料的钎焊性良好外，其他铝合金的钎焊性均较差；

③ 钎焊温度需要严格控制，当低于最佳温度时，接头剪切强度低；当高于该温度时，则发生界面反应，损伤时效硬化基体的性能。

钎焊过程中母材发生退火软化，焊后必须经过热处理来提高强化。

（2）搅拌摩擦焊　搅拌摩擦焊是在传统摩擦焊的基础上派生出来的，并由英国人 C. J. Dawes 和 W. M. Thomas 获得发明专利。它是自激光束焊以来最为引人注目的新工艺，在航天界引起了极大兴趣，以期用该工艺解决铝锂合金厚板的连接，继而解决金属基复合材料及不能焊的 7075 和 7000 系铝合金的焊接问题。搅拌摩擦焊是一种新型的焊接技术，整个过程是在固态下完成的，不会得到铸造组织，避免了采用熔化焊时因熔化和凝固而形成的孔隙、微裂纹、变形和残余应力，也避免了合金元素烧损，且焊缝组织较母材更细密，接头强度一般不低于母材，且同时具有很好的弯曲韧性。搅动摩擦焊具有以下工艺特点：

① 固相连接在合金中保持母材冶金性能，可焊金属基复合材料、快速凝固材料等采用熔焊会有不良反应的材料；

② 对挤压型材进行焊接，可制成大型结构，如船板、框架、平台等；

③ 残余应力比熔焊低（即使是长焊缝）；

④ 设备简单，能耗低，功效高（如单道 12.5mm 厚 6000 系铝合金总能耗 3kW）；

⑤ 不需开专门的坡口，可用于几种接头形式，如对接，搭接和角焊；

⑥ 可焊热裂纹敏感的材料。

但是，搅动摩擦时也存在一定缺点：

① 对板材进行单道连接时，焊接速度低于电弧焊（尽管 18mm 厚板材单道焊件采用摩擦搅拌焊）；

② 焊件的夹持要求较高；

③ 焊缝端头形成一个洞眼；

④ 难以对焊缝进行修补；

⑤ 刀头因磨损消耗太快。

通过对 SiC$_p$/2024Al 复合材料的搅拌摩擦焊研究表明，搅拌摩擦焊可实现颗粒增强铝基复合材料的焊接，其焊接过程稳定、可靠。金相分析发现，由于搅拌的作用，颗粒重新分布，在接头区一般容易形成 SiC 颗粒偏聚现象，在靠近母材部位有复杂流变特性，形成了具有不同特征的区域，靠近母材区域性能有所改进，接头拉伸时呈混合型断裂，也呈现出不同的特征区。

搅动摩擦焊适于各种铝合金制件，包括铝锂合金、铝基复合材料制件的连接，为铝锂合金在航空航天中应用创造了条件。据估计，此法在工业上应用尚需一至两年时间。

（3）闪光对焊　闪光对焊是压力焊的一种，它利用电阻热把焊接端面加热到金属熔化温度，并在压力作用下形成焊缝接头。闪光对焊加热时间短，在闪光后期虽然在接头端部形成一层液体 Al 薄层，但在顶锻阶段被挤出，露出干净的带有一定塑性的金属层在压力作用下形成焊缝，能抑制增强相与基体间的界面反应，克服了熔化焊及激光焊焊接这种材料所具有的界面反应难题，且在压力作用下接头区不易产生气孔、疏松、裂纹等缺陷。因此，采用连续闪光对焊法所得 $SiC_p/3003Al$ 与 $3003Al$ 焊接面成形良好，焊缝致密。

对 $SiC_p/3003Al$ 与 $3003Al$ 的闪光对焊的研究表明：①采用连续闪光对焊可成功实现 $SiC_p/3003Al$ 与 $3003Al$ 合金的连接，在合适的工艺参数下，接头强度高，焊缝结合致密，无气孔、裂纹等缺陷，且增强相 SiC_p 与 Al 基体间界面反应不明显，焊缝成形良好；②随 SiC_p 体积分数的增加，$SiC_p/3003Al$ 与 $3003Al$ 合金的连续闪光对焊接头强度也提高。

（4）电容放电焊接　电容放电焊接是把存在大容量电容中的电能快速释放出来熔融工件使其焊接。该方法可用于 $6061\text{-}T6/SiC_p$，$6061\text{-}T6/SiC_f$，$6061\text{-}T6B4C_p$ 和 $2024\text{-}T6B4C_p$ 复合材料自身的焊接以及 6061 合金与 $6061/SiC_p$ 的焊接，与 TIG 和 LBW 法相比，焊接效果好一些，在焊区没有观察到孔洞和 SiC_p，B_4C 加强物的破坏，但焊接时的热输入不能过高，否则就会有 Al_4C_3 片形沉淀和硅块形沉淀析出。

（5）等离子体焊接　等离子体焊接是把等离子气体通过在钨电极周围形成等离子电弧熔化 MMCS 使其焊接在一起，焊接时也需要通入保护气体。用该方法焊接 $6061/30SiC_p$ 的研究表明，在添加 Al_3Zr 和 Al_3Ti 的条件下，焊接保持了材料的延展性，Al_4C_3 的形成得到一定程度的抑制。

（6）接触电阻焊接　接触电阻法是利用焊接材料之间的电阻，通入外接电流产生热量完成 MMCS 的焊接。硼丝加强铝合金 MMCS 的焊接研究表明，硼丝在焊池中完全被破坏，获得的焊缝脆性高，强度低，因此该方法不适合焊接这种复合材料。用接触电阻法焊接 $6082/20SiC_p$ 时发现大量 SiC 颗粒从基体中剥离出来，焊接效果也很不理想。

参 考 文 献

[1] 邹家生主编. 材料连接原理与工艺. 哈尔滨：哈尔滨工业大学出版社，2004.

[2] 张文钺主编. 焊接冶金学（基本原理）. 北京：机械工业出版社，1995.

[3] 赵熹华主编. 焊接方法与机电一体化. 北京：机械工业出版社，2001.

[4] 俞尚知主编. 焊接工艺人员手册. 上海：上海科学技术出版社，1991.

[5] 中国机械工程学会焊接学会编. 焊接手册：第 3 卷，焊接结构. 北京：机械工业出版社，1992.

[6] 姜焕中主编. 电弧焊及电渣焊. 北京：机械工业出版社，1992.

[7] 杜国华主编. 实用工程材料焊接手册. 北京：机械工业出版社，2004.

[8] 陈祝年编著. 焊接工程师手册. 北京：机械工业出版社，2002.

[9] 中国机械工程学会焊接学会编. 焊接手册：第 1 卷，焊接方法及设备. 第 2 版. 北京：机械工业出版社，2001.

[10] 中国机械工程学会焊接学会编. 焊接手册：第 2 卷，材料的焊接. 第 2 版. 北京：机械工业出版社，2001.

[11] 中国机械工程学会焊接学会编. 焊接手册：第 3 卷，焊接结构. 第 2 版. 北京：机械工业出版社，2001.

[12] 陈裕川主编. 现代焊接生产实用手册. 北京：机械工业出版社，2005.

[13] 赵熹华主编. 压力焊. 北京：机械工业出版社，1997.

[14] 高兴林主编. 焊接手册. 长沙：湖南科学技术出版社，2001.

[15] 郑宜庭，黄石生编. 弧焊电源. 北京：机械工业出版社，1999.

[16] 侯英玮主编. 材料成型工艺. 北京：铁道出版社，2002.

[17] 雷玉成，于治水主编. 焊接成形技术. 北京：化学工业出版社，2004.

[18] 陈彦宾编著. 现代激光焊接技术. 北京：科学出版社，2005.

[19] 孟庆森，王文先，吴志生编. 金属材料焊接基础. 北京：化学工业出版社，2005.

[20] 周振丰主编. 焊接冶金学（金属焊接性）. 北京：机械工业出版社，1995.

[21] 杨春利，林三宝编. 电弧焊基础. 哈尔滨：哈尔滨工业大学出版社，2003.